KB106052

중국의 발전과 농업문제

중국의 발전과 농업문제

발행일 2021년 4월 26일

지은이 서완수, 하용웅
펴낸이 손형국
펴낸곳 (주)북랩
편집인 선일영
편집 정두철, 윤성아, 배진용, 김현아, 박준
디자인 이현수, 한수희, 김민하, 김윤주, 허지혜
제작 박기성, 황동현, 구성우, 권태련
마케팅 김회란, 박진관
출판등록 2004. 12. 1(제2012-000051호)
주소 서울특별시 금천구 가산디지털 1로 168, 우림라이온스밸리 B동 B113~114호, C동 B101호
홈페이지 www.book.co.kr
전화번호 (02)2026-5777
팩스 (02)2026-5747

ISBN 979-11-6539-723-4 03520 (종이책) 979-11-6539-724-1 05520 (전자책)

세계 경제를 뒤흔드는 농업과 무역의 비밀

중국의 발전과 농업문제

가깝고도 먼 이웃 나라 중국. 넓은 국토 면적과 풍부한 인적 자원을 통해 농업에서의 눈부신 발전을 이뤄내고 세계 제2의 경제 대국으로 거듭나다!

서완수·하용웅 공저

북랩 book Lab

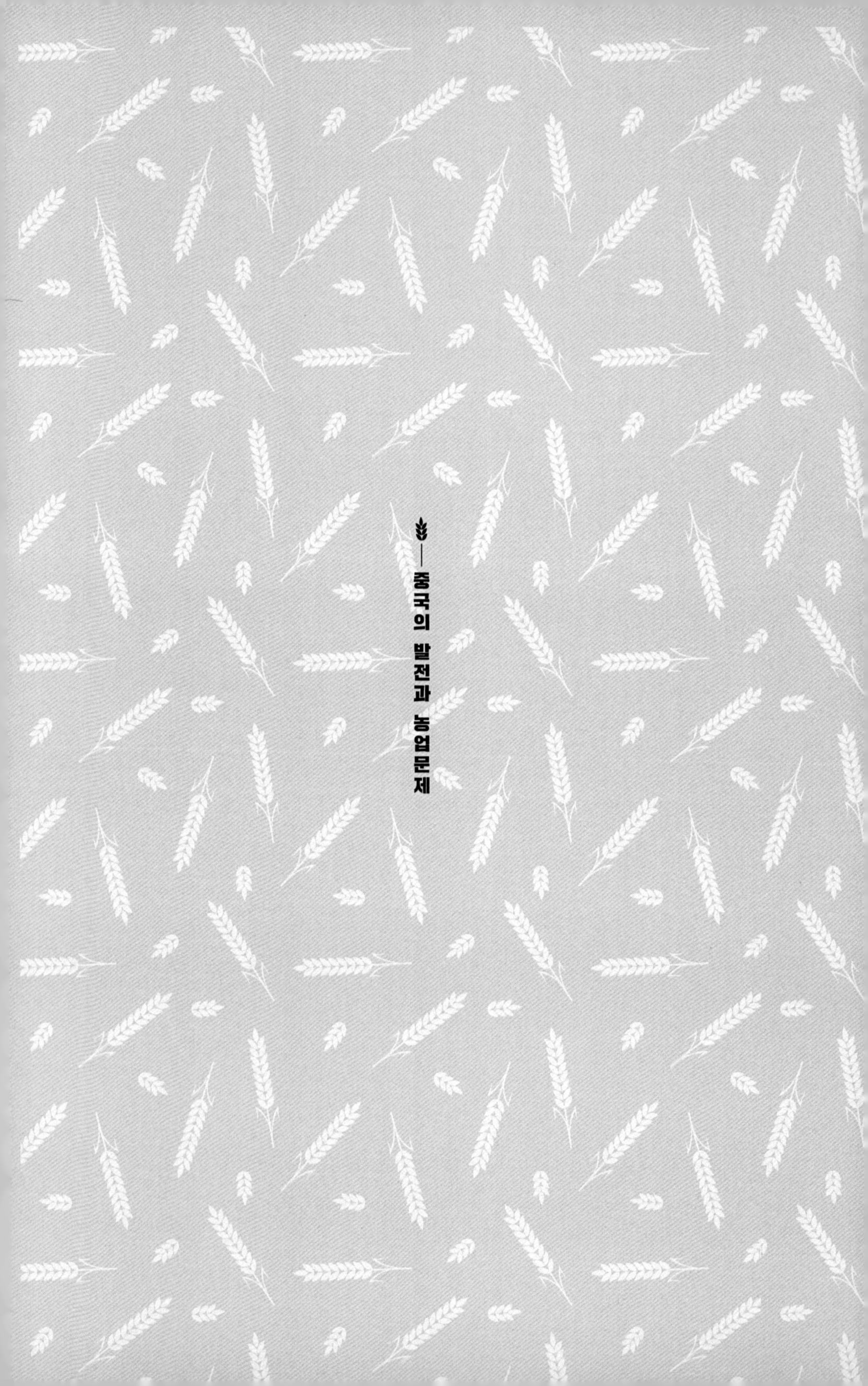

중국의 발전과 농업문제

머 / 리 / 말

한·중 관계는 1991년 12월 소비에트연방이 해체되고 우리나라의 북방정책과 맞물려 1992년 8월 국교의 장이 열렸다. 1897년 청나라와의 사대 관계가 끝나고 조선왕조의 퇴조, 일본의 강성과 한반도 지배, 치열한 전쟁, 이념의 갈등으로 남북의 분단 등 우리는 아프고 슬픈 역사를 겪었다. 자유시장경제와 민주주의를 표방한 대한민국은 1970~90년대 지속적인 경제성장을 일구어 '한강의 기적'을 만들어 냈다. 주민의 삶의 질에 있어 중국보다 더 부유한 시기는 지난 5,000년에 걸친 교류의 역사를 보아서 아마도 현재일 것이다.

한·중 수교 당시 중국이 규정해 놓은 5단계 친밀도는 단순 외교 관계였다. 이후에 투자와 무역의 진전에 따라 선린 외교, 1998년 김대중 대통령의 방중으로 3단계인 동반자 외교, 한 단계 더 발전한 것은 노무현 정권에 이르러 전면적 협력동반자, 이명박 정부에 와서는 혈맹 전 단계인 전략적 협력동반자 외교 관계까지 진전되었다. 이는 러시아와 같은 수준이다.

2022년 한·중 수교 30년이 된다. 그동안 중국은 우리나라의 최대 교역국으로 부상했고 투자, 무역, 교육, 관광 등 전반에 걸쳐 더욱 밀접해지고 이는 추세이다. 코로나19의 만연으로 주춤해지기는 했으나 이전

에는 연간 약 5,000만 명의 중국인이 해외여행을 하고 그중 약 200만 명이 우리나라를 찾았다. 지리적으로 가까운 중국은 우리에게 역사적으로 정치, 경제, 문화, 군사, 외교 등 많은 분야에서 영향력을 미쳤다.

이 책은 중국의 개혁개방 전후와 경제의 성장, 농업발전과 그 문제점 그리고 도·농간, 지역과 계층 간의 소득격차를 다루고 있다. 여기에 게재된 글은 대부분 『북방농업연구』에 발표되었던 내용에서 자료를 새로 업데이트하고 변화된 상황을 담으려고 하였다. 관광으로 또는 연구사업의 수행으로 10여 년 이상 중국의 농촌을 찾아다녔으며, 농업연구 관계자, 농민들을 현장에서 많이 만났다.

2001년 산시성(陝西省)에 있는 화산(華山)을 몇몇 동료 교수와 함께 등반할 기회가 있었다. 이 산은 중국 5악(五岳) 중의 하나로 산세가 험하여 1,600m까지는 케이블카(索道)가 있어 이용할 수 있고 이 높이에 숙박 시설도 있었다. 등산 중에 만난 중국 대학생들과 이런저런 얘기를 할 수 있었다. 그들이 가장 부러워하는 것은 한국의 대통령이나 국회의원 등 모든 대표를 투표에 의해 선출한다는 것이었다. 중국은 그렇지 못하다는 것이다. 정치적 야당이 없고 언론의 자유도 없다는 것이었다.

제1장에서는 중국 농업의 기초, 마오이즘(Maoism)에서 나타났던 인민공사와 문화대혁명, 개혁개방 후 경제도약과 문제점 그리고 새로운 도전의 정책을 기술하였다. 제2장은 중국의 곡물 산업, 청과물 생산과 한·중 농산물 무역을 다루고 있다. 제3장은 축산물 생산과 유통, 제4장에서는 감자의 주식화 전략 그리고 제5장에서는 식량안보의 제약 요인과 소득불평등 그리고 지역별 농가 소득의 구성을 살펴보았다. 제6장은 중국의 인삼 생산의 현황과 종자의 유통 그리고 한국의 인삼재배와 생산·판매 등을 비교하였다. 부록에서는 중국의 농업개발과 관련된 주요 용어해설을 넣었다.

중국은 개혁개방 후 '사회주의적 시장경제'체제를 유지하고 있다. 정치체제는 공산당 일당으로 정치국 상무위원회가 권력의 정점으로 최고의 정책 결정 기구이다. 토지는 국유이거나 집단의 공동소유로서 회사나 농민은 토지의 이용권을 얻어 경영할 뿐이다. 경영의 주체가 만든 생산물을 시장에 내다 팔 수 있도록 제도를 바꾸고 정부의 배급과 간섭 지배가 줄어들자 곡물 생산은 꾸준히 증가했고 수익성이 좋은 작목으로 이행하였다. 동해연안지역의 농촌지역에서는 향진기업이 살아나고 일자리가 늘어 농외수입이 늘자 농가수입이 상대적으로

높아졌다.

중국은 사회주의체제이나 시장경제를 표방하는 국가이다. 식량의 자급과 경제성장으로 소득이 높아졌으나 환경오염과 소득격차는 오히려 악화하였다. 중국은 G2에 포함될 정도로 경제총량은 커졌지만 부정적 측면에서 보면 세계 패권을 잡을 수 없는 요소들이 너무 많다. 세계에 선보이는 중국의 얼굴은 거침없이 상승하는 마천루와 수십억 달러의 대규모 토목공사이다. 중국은 국내외의 문제점들이 노출되고 있다.

세기적 구상의 일대일로(一帶一路) 사업을 위한 상대국과의 불협화음, 아프리카에서는 자원개발을 위한 정책으로 자원보유국과의 마찰, 국경을 맞댄 나라와는 국경문제로 분쟁이 일고 있다. 국내적으로는 삼농문제, 해외로부터 공격받는 인권문제, 환경오염, 기술개발, 내수경제의 활성화 등 문제들이 놓여 있다.

책을 출간하기까지 여러 분의 도움이 있었다. 농촌진흥청의 중국 관련 용역사업은 해마다 여러 지역의 농촌과 농업과학원, 연구소를 방문할 수 있었다. 북방농업연구소 진광지(金光吉) 해외연구위원은 새

로 발간된 중국 통계 자료를 보내 주었다. 북방농업연구소장 하용웅 박사는 모든 원고를 읽고 일부 수정과 조언을 해 주었으며 재정적 지원을 아끼지 않았다. 감사하고 송구한 마음을 남긴다. 가족에게는 불치하문을 실천하여 컴퓨터 조작을 많이 알게 되었다. 끝으로 평생을 동반자로 수고하고 염려해 준 아내 권태목에게 한없는 고마움과 사랑을 전한다.

2021년 4월 3일
용인시 수지구 성복동에서
서 완 수

목/차

제2장 식량과 청과류 생산 및 농산물교역

제3장 축산물의 생산과 유통 및 소비

제4장 감자의 생산현황과 주식화(主食化) 전략

제5장 중국 식량안보의 제약요인과 소득 불평등

제6장 중국 인삼산업의 육성과 유통

부록 중국의 농업과 개발 관련 주요 용어 해설

중국의 행정구역

중국중앙정부 직할시

1	베이징시	北京市
2	텐진시	天津市
3	충칭시	重庆市
4	상하이시	上海市

중국의 행정구역(알파벳 순)

❙ 한글 발음, 한문, 약칭, 성도(省都)

성(省)	중국어(병음)	약칭/별칭(병음)	성도(省都)
안후이(안휘)성	安徽省(Ānhuī Shěng)	皖(Wǎn)	허페이(合肥)
푸젠(복건)성	福建省(Fújiàn Shěng)	闽(Mǐn)	푸저우(福州)
간쑤(감숙)성	甘肃省(Gānsù Shěng)	甘/陇(Gān/Lǒng)	란저우(蘭州)
광둥(광동)성	广东省 (Guǎngdōng Shěng)	粤(Yuè)	광저우(廣州)
구이저우 (귀주)성	贵州省 (Guìzhōu Shěng)	黔/贵(Qián/Guì)	구이양(貴陽)
하이난(해남)성	海南省(Hǎinán Shěng)	琼(Qióng)	하이커우(海口)
허베이(하북)성	河北省(Héběi Shěng)	冀(Jì)	스자좡(石家庄)
헤이룽장 (흑룡강)성	黑龙江省 (Hēilóngjiāng Shěng)	黑(Hēi)	하얼빈(哈你濱)
허난(하남)성	河南省(Hénán Shěng)	豫(Yù)	정저우(鄭州)
후베이(호북)성	湖北省(Húběi Shěng)	鄂(È)	우한(武漢)
후난(호남)성	湖南省(Húnán Shěng)	湘(Xiāng)	창사(長沙)
장쑤(강소)성	江苏省(Jiāngsū Shěng)	苏(Sū)	난징(南京)
장시(강서)성	江西省(Jiāngxī Shěng)	赣(Gàn)	난창(南昌)
지린(길림)성	吉林省(Jílín Shěng)	吉(Jí)	창춘(長春)
랴오닝(요녕)성	辽宁省(Liáoníng Shěng)	辽(Liáo)	선양(沈陽)
칭하이(청해)성	青海省(Qīnghǎi Shěng)	青(Qīng)	시닝(西寧)
산시(섬서)성	陕西省(Shǎnxī Shěng)	陕/秦(Shǎn/Qín)	시안(西安)
산둥(산동)성	山东省(Shāndōng Shěng)	鲁(Lǔ)	지난(濟南)
산시(산서)성	山西省(Shānxī Shěng)	晋(Jìn)	타이위안(太原)
쓰촨(사천)성	四川省(Sìchuān Shěng)	川/蜀(Chuān/Shǔ)	청두(成都)
윈난(운남)성	云南省(Yúnnán Shěng)	滇/云(Diān/Yún)	쿤밍(昆明)
저장(절강)성	浙江省(Zhèjiāng Shěng)	浙(Zhè)	항저우(杭州)

5개 자치구

자치구	중국어(병음)	약칭(병음)	성도(省都)
광시 좡족(광서장족)	广西壮族 自治区	桂(Guì)	난닝(南寧)
네이멍구(내몽고)	内蒙古自治区	内蒙古 (Nèi Měnggǔ)	후허하오터 (呼和浩特)
닝샤 후이족(영하회족)	宁夏回族 自治区	宁(Níng)	인촨(銀川)
시짱(서장)	西藏自治区	藏(Zàng)	라싸(拉薩)
신장 위구르 (신강 위구르)	新疆维吾尔 自治区	新(Xīn)	우루무치 (烏魯木齊)

4개 직할시

직할시	중국어(병음)	약칭(병음)	청사소재지
베이징(북경)	北京市(Běijīng)	京(Jīng)	둥청구
충칭(중경)	重庆市(Chóngqìng)	渝(Yú)	위중구
상하이(상해)	上海市(Shànghǎi)	沪(Hù)	황푸구
톈진(천진)	天津市(Tiānjīn)	津(Jīn)	허핑구

2개 특별행정구

특별행정구	현지 언어	중국어(병음)	약칭(병음)
홍콩	Hong Kong	香港特别行政区	港(Gǎng)
마카오	Macau	澳门特别行政区	澳(Ào)

출처: Wikipedia

중국의 발전과 농업문제

농업환경과 개혁개방의 전후

중국 농업의 개략적인 자연환경(기후, 강수량, 경지)과 농촌 인구를 다룬다. 개혁개방 이전의 중국은 빈곤한 국가였다. 여기에선 중국의 개방 전 소용돌이친 마오이즘(Maoism)의 인민공사와 10년간의 문화대혁명 그리고 1978년 개방 후 경제 발전과 농업 성장을 종합하여 기술하고 있다. 또한 미국과 중국의 무역 갈등과 새로운 경제 정책 그리고 환경오염, 중진국 함정에 대하여 논의하고 있다.

1 농업환경의 기초

중국의 국토 면적은 9,596,960㎢로 한반도의 약 44배 정도이며 세계에서 4번째로 큰 나라이다. 미국과 순위가 바뀔 때도 있는데 분쟁 지역이나 속령 같은 영토들을 어디까지 인정하여 국토에 포함시킬 것인가 등으로 인해 달라지기 때문이다. 국토 면적의 크기는 러시아와 캐나다가 1, 2위를 차지한다.

중국은 세계에서 인접국이 가장 많은 나라로 14개 국가와 국경을 접하고 있다. 육지 국경선의 총 길이는 22,000여㎞나 된다. 14개 국경선 중 몽골과의 국경선이 4,710㎞로 가장 길다. 중국과 가장 긴 국경선을 맞대고 있던 소비에트연방이 무너지면서 카자흐스탄, 키르기스스탄, 타지키스탄이 독립되었기 때문이다. 중국은 긴 국경선과 섬들로 인해 오늘날까지 주변국들과의 영토 분쟁이 끊이지 않고 있다.

이처럼 넓은 국토를 가진 중국이어서 각 지역의 시차는 당연히 있다. 1912년부터 1949년까지는 5개의 시간대를 사용했지만, 1949년부터 중국 정부는 통제의 효율성을 고려해 시차를 없애고 전 지역에 걸쳐 '베이징 표준시'를 통일하여 사용하고 있다. 우리나라보다는 한 시간 늦다.

1-1 | 기후

중국의 지형적인 고도차는 매우 크다. 최고점은 세계에서 가장 높은 에베레스트산 정상(8,850m)이고 최저점은 신장 위구르자치구의 투루판(吐魯番)에 위치한 투루판 분지로 해상 수위보다 154m 아래에 위치한다. 이러한 고도 차이와 사막지대가 넓어 연교차(年較差)가 크고 건조한 지역들이 많다.

북온대에 위치하여 기후가 온화하고 사계절이 뚜렷하며 사람이 살기에 적합한 기후대에 속한다. 대륙성 기후로 매년 9월부터 다음 해 4월까지는 건조하고 한랭한 겨울 계절풍이 시베리아와 내몽고원에서 불어와 춥고 건조한 기후를 형성하여 남북의 기온 차가 아주 크다. 4월부터 9월까지는 따뜻하고 습한 여름 계절풍이 동부와 남부 해양에서 불어와 기온이 높고 비가 많이 내린다.

여름에는 남북 기온 차가 매우 작다. 중국은 지형이 남북 방향으로 길어서 적도·열대·아열대·난온대·온대·아한대 등 6대 기후대가 모두 나타나며 강수량은 동남에서 서북으로 갈수록 적어진다. 각 지역의 연간 평균 강수량은 큰 차이가 나며 동남 연해 지역의 강수량은 평균 1,500㎜가 넘지만 서북 지역은 200㎜도 안 된다.

남동부지역을 제외한 전 지역이 건조한 편에 속하는데, 이 때문에 대부분의 중국인이 남동부지역에 몰려 살고 있다. 몽골과 인접한 중북부와 서부는 아예 건조기후에 속한다. 특히 중국 영토의 절반 가까이를 차지하는 서부지역은 인간이 살 수 없는 불모의 땅이 대부분이며, 남서부지역은 해발고도 또한 4000m 이상으로 매우 높아 인간의 거주가 불가능하다. 한편 중국은 전반적으로 동 위도의 타지역에 비해 한랭한 기후를 나타내며, 이는 대륙의 동안(東岸)에 위치한 영향이며 서부지역은 높은 고원과 사막으로 둘러싸여 있기 때문이다. 이 때문에 중국 전역의 연평균 기온은 섭씨 10도 정도이다.

가. 동북 지방(河北, 內蒙古, 遼寧, 吉林, 黑龍江)

대부분 지역이 냉대기후이며, 여름은 무더우며 일부 지역은 높은 습도로 불쾌하나 내몽고 지역은 일교차가 크고 건조한 경향을 나타낸다. 헤이룽장(黑龍江) 지역의 경우 9월이면 겨울이 찾아오고, 8월부터 영하의 기온을 나타내며 눈이 내린다. 헤이룽장 지역과 내몽고 북부의 경우 1월에 혹한의 경우 섭씨 -50도 밑으로 떨어지기도 하며 -40도 밑으로 떨어지는 것은 보통이다. 베이징이 위치한 하북 지역, 만주의 요녕성 남부의 경우 동북지역 한정으로 매우 온난하다.

나. 동남 지방(山東, 河南, 江蘇, 湖南, 湖北, 浙江, 福建, 廣東, 貴州)

평균적으로 동남 지역의 북부(산둥, 후난, 장수)는 한반도의 중남부와 연평균 기온이 비슷하며 여름은 비슷하거나 더욱 고온다습하다(난진 등 장수성 일대). 장마의 영향을 받으며 광동성 등 남부지역에서는 태풍의 피해도 매우 빈번하다. 전반적으로 온난 습윤한 기후를 나타내며, 벼농사의 적지 중 한 곳이다. 상하이, 광저우, 홍콩, 선전시 등 중국의 산업을 이끄는 도시들이 있으며 겨울의 기후는 대부분 지역이 가장 추울 때 월 평균 기온이 섭씨 -3도 이상으로 온난하다.

다. 서북 지방(寧夏, 甘肅, 新疆)

중국에서 가장 건조한 지역으로 주로 건조기후와 일부 냉대기후를 나타내며, 신장 위구르의 고산 지역에서는 한대기후가 국지적으로 나타난다. 사막 지역답게 여름은 매우 무더운 반면 습도가 낮아 동남 지역의 여름보다 체감상 견디기 쉬우나 절대적인 온도는 동남 지역보다 높은 경우가 많다. 중국의 역대 최고 기온도 서북 지역에 위치한 신장 위구르 자치구에서 기록되었다.

인구밀도가 낮으며 주요 도시로는 우루무치(烏魯木齊) 등이 있다. 이 지역은 일교차가 매우 크며, 수시로 모래폭풍이 불어닥쳐 대기질이 좋지 않다. 산업화로 인해 대기질이 나빠진 동부와 달리 이 지역은 자연적인 원인으로 원래부터 대기질이 좋지 않은 것이다. 또한 아시아 대륙의 정중앙부에 위치하며 남쪽으로는 거대한 고원과 북쪽으로는 거대한 시베리아평원 사이에 있는 내륙 지역이라 겨울이 매우 한랭하며 일부 고산 지역은 연평균 기온이 영하인 곳도 많다.

신장 위구르 서부지역에는 파미르(Pamir)고원과 톈산(天山)산맥, 카라코람산맥 등이 있으며 이 지역의 한겨울은 섭씨 -40도 이하로 떨어지며 몹시 춥다.

라. 서남 지방(西藏, 青海, 泗川, 雲南)

윈난(雲南)성과 쓰촨(泗川)성 동부는 온난한 겨울을 갖고, 쓰촨의 경우 매우 무더운 여름 날씨를 보인다. 특히 쓰촨 지역의 동부는 분지 지형을 이루고 있어 주위에 비해 연평균 기온이 높으며 이는 여름에도 예외는 아니다. 또한 쓰촨분지는 생각보다 일조량이 많지 않다. 반면 쓰촨성 서부와 티베트 자치구, 칭하이(青海)성은 남극, 북극에 이어 제3의 극지대라고 불리는 거대한 티베트 고원 지역이다.

[그림 1-1] 중국의 기후 분포

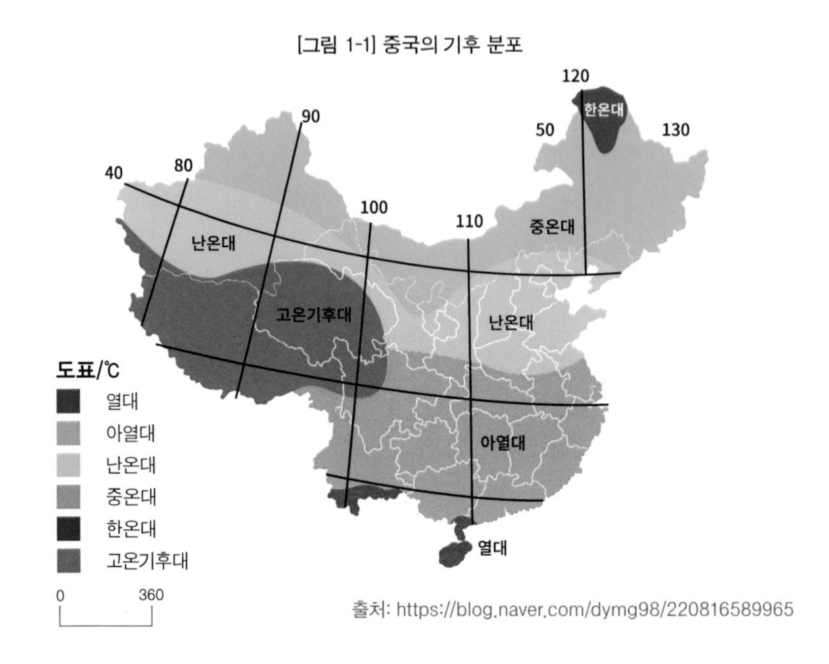

출처: https://blog.naver.com/dymg98/220816589965

이 지역은 전 세계에서 대기질이 가장 좋은 지역 중 하나이며, 중국에서 항상 쾌청하고 높푸른 하늘을 볼 수 있는 거의 유일한 지역이다. 고원의 일부는 만년설과 빙하로 덮여 있으며 이 지역의 연평균 기온은 섭씨 0~5도 정도이다. 매우 높은 해발고도로 인해, 고원 지역에서 나고 자란 사람이 아니면 적응이 어려우며 고산병이 올 수 있다. 여름 기온은 시베리아와 같은 기온 분포를 보인다. 즉, 매우 시원하고 쾌적하다. 반면 겨울에는 섭씨 -20~-30도의 혹한이 매일 이어지며 강풍 또한 만만치 않은 지역이다.

1-2 | 연평균 강수량

수리부(水利部)가 발표한 2019년 연평균 강수량은 약 651.3㎜로 세계 평균 807㎜보다는 약 20% 정도 적고 한국의 1,274㎜에 비하면 절반 수준에 불과하다. 이와 같은 절대적인 강수량 부족과 지역적으로 계절적인 분포에서 심하게 차이가 있다. 계절적으로 몬순 지역에 포함된 지역에서는 우리나라와 마찬가지로 장마철에 비가 집중되어 2020년엔 장강 삼협댐의 붕괴를 염려하는 지경에 이르렀다.

<표 1-1>은 주요 34개 지역의 연간 강수량을 나타내고 있다. 지역적으로는 북경을 포함한 북지역과 서북지역은 강수량이 적어 가뭄이 잦고, 남부지역과 동남 연해안 지역은 강수량이 매우 풍부하다. 또한, 남방 지역이 북방 지역보다 강수량이 훨씬 많아 홍수의 위험에 노출되어 있다. 평원보다 습기가 많은 바람을 맞이하는 산지에서 강수량이 많다. 구이저우(貴州), 윈난(雲南)성이 그런 곳이다.

계절적인 분포에서도 해양에서 불어오는 계절풍이 강수에 직접적인 영향을 주기 때문에 일반적으로 여름에 비가 많고 겨울에는 적어서 5~10월에 연 강수량의 80%가 집중되어 있다.

북방 지역 중에서도 베이징, 텐진, 산둥, 동북 3성 지역은 중국 강수량의 평균 정도는 되지만 서부지역의 닝샤후이족 자치구, 칭하이, 신장 위구르 자치구는 연간 200㎜ 이하이다. 황하, 화이허(淮河), 하이허(海河) 등 대표적인 북방 3개 유역의 농경지 면적은 전체의 40%를 점유하지만 수자원은 전체의 8%에 불과하다.

[그림 1-2] 연평균 지역별 강수량 분포

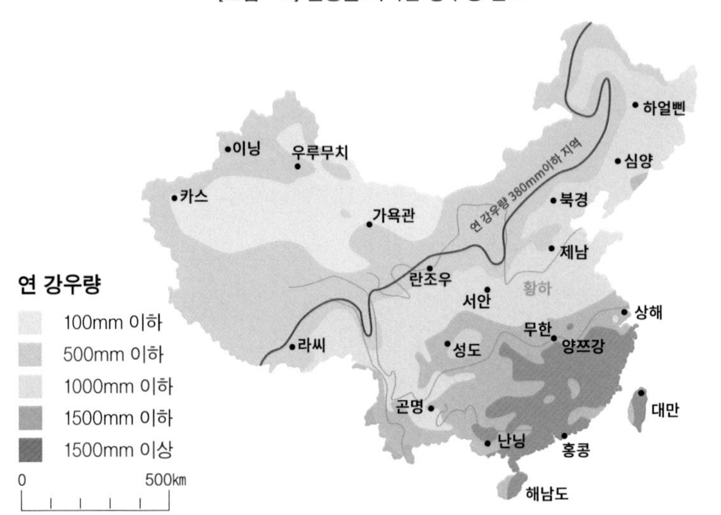

출처: https://blog.daum.net/zhy5532/15971119

장강(長江: 揚子江)과 이남 지역의 농경지 면적은 전체의 36%이나 수자원량은 80%를 보유하고 있어 남북의 수요와 공급의 불균형이 대단히 높은 것이다. 이러한 불균형을 조정하기 위하여 중국은 남수북조(南水北調)의 3개 노선(東線, 中線, 西線)의 공정을 2002년 시작하여 동선과 중선은 1차 공정이 2012년과 2014년에 완료되었고 2차 공정은 2030년 또는 서선은 2050년까지 완공하려는 장기 계획을 세웠다(부록 참조).

〈표 1-2〉는 2019년 수자원 공급과 분야별 사용량을 나타내고 있다. 공급에서는 지표수가 82.8%로 압도적이며 지하수는 15.5%를 점유한다. 수자원의 공급과 사용에서도 북방과 남방 지역이 차이가 있어 남방은 96%를 지표수로 조달하는 데 반해 북방지역은 67%를 지표수로 조달하고 나머지는 지하수로 30.5%를 공급하고 있다. 물의 이용은 농업용수가 61.2%로 가장 많으며 공업용수와 생활용수가 각각 20.2, 14.5%를 보였다.

〈표 1-1〉 지역별 연간 강수량 분포(2019)

한글	지역	강수량(㎜)	한글	지역	강수량(㎜)
베이징	北京	403.3	정저우	郑州	633.4
톈진	天津	490.0	우한	武汉	1,063.3
스자좡	石家庄	470.6	창사	长沙	1,218.3
타이위안	太原	312.6	광저우	广州	2,459.0
후허하오터	呼和浩特	412.2	난닝	南宁	1,222.6
선양	沈阳	874.7	구이린	桂林	2,533.6
다롄	大连	543.0	하이커우	海口	1,798.7
창춘	长春	710.2	충칭	重庆	1,406.4
하얼빈	哈尔滨	623.5	청두	成都	1,107.8
상하이	上海	1,404.4	구이양	贵阳	1,254.1
난징	南京	721.8	쿤밍	昆明	840.2
항저우	杭州	1,650.3	라사	拉萨	491.0
허페이	合肥	581.6	시안	西安	574.5
푸저우	福州	1,346.2	란저우	兰州	276.5
난창	南昌	1,613.4	시닝	西宁	536.5
지난	济南	703.4	은촨	银川	145.5
칭다오	青岛	633.4	우루무치	乌鲁木齐	226.9

자료: 『중국통계연감』(2020)

북방 지역의 경우 물의 공급은 3분의 2가 지표수로 충당되지만 허베이(河北), 베이징, 허난(河南), 산시(山西), 내몽고의 5개 성시는 지하수를 이용한 농업경영이 일반화되어 있다. 지나친 지하수의 취수로 지반 침하가 문제되기도 한다. 지표수의 이용에서도 물을 먼 곳에서 끌어오거나 하천수의 펌핑, 저수지 또는 댐의 물을 인수(引水)공정을 거쳐 공급받는 경우가 많다.

중국의 경제 발전과 도시화가 진행됨에 따른 수자원의 수요 증가는 필수적이다. 반면 공업화에 따른 환경오염이 심해지고 양질의 수자원은 갈수록 부족해지고 있어 수자원 관리를 어렵게 하는 요인 중의 하나이다.

〈표 1-2〉 수자원의 자원별 공급량 및 부문별 사용량(2019)

단위: 억 세제곱미터(㎥)

구분	공급량				사용량				
	지표수	지하수	기타	계	생활용수	공업용수	농업용수	생태환경용수	계
수량	4,982.5	934.2	104.5	6,021.2	871.7	1,217.6	3,682.3	249.6	6,021.2
%	82.8	15.5	1.7	100.0	14.5	20.2	61.2	4.1	100.0
북방 6구	1,832.5	838.5	75.5	2,746.5	294.9	257.8	1,993.6	200.2	2,746.5
남방 4구	3,150.0	95.7	29.0	3,274.7	576.8	959.8	1,638.7	49.4	3,274.7

주: 1. 북방 6구는 松花江區, 遼河區, 海河區, 黃河區, 淮河區, 長江區, 西北諸河區
2. 남방 4구는 長江區, 東南諸河區, 珠江區, 西南諸河區
3. 생태환경용수는 京津冀지역의 인공수로 등을 포함한 것임.
자료: 중국 수자원 공보 2020

1-3 | 경지

중국의 국토는 경지·임지·초원·황무지·간석지가 모두 넓게 분포되어 있다. 경지는 주로 동부지역에 분포되어 있으며 초원 지역은 북부와 서부지역에, 삼림 지대는 동북과 서남 변경 지역에 주로 집중되어 있다. 현재 경지 면적은 1억 3,004만 헥타르에 달하고 초원 면적 약 4억 헥타르로 국토 총면적의 41.6%를 차지한다. 삼림 면적은 1억 7,491만 헥타르이며 삼림 복개율은 18.2%이다. 중국의 경지·삼림·초원 면적은 세계적으로 손꼽힐 만큼 넓지만 인구가 많아 인구대비 면적은 매우 좁은 편이며 특히 1인당 경지 면적은 세계 평균 면적의 1/3도 안 된다. 중국의 3대 평원은 아래와 같다. 아래는 네이버 지식백과에서 편집한 내용이다.

가. 둥베이 평원(東北平原)

랴오허(遼河), 쑹화(松花)강의 충적·침식으로 형성된 만주의 중심을 이루는 대평원이다. 남북 1,000km, 폭 400km이다. 이 평원은 중국 동북부이며, 다싱안링(大興安嶺)산맥과 백두산 사이에 있다. 광범위하게 걸쳐 있는 중국 최대의 평원으로, 비옥한 흑토에서 콩과 수수, 밀 등을 주로 재배하는 중국의 가장 중요한 식량 생산지다. 지하에 석탄과 석유 등의 지하자원도 풍부하게 매장되어 있으며, 중국의 대표적인 다칭(大慶)유전이 흑룡강성에 있다.

나. 화베이 평원(華北平原)

중국의 3대 평원의 하나로 서쪽은 타이항산(太行山)과 푸뉴산(伏牛山)에서 시작하여 동쪽으로 황해, 보하이(渤海) 및 산둥 구릉 지역까지 이어지고 있으며 북쪽으로 옌산(燕山), 남쪽은 다볘산(大别山) 지역에 이르며 창강(长江) 유역을 분계선으로 하여 허베이성(河北省), 산둥성(山东省), 허난성(河南省) 안후이성(安徽省), 장쑤성(江苏省), 베이징, 톈진(天津) 등 성과 시를 포함하며 면적은 30만 ㎢에 달한다.

허베이평원의 지세는 낮고 평평하여 해발고도는 50m 이하로 전형적인 충적평원이며 황하(黄河), 하이하(海河), 화이하(淮河), 롼하(滦河, 란하) 등에서 대량의 토사가 쌓여 이루어졌으며 최근 평원의 면적인 점점 확대되고 있다. 지역적 특성에 따라 랴오허하류평원(辽河下游平原), 하이허평원(海河平原), 황판평원(黃泛平原), 화이베이평원(淮北平原)의 4개의 평원으로 구분된다.

주요 작물은 보리와 옥수수의 이모작이 가능하다. 황판평원(黃泛平原)은 하이허평원과 화이베이평원(淮北平原) 사이로 황하(黃河)의 충적작용에 의해 형성되었으며 평균 기온이 높아 면화, 땅콩, 쌀, 대추 등의 생장에 적합하다. 화이베이평원은 화이하 이북 지역으로 황하(黃河)의 범람 지역 남쪽에 해당되며 황하(黃河)의 범람과 화이하의 충적작용에 의해 형성되었으며 기온이 높고 수자원이 풍부하여 중국의 3대 벼농사 지역의 하나이다.

다. 양쯔평원(揚子平原)

양쯔강(揚子江) 중·하류 유역에 펼쳐진 평야로 면적은 한국의 두 배쯤 되는 20만 ㎢이다. 중국에서는 창장중샤유평원(長江中下游平原)으로 부르며, 양쯔강 중·하류 유역에 위치한다. 후베이성(湖北省)의 이창(宜昌) 양쯔강 삼협의 동쪽에서 시작하여 후난성(湖南省) 북부, 안후이성(安徽省) 남부, 장시성(江西省) 북부, 저장성(浙江省) 북부, 장쑤성(江蘇省) 대부분 및 상하이(上海)까지 펼쳐져 있다.

평원에는 둥팅호(洞庭湖)·포양호(鄱陽湖)·훙쩌호(洪澤湖)의 3대 호수를 비롯하여 크고 작은 호수와 연못이 무수히 흩어져 있다. 서쪽에서부터 량후(兩湖)평원·포양평원·환중(皖中)평원·양쯔강삼각주(揚子江三角洲)·장화이(江淮)평원 등으로 구분되며, 대체로 해발고도 50m 이하의 평지를 이룬다.

예로부터 벼농사 중심의 곡창지대이자 호수와 연못 사이를 수많은 수로가 그물코처럼 종횡으로 흐르는 수향(水鄕)지대로 알려져 있다. 상하이·난징(南京)·우한(武漢)·난창(南昌) 등을 중심으로 근대 공업이 발달하였다. 벼농사는 이모작이 가능하며 각종 어류를 비롯한 수산물이 풍부하게 생산되어 '어미지향(魚米之鄕)'으로 불린다.

1-4 | 농촌 인구

중국의 전체 인구는 2019년 14억 5만 명으로 집계하고 있다. 이는 대륙에 거주하는 인구만을 조사하여 발표한 것으로 홍콩, 마카오 그리고 대만을 제외한 인구수이다. 1978년부터 산아제한 정책의 일환으로 '한 가정 한 아이 정책'을 시행하였다. 1949년 5억 4000만 명이었던 중국의 인구가 1974년 9억 명을 돌파하며 식량이 문제가 되자 강제 낙태 등의 강압적 방법으로 인구 조절에 나섰던 것이다.

한 가정에 1명의 자녀로 제한하고, 이후 출산하는 아이에 대해서는 벌금을 부과하며 강력한 제재를 가하고 복지 의료 등의 혜택에서 제외시켰다. 이 같은 강력한 정책에 따라 인구 증가율은 확연하게 감소하였지만 인구 구성의 고령화가 지속되다가 2012년부터는 노동인구가 감소하는 등 인구 구조의 왜곡을 불러왔다. 인구 증가의 둔화와 저출산 함정의 위험에 직면한 것이다. 인구 고령화 문제는 초고령화, 노령 인구 빈곤화, 부양 능력이 없는 노인 및 독거노인의 증가 등을 특징으로 빠르게 진행되고 있어 문제가 심각하게 된 것이다.

[그림 1-3]에서 2019년 중국의 농촌 인구는 전체 인구의 39.4%로 1978년 82.1%에 비하면 절반 이상으로 감소하였으나 선진국의 농촌

인구 비율에 비하면 아직도 높다고 할 수 있다. 중국은 2011년에 처음으로 도시 인구가 농촌 인구를 앞서기 시작했다. 농촌 인구가 모두 농업에 종사하는 것은 아니다. 농촌에도 2, 3차 산업 부분이 존재하고 있기 때문이다.

[그림 1-3] 연도별 도시와 농촌의 인구 구성 변화(1978~2019)

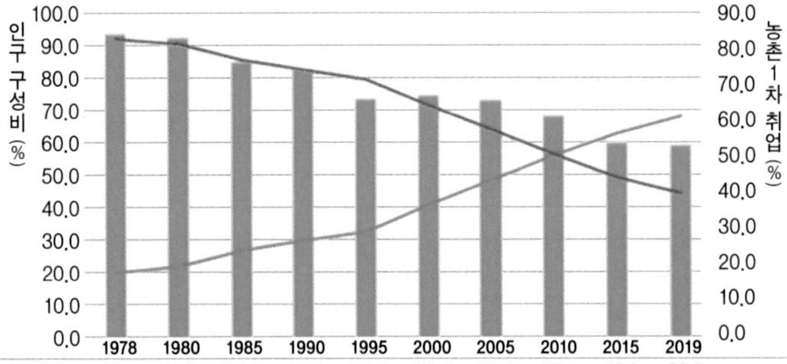

	1978	1980	1985	1990	1995	2000	2005	2010	2015	2019
1차취업(%)	92.4	91.5	84.0	81.6	72.5	73.7	72.3	67.4	59.2	58.5
도시(%)	17.9	19.4	23.7	26.4	29.0	36.2	43.0	50.0	56.1	60.6
농촌(%)	82.1	80.6	76.3	73.6	71.0	63.8	57.0	50.1	43.9	39.4

자료: 『중국통계연감』(2020)

1978년 농촌 인구의 92.4%가 1차 산업에 종사했지만 2019년 58.5%로 큰 폭으로 감소한 것으로 나타난다. 중국사회과학원이 발간한 『농촌 녹서 2017~2018(农村绿皮书 2017~2018)』에서는 2012~2017년 기간 도농 간 소득격차가 줄어들고 농촌 빈곤 인구가 대폭 감소했다. 특히 농촌 인구가 2013~2017년 중국 전역의 농촌 인구가 6,853만 명 감소해, 연간 1,371만 명이 줄었고 빈곤 발생률도 7.1% 하락한 것으로 나타났다. 이밖에 중국의 농촌 발전 수준이 점진적으로 향상되면서, 전면적인 '샤오캉(小康·중산층) 사회' 건설도 안정적으로 추진되고 있다고 적고 있다.

1978년에 비해 식량 생산량은 두 배로 증가하였지만 농촌을 떠나는 농민공(農民工)은 계속 증가하고 있다. 이들은 자기 주거 지역을 떠나 도시로 이주하여 2~3차부문에 종사하는 노동자들이다. 2008년 농민공은 22,542만 명으로 진입한 이후 중국 농민공 수량은 계속 증가하여 2018년 28,836만 명으로 집계되고 있다. 중국에서 도시와 농촌 주민의 신분 격차를 단적으로 상징하는 것이 호구(戶口: 후커우)제도이다.

농민공의 수적 증가와 함께 나타난 또 하나의 현상은 '민공황(民工荒: 농민공의 부족 현상)'이 연해 지역에서 내륙으로 확산되고, 계절성 문제에서 보편성 문제로 바뀌고 있다는 점이다. 이러한 현상이 나타난 근본 원인은 농촌의 잉여 노동력이 부족 현상으로 바뀌면서 농민공 수급 관계에 나타난 심각한 변화로 보인다는 점이다.

공급 측면에서 농촌 잉여 노동력 감소의 주요 원인은 두 가지 방면으로 나누어 볼 수 있다. 첫째, 인구 증가 둔화가 일반 노동력의 주요 원천인 농촌의 인구 증가량 감소를 초래하였고, 둘째, 교육 발전과 대학의 입학 정원 확대로 노동시장에 진입하는 농촌 신규 노동력 수가 감소했기 때문이다.

호구제도는 사회보장과 연동돼 있어 농촌 호적 보유자는 도시로 이동하면 도시 호적 보유자가 누리는 사회보장 혜택을 누릴 수 없다. 같은 중국 국민인데도 호적이 어디에 있느냐에 따라 사회주의 체제가 제공하는 혜택을 누구는 받고 누구는 받을 수 없는 게 중국의 현실이다.

농민공은 도시에 살긴 하지만 취업, 사회보장, 의료, 공공주택 분양 등 공공서비스에서 차별을 받는다. 중국의 고질적인 사회문제다. 평등을 강조하는 사회주의 체제에서 호적제도는 아킬레스건과 같은 존재다. 중국은 왜 호적제도를 개혁하지 못하는가? 도시로 이동해 나온 2억 6천~2억 9천만여 명의 모든 농민공에게 사회보장 혜택을 줄 수 없기 때문이다.

중국 정부는 2014년부터 도시 호구취득의 제한을 풀고 있다. 2019년 봄에는 500만 명 이하의 도시급까지 완화 폭을 넓히고 있다. 지난 40년간 중국은 두터운 노동인구층을 발판으로 강력한 수출 드라이브를 걸 수 있었다. 하지만 세월이 흘러 그 인구가 고령층으로 변했다. 사회보장 대상이 많아졌다. 내수를 키우기 위해선 도시화율을 높이고 이 도시에 사람을 채워 넣어야 한다. 고도성장의 엔진 가운데 하나였던 인구보너스가 사라졌기 때문이다. 취업가능인구(16~64세)가 전체 인구에서 차지하는 비중은 2010년 74.5%로 정점에 달했다가 2018년 71.2%로 매년 감소하고 있다. 이는 국제 수준(65%)보다 9.5% 높았던 것이다. 중국의 도시 인구는 7억 5천만 명, 이 중 2억 6천만~9천만 명은 농민공으로 알려졌다. 이 거대한 잠재적 도시 주민풀을 활용하여 농촌지역 인근에 중소도시로 이주하면 농민이 도시호구를 얻게 된다.

그러나 문제는 부동산 가격이다. 대도시 아파트 가격은 구름 위에 있고 지방 중소도시 아파트로의 이주는 은행 대출을 끌어다 매입해야 한다. 도시호구가 되면 집단 소유이긴 하지만 토지에 대한 이용권도 사라진다. 부동산 거품이 꺼지면 평생 은행 빚의 족쇄가 될 수도 있다. 고향을 등지고 도시로 이동한 대표적 임금 노동자, 농민공은 망설이지 않을 수 없다.

2 농업생산의 집단화(마오이즘: Maoism)

2-1 | 인민공사와 대약진운동(1958~1962)

마오쩌둥(毛澤東)은 사회주의 이상향을 건설하려는 지도자였다. 인민공사는 농촌지역에서 1958년부터 1982년까지 지속되었던 대규모의 사회주의적 농촌의 조직이다. 마을의 최소단위(10가구 이내)를 생산조, 이웃 마을을 합쳐 생산대, 향(鄕)단위를 생산대대, 현(縣)단위를 인민공사로 묶었다. 하나의 단위로 모든 주민이 농업, 공업, 상업, 교육과 문화, 치안을 모두 아우르는 이른바 행정과 공사업무가 합쳐진 경영체였다. 농업도 광범위하게 농업·임업·목축업·부업(副業)·어업을 영위하였다.

대약진운동은 근대적인 공산주의 사회를 만드는 것을 목적으로 1958년부터 1962년 초까지 마오쩌둥(毛澤東)의 주도로 시작된 농·공업의 대 증산정책이다. 일하고 싶을 때 일하고 쉬고 싶을 때 쉬는 지상낙원의 사회주의 유토피아를 건설하려고 했던 실천적 캠페인이었다. 인민들은 어느 조직이든 가입되어 공동작업과 공동취사를 하여야 했다. 각자 노동력의 질과 작업 종류에 따라 정해진 노동점수를 기록하여 연간 수익을 분배받았다.

무모한 속도전으로 과학이나 합리 또는 단계적 절차를 무시하고 역사의 비약만을 강조하였다. 농촌의 현실을 무시한 무리한 집단 농장화나 농촌에서의 철강 생산 등을 강행시킨 결과 수천만 명에 이르는 사상 최악의 아사자를 내고 큰 실패로 끝이 났다.

이 결과로 엄청난 인구가 사상 최악의 굶주림과 기아로 사망하자, 4년째인 1962년 대약진운동의 실패를 인정한 마오쩌둥은 국가주석을 사임했다. 인류 역사상 가장 거대한 규모의 원시 공산주의 실험이었다. 비록 4년(1958~1962)에 불과했지만, 그 결과는 참담했다.

정부 공식 발표로만 비자연적으로 사망한 수가 2,158만 명이고, 동서양의 다른 자료들에 의한 사망자 수는 약 4,000만 명으로 추정하고 있다. 태어나지 못한 생명까지 포함하면 7,000만 명으로 추정하는 주장도 있다. 학자들은 인류사 최악의 기근으로 기록하고 있다.

중국은 1953년부터 농업집단화가 이루어지기 시작하여 생산수단은 인민공사 소유가 되었다. 한 단위로 모든 주민이 농업, 공업, 상업, 교육, 치안 등 생활의 모든 기능을 실시하였다. 농업부문에서도 광범위하게 농작물, 임업, 목축업, 어업을 영위하였다. 인민공사는 공동 식당, 유치원, 양로원, 병원 등 복지시설을 설치하였고, 분배제도로서는 무상급여제와 임금제를 병행하여 실시하였다. 인민공사는 단순히 생산 활동에만 종사하는 경제 조직이 아니라 1, 2, 3차 산업의 생산과 공공 기능을 총괄적으로 담당한 농촌의 종합적인 사회 조직이었다.

전 인민 소유제와 분배제도가 실시되었고 생활의 집단화를 불가피하게 만들었다. 이처럼 마오쩌둥은 인민공사를 통해 비약적인 생산력의 발전을 이루어 공산사회로의 이행을 꿈꾸었으나 생산력의 충분한 발전이 이루어지지 않았다. 필요에 따른 분배나 생활의 집단화는 '가

난의 공유'를 의미할 뿐이었다.

인민공사 내의 간부는 공사업무와 행정업무를 동시에 담당함으로써 정부의 명령에 순종하여 정부가 지정한 생산량 달성에만 급급하였다. 인민공사의 소유제도는 사적 소유제도를 완전히 폐지하고 전인민 소유제의 형태를 취하였다. 손가락으로 가르치는 것은 모두 인민공사의 소유가 될 정도로 막강한 권력을 행사하였다. 결국 초기 인민공사는 공산화 과정이 지나치게 급진화됨으로써 야기된 문제와 인민공사 제도 자체가 가지는 문제점으로 1959년 7월 루산(盧山)회의에서 인민공사의 조정이 발표되기도 하였다.

마오쩌둥이 대약진운동을 일으킨 것은 단기간 내에 생산량을 높이고 빈곤에서 벗어나 풍요로운 사회를 만들어 서방세계를 따라잡으려는 것이었다. 마오의 제2차 5개년 경제 발전 계획이라 할 수 있고 농·공업의 대증산정책이라고 볼 수 있다. 대약진운동 이전 중국은 여러 부문에서 소련을 벤치마킹하는 정책을 폈고, 마오는 "짧은 기간에 후진농업국에서 선진공업국으로 탈바꿈한 소련의 발전 경로를 따라야 한다"고 역설했다.

이에 따라 소련으로부터 많은 원조를 받았고, 소련의 기술자들을 고용해서 개발계획을 실시하기도 했다. 그 유명한 토법고로(土法高爐)와 제사해운동(除四害運動)은 대약진운동의 일부분이다. 토법고로는 농촌에서 철강을 생산하는 것이었고 제사해운동은 1958년 위생운동으로 모기, 파리, 들쥐, 그리고 참새를 멸종시켜야 한다는 필요성을 역설했다. 그중 참새는 곡식 낟알을 먹으며 인민에게서 그들의 노동의 결실을 도둑질하기 때문이라는 것이었다(부록 참고).

농촌지역에서 철강을 생산하는 사업은 모든 농민을 피곤하게 하였다. 농업 중심의 산업 구조를 개편해 중공업 기반의 사회주의 경제체제로 발전시킨다는 목표하에 철강 생산량이 주요 성과로 평가되었다. 그 결과 지역마다 인민공사 중심으로 철강을 생산하기 위해 일종의 자가(自家) 용광로가 들어섰는데 이것이 '토법고로'이다. 인민공사마다 몇 개의 고로를 만들었으니 100만 개의 고로가 만들어졌을 것으로 추정된다는 것이다.

[그림 1-4] 대약진운동 기간 운영된 토법고로(土法高爐)

자료: Wikipedia

토법고로는 생산량 할당과 목표에 집착하는 경제 운영이 얼마나 비극적인 결과를 초래할 수 있는지 보여 주는 대표적인 예로 유명하다. 실제로 철강의 생산량은 한 국가 내에서 철강을 필요로 하는 산업과 경제가 발전해 있다는 의미여서 산업화의 중요한 지표로 사용된다. 대약진운동 당시 중국에서는 '토법고로'라는 이름으로 철강 전문가의 의견은 반영되지 않은 채 '생산을 위한 생산' 형태로 제철이 광범위하게 이루어졌다. 철이 산업화와 경제 발전을 대표하는 산출물이라는 이유에서다. 특히 상부에서 무리하게 목표를 설정, 할당하고 이를 달성하지 못하면 제재하던 당시 체제는 사정을 악화시켰다. 그 결과 강철로 좋은 농기구를 만드는 것이 아니라, 오히려 농기구의 철을 녹여 품질이 떨어지는 철을 생산해서라도 할당량을 달성하고 처벌을 피하려 했다.

외국에서 들여온 농기계를 고장이 나면 고로에 집어넣어 철강을 만들었다. 철광석을 구할 수 없어 냄비, 프라이팬, 자전거 등등 철로 된 물건은 무엇이든 손에 잡히는 대로 긁어모아 용광로에 넣었다. 그렇게 해서 철강을 생산하였지만 품질이 낮아 유용한 재료로 사용할 수 없었다. 제대로 사용하려면 다시 녹여서 불순물을 제거하는 복잡한 과정을 거쳐야 하는데, 연료비와 시설 투자가 필요할 뿐 아니라 이렇게 해도 애초에 제대로 철강을 생산한 것보다 품질이 떨어지게 된다는 것이다.

고로의 불을 유지하기 위해 태울 수 있는 석탄이 부족하면 인근 산천의 나무들을 벌목해 땔감으로 썼다. 그래도 모자라면 과수원의 과수들까지 벌목해 땔감으로 썼다는 것이다. 이로 인해 생겨난 민둥산들은 비가 오면 토사가 씻겨 나가 산사태를 일으켰다. 농민들이 해야 할 추수는 안 하고 고철 찾고 땔감 찾으러 돌아다녀야 하는 이상한 광경이 벌어졌다. 어차피 추수해도 인민공사에 바치고 자기 소유가 되지 않았기 때문에, 농민들은 자기들이 가꾼 논밭을 추수하지 않았다.

노동력과 자원을 특정 분야로 동원하는 체제 내에서 제대로 된 농업생산을 기대하기는 어려울 수밖에 없었다. 결국 잘못된 정책과 무리한 추진 과정에서 많은 시행착오가 빚어졌고, 끝내 중국 인민들은 극심한 식량부족에 시달릴 수밖에 없었다. 대약진운동 직후 중국의 경제 상황은 처참하게 나빠지며, 당시 굶어 죽은 아사자 수는 2~4.5천만 명으로 알려져 있다. 2차 세계대전에서 희생된 사상자보다 더 많은 인구가 사라졌다. 이처럼 많은 인구가 사망에 이르렀어도 공식적인 언급이 없었고 다만 자연재해에 의한 피해로 묘사되어 있다. 또한 대약진운동의 실패를 덮는 과정에서 이어진 문화대혁명은 중국 사회에 엄청난 분열과 상처를 남기게 되었다. 이를 '10년 동란'이라고 하는 이유가 여기에 있다.

2-2 | 문화대혁명(1966~1976)

문화혁명은 마오가 1976년 사망하고 4인방(4人幇: 마오의 부인 江青, 공산당 부주석 王洪文, 국무원 부총리 張春橋, 정치국 위원 姚文元)이 몰락하는 1976년까지 10년에 걸쳐 전개되었다. 대중이 얼마나 광기에 빠지고 사회와 나라를 혼란의 나락으로 추락시킬 수 있는지를 보여준 광란의 시대였다. 이 10년 사이에 중국 전역에 걸쳐 3만 4,800명이 사망하고, 72만 9,511명이 박해받았다는 것이 공식 통계이다.

이 천하의 광란은 마오의 이데올로기 신념과 정권욕에서 출발하였다. 1959년 7월 2일, 장시(江西)성의 유명한 휴양지 루산(廬山)에서 중국공산당회의가 열렸다. 펑더화이(彭德懷)는 마오에게 보낸 편지에서 "대약진운동의 전적인 방향성은 옳다고 시인하고 1958년 기본 건설은 조급한 면이 있어 목표달성이 늦었을 뿐이다."라고 지적하였다. 마오는 이 편지를 자기에 대한 정면 도전으로 간주하고 복사하여 회의에 올렸다. 마오는 연설을 통해 이 편지를 "부르주아지의 동요이며, 당에 대한 공격, 우경 기회주의 강령"이라고 격렬하게 비판했다.

이후 펑더화이는 국방의 수장 자리에서 물러났고 회의가 끝난 후 1960년 당내에서 반우파 투쟁이 전개되어 365만 명이 우경 기회주의자로 찍혀 해임되었다. 대숙청이 단행된 것이다. 1959년 대약진운동에 대한 비난 여론이 확대될 조짐을 보이자 마오쩌둥은 국가주석직을 사임하였다. 이어 류사오치(劉少奇)가 국가주석, 덩샤오핑(鄧小平)이 당 총서기를 맡게 되었고, 저우언라이(周恩來)는 총리직을 유지했다. 새로운 집권층들은 실효성이 없는 인민공사를 강조하면서 경제를 침체에 빠뜨렸다는 것이 지배적 중론으로 실용적 노선을 지향하였다.

인민공사는 마오의 상징이나 다름없었다. 실권에서 손을 떼고 상징적인 당주석직만 보유하고 있던 마오쩌둥은 류사오치와 덩샤오핑의 뜻대로 가다가는 자신의 사후에 공산주의가 무너지고 자본주의 사상이 침투해 올 것을 두려워했다. 마오는 후계자로 지정해 둔 류사오치를 불안하게 바라보았고, 두 파벌의 갈등이 점점 심화되었다.

루산회의가 중국현대사에서 차지하는 영향은 지대하다. 경제적인 측면에서 이 회의는 그동안의 잘못된 경제정책을 바로잡을 수 있는 기회를 잃었고 이에 따라 경제는 점차 악화되고 빈곤의 악순환이 계속되었다.

마오는 류사오치의 실각을 위한 공작을 계속하는 한편, 1966년 문화대혁명을 일으켜 다시 한번 실권을 장악하려 하였다. 전국에서 마오를 맹목적으로 따르는 홍위병들이 일어났고, 이들은 "공산주의의 적"을 제거한다는 구실로 사회 원로와 종교인 등에게 무자비한 폭행과 조리돌림을 행하였다. 이러한 혼란하에서 마오의 의도대로 류사오치와 덩샤오핑은 실각하여 다시 한번 마오는 권력의 전면에 나섰다. 홍위병의 구성은 중·고·대학생들이었다. 나중에 노동자들도 합세하였다.

수백만 명의 중국인들이 인권을 유린당하는 참사가 벌어졌다. 자본주의의 주구(走狗)라는 뜻의 '주자파(走資派)' 또는 수정주의자로 몰린 인사는 감금, 강간, 심문, 고문 등을 당하는 것이 예사였다. 재산을 몰수당하고 사회적으로 매장당한 수십만 명 또는 그 이상의 인사들이 처형되거나 굶어 죽거나 중노동으로 죽음에 이르렀다. 또한 수백만 명이 강제 이주를 당했다.

"낡고, 늙고, 병들고, 뒤쳐진" 모든 것을 파괴하는 근대화의 이미지를 갖고 있었다. 문화, 사상, 관습, 습관 등 "네 가지 낡은 것"을 타파하고 "네 가지 새로운 것"을 세운다는 것이었다. 결과적으로는 역사적인 문화 검열 사건이자, 전국 단위로 실행된 대규모 반달리즘(vandalism: 문화·예술 및 공공시설을 파괴하는 행위)이 되었을 뿐이었다.

소수민족의 전통문화에도 파괴적이었다. 티베트에서는 티베트인 홍위병도 참여하여 6천 개의 사찰이 파괴되었다. 내몽골에서는 수십 년 전 해체된 "내몽골 인민당"의 분리주의자로 지목된 79만 명의 인물이 박해받았다. 그중 2만 2천 9백 명은 학살로 사망하고, 만 2천 명은 장애인이 되었다. 이슬람이 전통 종교인 신장 위구르 자치구에서는 위구르인들이 소중히 여기는 쿠란이 불살라졌다.

연변 조선족 자치주에서는 조선어로 수업하는 민족학교들이 파괴되었고 족보는 홍위병의 강요도 있었지만, 반혁명 세력으로 몰릴 것을 두려워하여 자발적으로 불살랐으며, 민족 문화를 보호한다고 지목된 인사들은 핍박 및 학대를 당했다. 윈난성에서는 다이(傣族)족의 왕의 궁전이 불살라졌다.

어떤 사람은 구타와 폭행을 견디다 못해 스스로 목숨을 끊었다. 덩샤오핑의 아들인 덩푸팡(鄧樸方)은 홍위병의 구타 때문에 4층 건물에서 뛰어내렸다. 목숨을 건졌으나, 신체장애인이 되어 휠체어에 몸을 의지했다. 홍위병은 부모 세대와 교사들의 타락과 부패, 비리 행위를 캐내고, 기존 권위주의와의 타협을 거부했다. 건물, 공예, 서적 등의 많은 역사적 유산들은 '구시대의 유물'로 간주되어 파괴되었다. 홍위병들은 각 가정에서 공예품을 탈취하거나 파괴했다. 수천 년의 문화유산들이 이 기간에 엄청나게 파괴되었다. 공자의 흉상이 부서지고, 유교 서적이 불태워졌다. 티베트에서만 6천여 개의 사찰이 파괴되고, 위구르 무슬림들이 무참히 학살됐다. 국가는 10년 사이에 붕괴 직전까지 갔다. 공산당 조직은 심하게 파괴되었고, 수많은 당지도자들이 숙청됐고 파면당했다.

공업과 농업생산은 후퇴했고, 교육제도 마비로 인해 국가는 훈련을 받을 인원을 모두 잃었다. 젊은 세대만이 교육 기회를 박탈당한 것이 아니다. 중년과 노년의 학자, 과학자들도 농촌으로 보내져 수년간 연구를 하지 못했다.

마오는 1959년 4월 국가주석을 사임하고 죽을 때까지 당주석으로만 있었다. 중국을 통일하여 외세에 의해 국토를 유린당한 중국민들의 굴욕감을 씻어 주며 대중의 정치 참여를 유지하여 중국의 자립을 강조한 그의 목표는 칭송할 만한 것이었다. 두 가지 개혁정책인 대약진운동과 문화대혁명은 크게 잘못 인도된 오판이었다. 10년 동안 홍위병 난동은 수정자본주의를 배척하기 위해 공산당과 언론의 주도하에 옹호되고 마오의 우상화는 지속되었다.

2-3 | 농산물 생산의 변화

과도기적 지도자로 등장한 실용주의자 류사오치, 덩샤오핑의 시장친화적인 개혁정책으로 경제가 회복될 조짐을 보였으나 마오쩌둥은 다시 이념투쟁인 '문화대혁명'으로 이들을 실각시키고 10년의 문화혁명 암흑기를 자초하게 된 것이다. 1976년 마오의 사후 덩샤오핑이 1978년 권좌에 오르면서 개혁개방은 날개를 펴게 되었다. 1978년 덩샤오핑이 시장경제를 도입하기 이전까지의 사회주의 시기는 '마오이즘(Maoism)'으로 대변되는 굉장히 급진적인 사회주의 경제의 시기였다고 볼 수 있다.

덩샤오핑은 앞서 경제 발전을 우선시하는 실용주의 노선을 주장하다 마오쩌둥과 갈등을 빚어 실각했던 경험이 있고 그의 아들이 문화대혁명으로 불구가 되는 등 아픔을 겪은 피해자이기도 하였다. 동시에 덩샤오핑은 마오쩌둥과 대장정을 함께한 동지로서 유일하게 살아남은 원로였다. 그는 대재앙을 가져왔던 문화대혁명을 주도한 마오쩌둥을 비판·반대하지도 않으면서 인민들의 개혁개방 요구를 충족시켜줄 중심인물로 등장하였다.

1978년 당시 중국은 철저하게 농업에 기반한 국가였다. 전 인구의 82.1%가 농촌에 거주하고 있었으며, 모든 취업자의 70.5%가 농림수산업에 종사하고 있었다. 1인당 GDP는 385위안(약 55달러)이었다.

대약진운동을 거치면서 장기간 중공업 우선 성장 전략을 실시했지만 앞서기는커녕 격차는 오히려 갈수록 벌어지고 있었다. 국민의 소득 수준은 장기간 향상되지 않고 생필품은 심각하게 부족하였다. 특히 문화대혁명을 거친 후에 국민 경제가 붕괴의 위기에 직면해 있다는 점 등의 문제들이 노출되었다. 이러한 상황에서 새로운 지도부는 기존의 계획경제 체제를 지양하고 대규모의 개혁개방을 추진하게 한 원인이 되었다.

사회주의 경제 건설을 위해 중공업에 자원이 편중된 결과 경공업에 대한 투자가 소홀하여 극도의 소비재 부족 현상이 생겼다. 에너지 생산 및 수송, 사회 인프라 구축 상태가 지극히 열악하여 물자의 축적이 있어도 수요와 공급의 불균형이 각지에서 일어나고 있었다.

덩샤오핑을 비롯한 개혁파가 경제개혁을 주장한 것은 이처럼 더 이상 묵과할 수 없는 경제 상황이 있었기 때문이다.

우선 가장 개혁이 시급한 것은 농업부문이었다. 인민공사의 기능을 축소시켜(완전 폐지는 1982년), 농민에게는 의무 할당량을 초과하는 농작물의 자유 처분권이 주어졌다. 이것은 생산책임제라 불리는 제도였는데, 그 전신(前身)은 1960년대 류사오치가 주장한 '산쯔이바오(三自一包)'였다. 류사오치가 이 산쯔이바오로 마오쩌둥에게 공격받고 실각했으므로, 생산책임제의 실행은 마오쩌둥의 농업정책의 오류를 인정한 셈이었다.

1978년 인민공사가 해체되기 전 안후이성 펑양현 샤오강촌(安徽省鳳陽縣 小崗村)에서 18명의 농민이 정부 승인 없이 결사조직을 만들었다. ① 상(정부)은 속여도 하(동료)는 속이지 않으며 외부에 누설하지 않을 것 ② 정부의 상납분, 집단유보량에 절대 속지 않을 것 ③ 발각되어 체포되는 사람이 있으면, 그 자녀를 18세까지 나머지 농가가 양육할 것을 서약하고 서명하였다. 무엇이 이런 심각한 결사를 만들고 모험을 감행하게 했을까? 자기에게 배당되는 토지로 농산물을 생산할 수 있었기 때문이다.

농가별로 농작업을 도급받아 수매량과 집단유보량을 뺀 나머지를 자신들의 몫으로 하는 청부생산의 도입이었다. 인민공사가 시행되고 있는 시점에서 통일적인 경영을 부정하고 개혁을 시도한 것이다. 더 크게 해석하면 사회주의 체제를 부정하는 것이었다. 이 샤오강촌의 모험은 1년 후 기적같이 많은 생산량을 보였다. 이 샤오강촌의 사건은 1980년 덩샤오핑이 지지를 보내면서 전국적으로 보급되었다.

생산책임제는 각 농가가 국가와 계약한 할당량만 국가에 팔고 잉여물은 자유롭게 처분할 수 있게 하였다. 1979년 18년 만에 정부의 농산물 수매가격이 22.1% 인상되었다. 여기에 농민들은 작물의 품종을 경제성이 높은 작물로 선택하면서 농민들의 생산 환경이 크게 개선되었다. 각 농가의 생산 의욕은 향상되었고, 농업생산량은 증가하였다. 1985년에는 농산물의 강제공출제가 폐지되면서 농산물시장이 더욱 성장하게 되었다.

이 같은 일련의 조치는 농촌에서 비참한 빈곤 발생을 낮추고 곡물의 이중 가격제(정부 수매가격과 시장가격)로 인한 실질소득을 높여 주는 기능을 의미하였다. 농산물 생산량이 증가하면서 도시에서도 배급을 통해 지급되던 식량 배분의 증가를 요구하는 소란이 감소하게 되었다.

개혁개방 이후 식량 수급은 '과잉-부족-과잉'의 상황이 반복되었다. 2000년대 초반 심각한 식량 공급부족 상황에 직면하자 중국 정부는 즉시 새로운 식량증산 정책을 시행하였다. 중국의 식량가격은 계획경제와 시장경제라는 두 가지 형태의 경제체제를 거치면서 정부 통일가격 제정 시기(1984년 이전), 통일구매 취소와 통일판매가격 개혁(1985~1992년), 보호가격 수매와 시장가격의 공존 시기(1993~2003년),

최저 수매가격과 시장가격의 공존 시기(2004년부터 현재까지) 등 네 단계의 변화 과정을 경험하였다.

특히 과일과 육류의 증가는 돋보였다. 채소와 화훼산업의 증산과 시장 활성화도 농업부문 성장에 크게 기여하였다. 정부의 계획경제시대에는 식량, 섬유, 유료작물에 생산량이 배정되어 반드시 생산하여야 했지만 정부의 기획생산이 완화되면서 수익성이 높은 작물로 이행이 자유롭기 때문으로 추정된다.

[그림 1-5] 식량 총생산량의 변화(1980~2019)

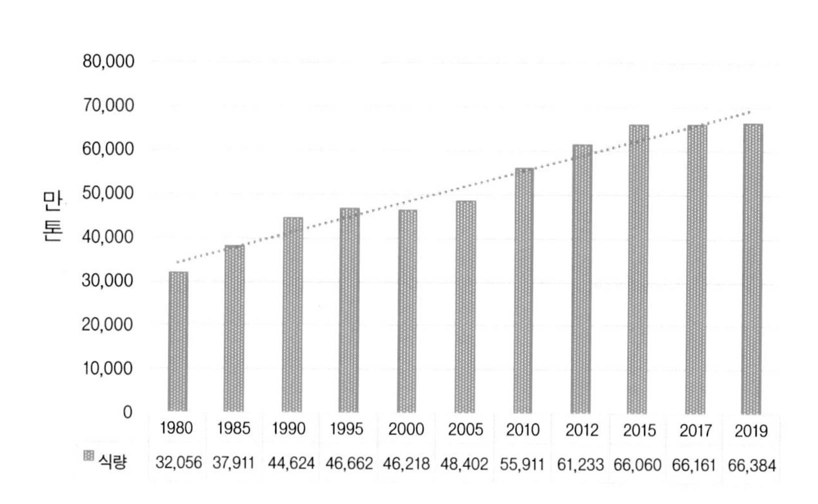

자료: 『중국통계연감』(2020)

[그림 1-5]는 1980~2019년 식량 생산량의 추세를 나타낸다. 추세선을 보면 꾸준한 증가세를 이어 왔다. 개방 초기부터 최근까지의 식량 생산의 연 성장률은 보면 곡물은 2.2%씩 증가하였다. 특히 옥수수가 3.7%, 밀 2.3, 벼는 1.1%씩 매년 성장하여 식량증산을 선도하였다.

그러나 서류는 정체된 상태로 0.1%의 성장으로 큰 변동이 없었다. 식량 생산이 계속 증산만 실현하였던 것은 아니었다. 2002년 식량 생산은 457백만 톤, 2003년 430백만 톤으로 1990년대 초의 수준으로 떨어졌다가 2004년부터 다시 증가하여 2006년 490백만 톤으로 회복되었다. 2008년 자연재해와 쓰촨성 지진 등에도 불구하고 밀 등의 증산으로 5억 톤 이상의 식량을 생산하였다. 이 같은 식량 생산량의 증가는 단위면적당 수량의 증가에 의한 결과였다.

〈표 1-3〉은 농·어업부문의 연도별 생산액과 구성비의 변화를 나타낸다. 개방되기 이전에는 식량 생산이 약 80% 이상을 차지하였다. 개방 시기를 지나면서 경종(耕種)부문은 계속 감속하기 시작하여 구성비는 계속 낮아졌다. 1978년 약 80.0% 2005년 49.7%, 2019년 53.3%로 낮아졌다. 제1차 산업 분야도 빠르게 성장하면서 농업, 목축업, 임업, 수산업이 동반 성장하였지만 그중에도 목축업이 성장이 현저하였다.

농업개혁이 주요 농산물의 증산을 가져오고 그 결과 빈곤 인구의 뚜렷한 감소와 함께 생활 수준이 현저하게 상승하게 된 것이다. 개혁개방 40년이 지난 오늘날 중국의 농촌은 의식주의 기본적인 수요를 충족시키는 온바오(溫飽)의 단계에서 샤오강(小康) 단계로 진입하고 있다고 보인다.

농업 부분의 이러한 성과는 중국경제의 성장에 있어서 중대한 역할을 의미했다. 우선 가장 기본적인 식량문제가 크게 개선된 것이다. 1인당 식량 생산량은 개혁 이후 뚜렷한 증가세를 보였고, 곡물 수입과 함께 중국의 식량 사정은 크게 안정되었다.

〈표 1-3〉 농·어업 생산액과 구성비 변화(1952~2019)

단위: 억 위안, %

연도	농업		임업		목축업		어업	
	생산액	%	생산액	%	생산액	%	생산액	%
1952	365	85.9	3	1.6	48	11.2	1	1.3
1962	371	84.7	7	2.2	45	10.9	10	2.2
1970	597	82.1	16	2.8	93	13.4	11	1.7
1978	1,035	80.0	44	3.4	193	15.0	20	1.6
1980	1,492	75.6	95	4.2	340	18.4	39	1.7
1990	5,191	64.7	378	4.3	2,049	25.7	533	5.4
2000	8,000	55.7	663	3.8	4,428	29.7	1,772	10.8
2005	18,891	49.7	1,369	3.6	13,129	33.7	3,842	10.2
2010	31,259	53.0	2,407	3.8	19,981	30.2	5,815	9.2
2015	54,648	53.2	4,446	4.3	28,095	28.1	10,305	10.1
2019	64,253	53.3	5,717	4.7	28,096	26.7	12,436	10.1

자료: 『중국농업 통계자료(1949~2019)』(2020)

농촌의 실질소득이 증가함에 따라 앞으로 경제 발전에 필요할 거대한 시장이 형성되기 시작하였다. 이것은 대약진운동과 문화대혁명 이래 20년 동안 진통을 겪어 온 중국 사회의 안정과 발전이 시작되는 것을 의미했던 것이다. 이 결과 농수산업이 개혁 초기 경제성장에 기여한 역할은 지대했다.

농촌지역에서 또 한 가지 중요한 경제적 변화는 개혁 이후 도시 이전을 노리던 농촌 노동력을 흡수하여 도시의 지나친 팽창을 막으려는 의도로 만들어진 향진기업(鄕鎭企業)이었다. 향진이란 우리나라의 읍, 면 단위의 농촌지역을 의미하는 것이다. 농촌을 떠나지 않으면서 비농업부문에서 저렴한 노동력으로 성장한 향진기업은 GDP의 성장, 국가세입, 수출, 농촌고용, 부가가치 산출에서 큰 역할을 하였다(부록 참고).

3 중국경제의 도약

3-1 | 개혁개방과 국력신장

1911년 청나라가 무너진 후 중국의 내륙에서는 장제스(蔣介石)가 이끄는 국민당(國民黨)과 마오쩌둥(毛澤東)이 선봉에 선 공산당이 국공내전(國共內戰)을 치루었다. 일본의 침략을 막아 내기 위해 국민당과 공산당이 협력하여(國共合作) 일본군과 싸웠지만 통일중국을 이루는 것은 실패하였다. 장제스는 대만으로 밀려났고 1949년 10월 1일 중국공산당이 중화인민공화국을 선포하였고 공산 사회주의 국가로 오늘에 이르렀다. 마오가 1976년 사망하기 전까지 순수사회주의 국가로서 '죽의 장막'으로 세계에서 고립된 나라였다.

마오쩌둥 주도하의 중국은 건국 이후 인민공사를 세우고 1958~1962년 대약진운동을 펼쳤고, 1966년 이후에는 문화 대혁명도 일으키며 사회주의 국가의 틀을 굳히려 하였다. 농촌의 급진적 산업화를 꾀했던 야심 찬 경제성장의 계획 '대약진운동'이 처참히 실패하면서 중국의 경제는 파탄이 났고, 1959년과 1961년 사이 2~4.5천만 명의 인민들이 굶어 죽는 역사에 길이 남을 대기근으로 이어졌다. 중국의 경제 붕괴는 여기서 그치지 않았다. 1966~1976년 사이 마오는

라이벌 공산당 지도부들을 숙청하기 위한 '문화대혁명'을 시작해 중국 사회 전체가 극심한 혼란에 빠졌다.

약진운동도 경제성장으로 이어지지 못했고 수많은 아사자를 내며 실패하였고 문화대혁명도 수많은 국가적 문화재 피해와 선량한 지식인 피해를 남겼다. 문화혁명기간 중 2,630만 명이 희생되어 인류 역사상 최대 사망자 사건으로 대약진운동과 함께 10위 안에 들어가 있다. 산동성 공자사당의 묘비와 하남성 용문석굴(龍門石窟) 등 수많은 귀중한 문화재가 큰 피해를 입었다. 이를 '10년 동란'으로 부르는 것은 장기간 문화유산과 인명의 살생으로 피해를 주었기 때문이다.

1978년 덩샤오핑(鄧小平, 1904~1997)의 선도로 개혁개방을 시행하면서 사회주의 속에 시장경제 체제를 수용하였다. 검은 고양이건 흰 고양이건 쥐를 잘 잡는 고양이가 좋은 고양이라 하였고, 인민들이 잘 먹고 잘사느냐가 핵심이라고 하였다. 자본주의든 공산주의든 상관없이 중국 인민을 잘살게 하면 그것이 우선되어야 한다고 주장하였다. 이 같은 '흑묘백묘론(黑猫白猫 抓老鼠 就是好猫)'을 내세우며 미국, 일본을 방문했고 유럽 5개국에 사절단을 보내며 평화 공존 정책으로 서방 국가들과 국교를 열었다.

1979년 미·중 간의 외교관계가 회복되면서 외국의 자본을 받아들이는 개혁개방이 시작되었고 광활한 영토와 풍부한 노동력을 바탕으로 해외투자를 수용하여 급격한 경제성장을 이루어냈다. 중국 동해 연안의 경진익(京津翼)발해만, 장강(長江)하구, 주강(珠江)델타 3개 지역을 집중 개발하여 세계의 제조공장 지대를 만들었다. 1985년경부터 덩샤오핑이 주창한 선부론(先富論)이 이들 지역에 적용되었던 것이다. 이 같은 불균형 성장 정책은 놀라운 결과를 가져다주었지만 연해 지역과 서북부는 하늘과 땅 차이의 경제 격차를 만들었다. 서부 대개발 등의 정책은 빈부 격차를 해소하기보다는 빈곤 탈출 정도의 효과만 있었으며 지역 격차는 크게 좁혀지지 않았다. 특히 도시와 농촌의 소득격차는 가장 심각한 고민거리를 던지고 있다.

중국이 세계열강들과 어깨를 나란히 하는 경제 대국의 반열에 오르기까지는 개혁개방 이후 40년이 걸리지 않았다. 중화인민공화국 건국 70주년을 맞아, 중국에는 현재 전례 없는 부와 심화된 경제 불평등의 명암(明暗)이 존재한다. 개방 이전 공산당 지배하에서 중국은 아주 빈곤한 나라였다. 사회주의 국가 간에 우호무역이 존재하였지만 서방 국가와는 외교도 무역도 활성화되지 않았다. 자력갱생과 자급자족이 경제의 모두였다. 지난 40년간 중국은 끊임없는 시장개혁을 통해 다방면으로 교역로를 개척하고 외국 자본의 투자를 유치하며 수억 명의 국민을 빈곤으로부터 구제하는 데 성공했다.

2000년대에 들어서며 영국, 독일, 일본의 GDP을 넘어 경제대국으로 올라서 G2의 서열에 들었다. 2001년 세계무역기구(WTO) 가입, 아시아 인프라 투자은행(AIIB)의 국제금융조직, 원자탄을 비롯한 무기개발, 유인우주선 발사, 무인 달 탐사, 베이징 올림픽뿐 아니라 국내의 고속철도, 고속도로, 항공 산업, 통신, 에너지 등 전 분야에서 발전을 이루었다. 일대일로, 2025 제조, 남중국해로의 세력 확장, 각국에 설립된 공자학원의 논란 등 일련의 국력 융성을 위한 계획과 사상을 세계에 전파하려고 하였다. 그들의 국력 신장과 자신감은 어디서 오는가? 경제성장과 식량자급이라고 여겨진다.

특히 2001년 WTO에 가입함으로써 세계와의 교역을 크게 신장하게 되었다. WTO는 시장경제의 국가들이 자유무역을 표방하고 개방을 통한 공정한 무역을 촉진시키고 감시하기 위한 기구이다. 또한 국가 간 경제분쟁에 대한 판결권과 국가 간 분쟁이나 마찰 조정 등을 목적으로 하는 국제단체이다. 중국이나 러시아(2012년 가입)가 이 기구에 가입할 때 회원국들의 '시장경제 국가'인가의 논의가 있었지만 한국과 미국 등의 찬성으로 문턱을 넘어섰다.

개혁개방 정책이 경제개발과 성장에는 큰 진전을 보여 주었지만 중국 사회에 큰 모순을 낳기도 하였다. 농촌지역과 도시 지역, 연안 지역과 내륙 지역에 경제 격차가 확대되기도 했고 관료의 부정부패가 한층 심각해졌다. 1989년에는 톈안먼 사건이 발생하여, 개혁개방은 일시 중단되기도 하였다.

3-2 | 경제의 도약적 성장

〈표 1-4〉는 개혁개방 이후의 주요 경제지표를 보여 준다. 개방 초기 경상 GDP는 1980년 1,910억 달러에 불과하였으나 2019년 14조 3,430억 달러로 75배 증가하였다. 위안(元)화로 보면 국내총생산은 개혁개방 노선을 대외적으로 선언한 1978년에 비해 200배 이상 늘어났다. 1인당 GDP는 195달러에서 10,262달러로 높아졌다.

〈표 1-4〉 연도별 GDP와 1인당 GDP의 변화(1980~2019)

구분	1980	1990	2000	2010	2019
경상 GDP(10억 달러) (10억 위안)	191 (410)	361 (1,887)	1,211 (10,028)	6,087 (41,303)	14,343 (82,712)
실질 GDP(2010년 기준)	341	828	2,232	6,087	11,537
1인당 GDP(달러: 경상) (위안)	195 (468)	318 (1,663)	959 (7,942)	4,550 (30,876)	10,262 (59,660)
1인당 GDP(실질: 2010)	347	729	1,768	4,550	8,254

자료: 1. 산업연구원 북경지원, 「2020년 중국경제의 위상」 2. 『중국통계연감』(2020)

오늘날 세계의 가장 큰 이슈는 미국과 중국의 무역 갈등으로부터 시작되었다. 트럼프 대통령은 수십 년 동안 미국의 무역적자는 '비시장국가'인 중국이 독점력을 활용하여 '공정한 무역'을 방해하고 미국의 '지적 재산권'을 침해하고 있어 국가안보와 국내 산업이 심각하게 위협받고 있다고 주장해 왔다. 미국 내의 일자리 감소 등과 같은 구조적인 문제도 이와 같은 '불공정무역'에 의한 무역적자 심화에 따른 것이다. 국내 제조업이 망가진 것도 무역이 공정하지 못한 것이 원인으로 "미국 우선(America First)"를 내세웠다. 2018년 미국은 중국 상품에 대한 관세를 높여 무역 관행을 개선하여 무역적자와 지적 재산권의 보호를 강화하려는 것이었다.

중국 정부는 트럼프 행정부가 보호무역주의에 관여하고 있다고 비난했고 양측은 3차의 접촉을 통해 원만한 합의에 이르는 듯했으나 긴장은 오히려 지속되었다. 교역의 분쟁은 농산물 무역뿐 아니라 통신 장비, 지적 재산권 등으로 옮겨갔고 더욱이 2019년 12월 중국으로부터 시작된 코로나19는 세계적 위협으로 다가왔고 경기후퇴와 경제성장을 가로막는 핵심으로 떠올랐다. 이제는 무역분쟁뿐 아니라 중국의 세력 팽창과 이를 억제하려는 자유진영 국가들의 세력 다툼의 큰 마당으로 진행되고 있는 느낌이다.

덩샤오핑이 주도한 개혁개방 정책은 '죽의 장막'으로 불리던 중국을 미국에 이은 세계 제2위의 경제 대국으로 도약시키는 원동력이 되었다. 세계 최대 빈곤 국가에서 미국과 어깨를 견줄 만한 경제 대국으로 도약한 것이다. 경제 규모가 크다고 해서 반드시 선진국이라고 하지는 않는다. 단순하게 자원이 많은 나라, 군사적으로 강한 나라, 국민 소득이 높은 나라를 지칭하지 않는다. GDP는 한 나라의 '경제력'은 측정할 수 있지만 '국민 생활의 질'이나 '행복' 등 보다 근원적인 부분에 대해서는 제대로 파악할 수 없다는 결점이 있다. 이러한 약점에도 성장률, 저축과 투자, 산업 구조 등 많은 정보를 제공하고 있어 오늘날에도 지배적인 경제통계로 활용되고 있다.

선진국의 기준은 무엇인가? 1인당 GDP는 분명히 고려되는 요소이지만 반드시 그렇지는 않다. 그 나라 주민의 '삶의 질'을 계측하는 여러 가지 지수가 개발되어 있다. 유엔의 인간간개발지수(HDI), 경제후생지표, 지속 가능 경제후생지수, 사회건강지수(FISH), 국민행복지수(GNH), OECD의 BLI(Better life Initiative) 등 다양하다. 이러한 여러 계측지수를 이용하여 선진국의 그룹을 발표하는 국제기관들이 있다.

국제통화기금(IMF)에서 정의하는 선진국, 세계은행에서 정의하는 고소득 OECD 국가군, 개발원조위원회(DAC) 회원국 등이다. 오늘날 1인당 GDP의 수준은 경제 발전의 정도는 물론이고 여러 삶의 질과 뚜렷한 상관관계를 대체로 보여 주고 있다. 따라서 통계 편의상 1인당 GDP 또는 GNI를 대안적인 지표로 널리 사용하고 있다.

[그림 1-6]은 세계 주요국의 GDP를 순위대로 나열한 것이다. 2020년 세계 GDP 총량은 83조 8,450억 달러로 미국과 중국 두 나라가 40%

이상, 우리나라를 포함한 10개국의 GDP는 68% 이상을 점유하고 있다. 그러나 2020년 국민 1인당 GDP가 6만 달러 이상 되는 나라는 룩셈부르크, 스위스, 아일랜드, 노르웨이, 미국 등 5개국이며, 한국은 30,644달러로 26위, 중국은 10,869달러로 59위였다(IMF).

중국은 개혁개방 이후 지난 40년 동안 연평균 9.2%의 높은 성장률을 보였다. 세계의 평균 성장률 2.8%의 3배를 뛰어넘는 성장을 보였다. 미국(2.6%), 일본(1.8%), 독일(1.7%), 프랑스(1.8%), 한국(6.1%)보다 높은 고속성장을 보였다. 이러한 중국경제의 고속성장으로 40년 전 불과 1.7%의 비중에서 16.3%로 높아지고 미국은 25.4%에서 2000년 30.5%까지 증가하였으나 2019년 24.4%로 낮아졌다. 2020년 중국의 GDP 총량은 미국 GDP의 71%를 나타내었다.

앞으로 중국의 성장률은 6%, 그리고 미국의 성장률을 2%로 지속된다고 가정하면 2030년 중국의 경제총량은 미국을 앞지르게 되어 제1의 경제 대국으로 부상하게 된다. 지금까지 사회주의 시장경제 체계를 수용하여 거침없는 성장을 해 왔으나 중국의 메리트가 사라진 오늘날에는 과거와 같은 성장은 쉽지 않아 보인다.

[그림 1-6] 2020년 세계 GDP 순위(세계 GDP 약 838,450억 달러)

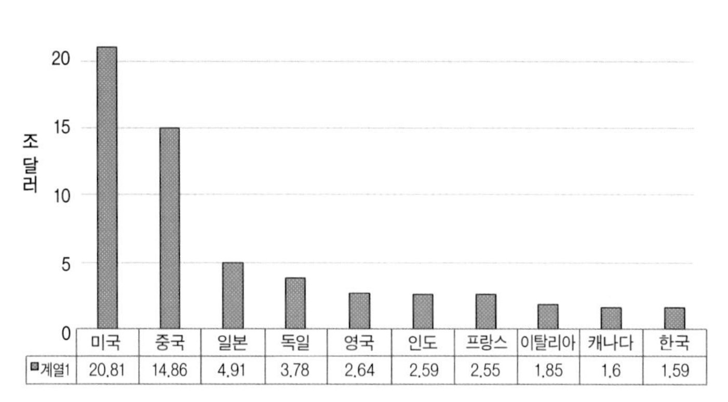

자료: Wikipedia

3-3 | 수출의 팽창

1978년 중국의 수출 총액은 전 세계 무역 거래액의 약 1%에 불과한 100억 달러 정도였다. 그로부터 40여 년이 지난 2019년 수출은 24,980억 달러로 약 250배를 기록하며 중국은 세계 최대 상품 수출국으로 급부상했다. 2019년 교역은 수입을 합해 4조 5,588억 달러로 수지는 4,372억 달러의 흑자를 내었다. 수출 주도의 성장을 하면서 원재료, 에너지, 중간재 등의 수입도 함께 증가하여 세계에서 차지하는 비중이 0.55에서 10.2%로 늘었다. 이 같은 성장 전략은 성장에 필요한 기술을 해외에서 도입하는 비용을 조달하고 제조기술 전수에 유리한 입지를 가지게 하였다.

[그림 1-7]은 1998~2019년 중국 무역의 수출입액과 수지를 보여 준다. 수출 주도의 성장으로 2002~2008년 가파른 수출 성장을 보이다가 2008~2009년 세계적 금융위기를 거치면서 조정기를 거쳤고 2010~2014년 2차의 도약 성장기를 거친다. 2015~2016년 수출 하락은 외부적으로 글로벌 경기 회복세가 완만하였고 중국 내의 가공 무역 지역으로의 장점(임금과 정책 등)이 퇴색하여 아세안(ASEAN) 지역으로 이전하거나 투자국들이 국내로 유턴하는 움직임으로 중국의 수출이 감소하였다. 중국의 무역상대별 수출은 유럽, 홍콩, 일본 등 지역에 대한 수출은 모두 하락세를 보였고, 반면 경기 회복이 상대적으로 안정적인 미국으로의 수출만 증가하였다. 여기에 더하여 투자국들의 투자 의욕이 감소한 것이 수출에 큰 영향을 미쳤다고 분석한다.

2015년 중국의 무역수지는 6,877억 달러로 역대의 기록을 세웠지만 이후 감소세를 이어 가고 2019년 4,372억 달러의 흑자를 보였다. 그러나 이는 수출 증가에 의한 것이 아니라 수입 감소로 인한 차이에서 발생한 것이다(자료: 한국무역협회).

[그림 1-7] 중국의 연도별 수출입 변화의 추이(1998~2019)

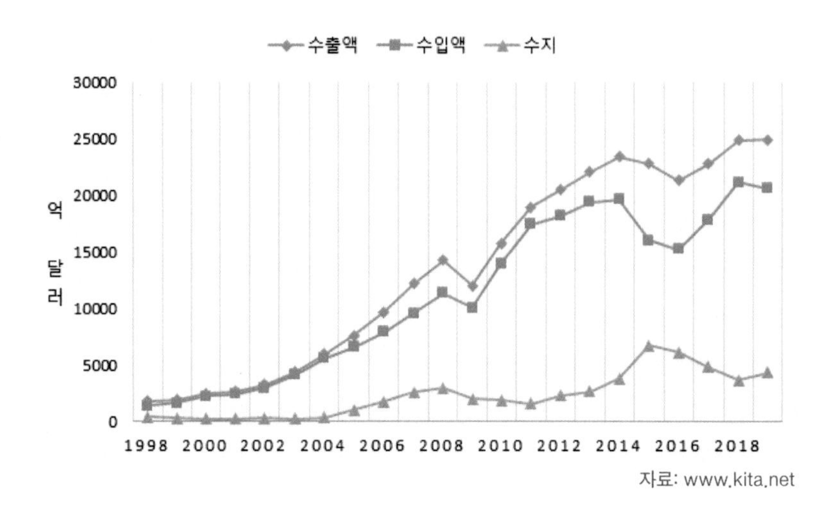

자료: www.kita.net

3-4 | 경제 불평등과 환경오염

중국은 '사회주의 시장경제'를 시작하면서 눈부신 성장을 지속해 왔다. 2030년쯤에는 국내총생산이 미국을 따라잡을 것이라는 낙관적 관측을 하며 중국위협론과 G2라는 용어는 일반화되었다. 중국의 국력 신장과 국민 소득 증가는 누구나 긍정하는 바이지만 부작용으로 동반된 경제의 불평등과 환경오염 또한 누구나 부정하지 않는다.

부자가 될 수 있는 사람부터 먼저 부자가 되어야 한다고 설파한 덩샤오핑의 주장에 따라 성공적으로 추진해 온 시장화는 다양한 차원의 경제적 불평등을 만들었다. 시장개혁이 서서히 사회주의적 평등주의를 와해시키면서 중국은 개발도상국들 중 가장 평등한 사회에서 가장 불평등한 사회로 빠르게 이동하게 된 것이다. 현재 중국은 경제적으로 심각한 도농 격차, 지역 간 격차 그리고 지역 내 빈부격차 등의 문제가 있다.

국가통계국에 따르면 2010년에 도시와 농촌의 1인당 평균 수입은 3.2대 1로 가장 큰 차이를 보였다. 2018년 도시 주민의 1인당 평균 가처분소득(중위소득)은 36,196위안(약 615만 원)이었지만, 농촌지역은 12,530위안(213만 원)으로 도시 소득의 34%에 그쳤다. 농촌의 복지 확충과 수입 증가를 통해 이 비율은 다소 감소하여 2.9대 1 정도로 2010년보다 줄었다.

빈부격차가 커지는 주요 원인 가운데 하나는 첫째로 지난 수년간 더 심해진 부동산 거품이란 것이다. 주택 가격 상승의 혜택은 집을 소유한 상위층에 돌아갔다. 베이징, 상하이 같은 거대 도시 외에 다른 도시들도 주택 가격이 세계적 수준으로 뛰었다. 푸젠성 샤먼(福建省 廈門)시내의 아파트 가격은 런던의 평균 집값과 비슷하게 비싸지만, 이 지역의 평균 임금은 런던의 4분의 1에 불과하다. '알리바바'의 본거지인 항저우(杭州)의 주택 가격은 '아마존'의 본사가 있는 시애틀과 맞먹는다.

둘째로 부의 불평등을 재생산하는 것은 교육이다. 농촌에서는 교육에 대한 접근이 더욱더 힘들다. 도시로 일자리를 찾아 떠난 농민공들의 자녀들은 농촌에 남겨져 심각한 사회문제로 떠올랐다. 이른바 '남겨진 아이들'이 6천만 명에 이른다는 것이다. 태어날 때부터 도시 주민과 농촌 주민을 엄격히 나눈 후커우(戶口)제도 때문이다.

중국의 주요 교육자원은 대도시 등 발달 지역에 집중되어 있다. 이러한 도농 간 교육자원의 편향된 분배 구조는 사람들의 교육 기회의 차이를 가져올 수 있다. 농촌 호구를 가진 사람이 도시 호구를 취득하지 못하면 취업, 의료, 주택 등 각종 혜택에서 제외된다. 농민공이 거민신분증(暫住證: 주민등록증)을 허가받지 못하면 각종 사회보장 측면에서 도시인들과 차별 대우를 받게 되어 도농 간 호구제로 인한 수입 차이가 날 수밖에 없다. 농민공들에 대한 거주 이전의 자유는 호구제도로 원천적으로 제한되었다. 그러나 성(省)정부에 따라 확실한 직장에서 5년 또는 7년간 거주하면 도시거주민과 동등한 신분보장을 받도록 하고 완화되었다(광동성).

이러한 주거 이동의 자유가 제한되고 있는 것을 완화하기 위해 현급(우리의 군단위) 농촌지역에 도시화 사업을 성마다 추진하였다.

개혁개방이 시작된 이후 중국은 지방성(省) 정부에 재정자율권을 부과함으로써 개혁을 적극적으로 추진할 수 있는 인센티브를 제공하였다. 그 결과, 지역 간 특히 지리적 이점을 지닌 동해안 도시와 척박한 서부 내륙지방 간의 경제적 격차가 매우 커졌다. 2019년의 중국 내에서 일 인당 GDP가 베이징이나 상하이 같은 도시는 22,500~23,400달러 이상인 반면 서북의 간쑤(甘肅)성 동북의 헤이룽장(黑龍江)성의 경우 대도시의 25% 정도로 5,000달러 전후에 그치고 있다. 중국의 화려한 경제적 성공의 이면에는 불평등이라는 짙은 그늘이 감추어져 있다(차이나 브리핑 2017.3.6).

3-5 | 성장의 둔화와 루이스 전환점(중진국 함정)

[그림 1-8]은 2010~2020년 기간 한국과 중국의 경제성장률을 나타낸 것이다. 개혁개방 이래 저임금의 노동력과 외국 자본의 집중 투자로 비약적 성장을 이루었다. 그러나 2010년 이후 중국은 성장의 하강 국면을 맞고 있다. 성장 둔화의 배경에는 정책적 요인과 경제 구조적 요인이 혼재한다는 것이다. 또한 국제적인 불경기와 미·중 무역분쟁 등 복합적인 요인으로 중국의 경제성장은 6%라도 새로운 정상(新常態: new normal)이라는 견해이다. 2020년 코로나19 전염병의 창궐로 한국은 -1.0%, 중국은 2.3%의 경제성장을 보였다.

[그림 1-8] 한국과 중국의 연도별 경제성장률(2010~2020)

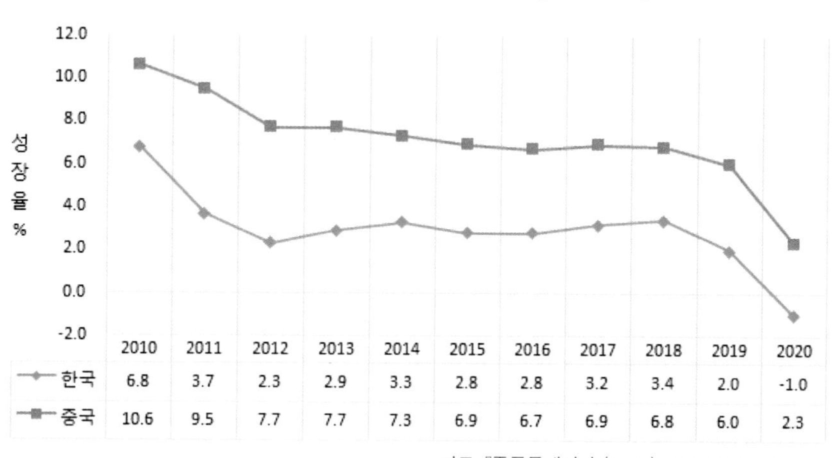

	2010	2011	2012	2013	2014	2015	2016	2017	2018	2019	2020
한국	6.8	3.7	2.3	2.9	3.3	2.8	2.8	3.2	3.4	2.0	-1.0
중국	10.6	9.5	7.7	7.7	7.3	6.9	6.7	6.9	6.8	6.0	2.3

자료: 『중국통계연감』(2020), www.bok.or.kr

중국은 노동시장 안정을 위해 7% 또는 8%의 성장률 목표치를 고집할 필요가 없다는 것이다. 경제 규모가 커졌기 때문에 성장 속도가 줄어들어도 GDP는 큰 폭으로 늘고 있다. 중국의 경제에서 서비스 산업 비중이 1980년 22.3%에 불과하였으나 2019년 53.9%로 높아져 고용 구조가 크게 변화하였다. 이제 중국 GDP의 절반 이상을 서비스 부문이 차지한다. 성장률이 하락하여도 실업률은 오히려 심각하지 않거나 개선되었다. 서비스부문이 공업과 농업보다 노동 집약적이기 때문이다. 경제 규모가 커지고, 산업 구조가 일차 산업에서 서비스업 위주로 재편되면서 성장률이 떨어져도 고용 안정은 유지되는 것으로 나타났다는 것이다.

중국의 경제 규모나 1인당 GDP로 볼 때 중진국에 진입하였다는 견해가 지배적이다. 어느 나라에서나 개발도상국에서 중진국을 거쳐 선진국으로 이행하는 과정을 거친다. 중진국이란 어떤 면에서는 선진국과 닮아 있고 다른 면에서 보면 후진국인 양상이 보이는 선·후진국의 모습을 다 갖추고 있다. 경제적 측면에서 산업의 구조 전환, 기술개발, 농업의 문제 등의 3중고(三重苦)를 거치게 된다는 것이다. 이는 경제발전론의 노벨경제학상을 받은 영국의 윌리엄 아서 루이스(W. Arthur Lewis, 1915~1991)의 이론이다. 일반적으로 개발도상국에선 농촌의 잉여 노동력이 도시로 유입되면서 공업화를 이루는데, 어느 순간 농촌 잉여 노동력이 고갈되면서 자연히 임금이 상승하고 성장률이 떨어지기 시작한다. 이 시점을 '루이스 전환점', '중진국 함정' 또는 '중등소득 함정(middle income trap)'이라 부르고 있다. 그는 영국령 서인도제도의 세인트루시아(St. Lucia)에서 이민자 가족으로 태어났고 영국에서 수학하였다. 1979년 노벨경제학상을 받은 최초의 흑인이다.

중국은 개방 초기에는 넘치는 농촌 노동력이 있었고 이들이 농민공

(農民工)으로 도시로 나와 기술직이 아닌 주로 3D 업종에 종사하며 부족한 노동력을 공급한 주력이었다. 2018년 농민공은 2억 8,826만 명으로 집계되고 있으나 그 증가율은 이미 크게 감소되었다. 1980년대 후반 엄격한 계획출산 정책으로 인구의 증가는 둔화되었고 급진적 노령화와 출생률 저하, 부양비 증가 등의 문제에 직면하게 되었다.

중국이 중진국 함정에 무게를 두는 연구가 발표되면 중국의 부상(浮上)에 대한 질투(紅眼病)나 서방의 반중국 정서로 치부하며 즉각 반박하였다. 여러 가지 이유로 중국은 '중진국 함정'에 빠지지 않을 것이라는 의견을 내놓았다. 한마디로 중진국 함정은 부자가 되기 전에 늙은 나라가 되는 것이다. 중남미의 국가들과 유럽의 그리스는 '포퓰리즘'에 무너진 경우다. 방만한 국가 경영이 고비를 넘지 못하고, 위기 앞에서 좌절한 실패의 기록은 많다.

아시아개발은행(ADB)은 "중국과 인도가 저효율·고비용 구조를 타파하지 못하면 다시 후진국으로 후퇴할 수 있다. 1970년대 이후 한국을 제외하곤 모든 개발도상국이 중진국 함정에 빠진 점을 유념해야 한다"고 지적했다.

최근 중국 경제성장률은 연 6% 수준으로 이전만큼의 빠른 속도로 성장하지는 못하는 편이다. 여전히 개발도상국 중에서는 높은 수준이다. 과거의 소련, 북한, 동구권, 기타 사회주의 독재국가에서 실제 현실과 동떨어진 '계획 대비 초과달성', '○○운동 목표 달성'과 같은 관용매체 선전은 오랜 전통이었다. 중국은 대약진운동의 실패로 인한 식량부족으로 수천만 명이 굶어 죽는 와중에도 공산당과 관영 언론은 당국의 목표인 식량 증산을 이룩했다고 선전했던 것이다. 이를 과시하기 위해 식량난에 시달리던 알바니아에 식량 원조까지 했었다.

3-6 | 쌍순환(雙循環)경제의 시동(14·5 規劃: 2021~2025)

중국 지도자들이 가장 두려워하는 것은 국민경제가 후퇴하는 일일 것이다. 대부분의 중국 통계량은 생산이나 소비, 수출입, 면적의 크기 등에서 세계에서 제일 많고, 크고, 넓은 기록들이 많다. 지난 수십 년간 중국은 수출에 의존하는 성장 구도에서 벗어나 내수시장을 확대하는 소비 주도 성장을 이루기 위해 노력해 왔다. 장기화되고 있는 미국과의 무역전쟁, 중국산 제품들에 대한 세계의 수요 감소 그리고 코로나19로 인한 국가 간의 갈등 등 문제들을 극복하기 위해 중국은 새로운 패러다임을 수행하려고 한다.

그것이 '쌍순환(雙循環)경제' 시동이다. 즉, 수출부문과 내수시장을 활성화하려는 것이다. 2020년 10월 29일 폐막한 19기 중앙위원회 5차 전체회의(19기 5중전회)에서는 〈국민경제사회발전 제14차 5개년 규획과 2035년 장기목표에 대한 건의〉를 채택하였다. 여기에서는 전면적인 사회주의 현대화 국가 건설을 목표로 하는 중국 '사회주의 발전 2단계'의 주요 경제정책에 대한 방향을 제시하고 있다. 2035년까지 과학기술 자주 혁신, 산업 구조 고도화, 녹색성장, 문화 소프트파워 강화, 국방 현대화, 국민의 삶의 질 제고 등 종합적인 국가 역량을 키워 혁신형 선진국 대열에 합류하겠다는 목표를 제시한 것이다.

중국은 과학기술의 자주화와 국가 혁신 체계 구축을 주요 내용으로 하는 '혁신주도 성장'을 〈14.5 규획(2021~2025)기간〉의 최우선 핵심 과제로 추진한다. '기술자립(技術自立)'이란 대업을 이루어 '중진국 함정'을 극복하고 최근 심화되고 있는 미국의 대중국 기술제재에 대응할 계획인 것이다. 중국경제를 국내 순환(내수)과 국제 순환(수출)으로 구분하고, 경제성장과 정책의 무게 중심을 내수로 이동한다는 것이 골자다.

중국은 2025년까지 10대 핵심 산업의 부품 및 소재 국산화율을 70%까지 끌어올리는 것이 목표이다. 이와 함께 단순 임가공 등 저부가가치 중심에서 고부가가치 제조업으로 산업 구조를 업그레이드하기 위한 기술 투자 확대에도 적극적이다. 제조업 핵심 장비와 부품의 국산화를 통해 수입 의존도를 줄이고 통제 가능한 기술 보유를 위한 조치이다. 수출과 내수 진작을 통해 이 진지전에 영양분을 공급한다는 것이 쌍순환의 기본 틀 중 하나다.

영양분을 만들어 낼 에너지는 충분하다. 중국은 14억 명의 인구와 광대한 영토로 이뤄진 세계 최대의 단일 시장이다. 중국인의 해외 소비를 국내로 돌리고, 국내 생산의 부가가치를 높인다면 지속적인 고도성장이 가능하다는 계산이다.

2010년대까지 중국의 경제성장률은 9.2%의 높은 성장을 유지하였으나 코로나19 발생 전부터 중국 성장률은 하향 곡선을 그렸다. 최근의 분기별 성장률은 2019/1분기 6.4% 3분기 6.0%이며 2020년 1분기에는 -6.8%, 2분기 3.2%, 3분기 4.9%를 보이고 있다.

중국경제의 성장 동력을 수출에서 내수로 이동하는 것은 40여 년 만의 대전환이다. 덩샤오핑 주도하에 개혁개방을 결정한 1978년 역사적인 '11기 3중전회' 이후 중국은 세계화라는 호랑이의 등을 타고 거침없이 질주해 왔다. 2001년 세계무역기구(WTO) 가입은 날개를 달아 줬다. 수출이란 강력한 엔진을 장착한 개방형 경제정책은 중국을 미국과 어깨를 나란히 하는 세계 2위의 경제 대국의 반열로 끌어올린 것이다.

중국 내의 내수 성장으로 경제를 이끄는 자신감의 근거는 있다. 중국 GDP 대비 수출 비중은 2006년 36.2%에서 2019년 18.4%까지 하락했다. 세계은행에 따르면 중국의 무역의존도(GDP 대비 전체 상품 무역비율)도 2006년 64.5%에서 2019년 35.7%로 뚝 떨어졌다. 외부 수요에 의존하지 않아도 성장할 수 있다는 것이다. 쌍순환경제계획은 내수 증가를 국내 생산으로 충족해 수입 의존도를 낮추는 데 중점을 두고 있다.

중국이 쌍순환 카드를 들고나온 가장 큰 이유는 대외 환경의 변화이다. 그동안 저렴한 노동력으로 세계의 제조 공장으로 불리는 지역에서 만든 상품으로 무역을 크게 신장시켜 왔다. 그러나 세계화가 퇴조하고 보호무역주의의 득세, 코로나19 확산의 여파로 세계 교역이 위축되고 있다. 미국의 싱크탱크인 전략국제연구센터(CSIS)는 2020년 8월 보고서에서 "쌍순환의 핵심은 세계 경제의 기복에서 대외 경제에 노출된 중국 경제를 보호하는 틀을 짜는 것"이라며 "근본적으로는 전 세계의 수요 감소에 대응하기 위한 것"이라고 분석했다.

쌍순환에 대한 회의적인 시각도 있다. 국제금융센터는 "중국이 국제 대순환을 강조하는 것은 모든 수입 부품의 국산화가 불가능하다는 점을 내포하고 있다. 완전한 독자적 기술개발은 사실상 어렵다"고 지적했다. 중국 반도체 기업의 국산화율은 2019년 기준 15.4%에 불과하다. 삼성증권은 보고서에서 "중국의 쌍순환 전략은 수입대체를 통한 성장이나 폐쇄적인 경제권 구축 전략이라기보다 자국의 거대한 시장을 지렛대로 활용해 산업 부가가치를 제고하려는 전략"이라고 설명했다.

국내와 국제 대순환이 양립할 수 없다는 마이클 페티스(Michael

Pettis) 베이징대 교수의 견해도 있다. 페티스는 "중국의 수출 경쟁력은 낮은 인건비에서 비롯되는데 소비 구조를 업그레이드하는 동시에 이들의 구매력을 증대하려면 기득권인 기업의 분배율을 낮추거나 수출 경쟁력을 희생해야 한다"고 지적했다. 중국이 가격 외의 경쟁력을 확보해야만 쌍순환 구조가 완성될 수 있다는 것이다. 이 맥락에서 위안화 강세가 이어질 것이란 전망도 나온다. 수출 경쟁력 확보를 위한 위안화 약세 대신 내수 진작을 위한 위안화 강세를 택할 것이란 분석이다. 위안화 값이 오르면 수입품 가격이 상대적으로 떨어져 구매력을 강화할 수 있기 때문이다.

산업연구원은 중국 쌍순환경제 추진 과정에서 우리나라는 기회요인과 위협요인으로 동시에 작용할 것으로 예상한다. 중국 내수시장 확대에 따라 한국산 프리미엄 소비재 수출 확대, 관광·문화콘텐츠·의료 등 서비스 수출이 늘어날 수 있다. 반면 중국의 과학기술 자주혁신, 핵심 부품 개발, 산업 구조 고도화, 신산업 육성 등으로 인한 한·중 간 비교우위 축소와 한국산 중간재의 대중국 수출이 감소하고, 세계 수출시장에서 한·중 간 경쟁 심화 등의 가능성이 있다고 내다보고 있다.

참고 문헌

01. 데이빗 매리엇트·칼 라크루와, 김수완·황미영 역, 『왜 중국은 세계의 패권을 쥘 수 없는가』, 평사리, 2011.

02. 박재곤, 「2020년 중국경제의 위상」, 산업연구원 북경지원.

03. 송재윤, 『슬픈 중국 인민민주독재 1948-1964』 까치, 2020.

04. 임영묵, 『거대한 코끼리, 중국의 진실』, ㈜에이지 이십일, 2018.

05. 『中國統計年鑑』, 중국통계출판사, 2020.

06. 『中國 水資源 公報』, 水利部, 2020.

07. en.wikipedia.org

08. www.bok.or.kr

09. www.stat.kita.net

식량과 청과류 생산 및 농산물교역

중국의 유구한 역사는 황하(黃河) 유역에서 시작되었고 이곳은 세계 문명 발생지의 하나이다. 영토는 남북 거리가 약 5,500㎞이며 동서는 약 5,000㎞이다. 2019년 중국의 농촌 인구는 전체 인구의 39.4%로 1978년 82.1%에 비하면 절반 이상으로 감소하였으나 선진국의 농촌 인구 비율에 비하면 아직도 높다. 1980년 개방 초기 농촌 인구는 80.6%로 대부분 인구가 농촌지역에 거주하였다. 2011년 도시 인구가 농촌 인구를 앞서기 시작했다.

개혁이 이루어지기 전 인민공사에서는 토지를 비롯한 모든 생산수단은 집단소유이었다. 농민은 한 명의 예외도 없이 작업조에 예속되어 농작업에 종사하는 것이 의무화되어 있었다. 농산물은 국가의 공정가격이 설정되어 있어 이 가격으로 전량을 국가에 매각하도록 강요되었다. 이 공정가격은 낮게 책정되어 농민이 맘대로 농산물을 판매하는 것은 금지되었다.

이러한 꽉 막힌 상황을 타파한 계기는 농가경영청부제(農家經營請負制)의 도입이었다. 정해진 일정량을 국가에 내고 나머지는 자신들의 몫으로 맘대로 시장에 판매할 수 있게 한 것이다. 청부제의 도입은 농민의 생산 의욕을 비약적으로 증가시켰다. 낮게 책정되어 있던 농산물 매입가격이 큰 폭으로 인상되고 나중에는 통일매입제도 폐지되었다.

개혁개방 후 식량 생산량은 꾸준한 증가세를 이어 왔다. 개방 초기부터 최근까지의 식량 생산의 연간 성장률은 곡물의 경우 2.2%씩 증가하였다. 특히 옥수수가 3.7%, 밀 2.3%, 벼는 1.1%씩 매년 성장하여 식량 증산을 선도하였다. 그러나 서류는 정체된 상태로 0.1%의 성장으로 큰 변동이 없었다. 식량 생산이 계속 증산만 실현하였던 것은 아니었다. 2003년에는 4억 3천만 톤으로 1990년대 초의 수준으로 떨어졌다가 2004년부터 다시 증가하여 2006년 4억 9천만 톤으로 회복되었다. 6억 톤을 넘어선 것은 2012년이었다. 옥수수를 제외한 곡물의 재배면적이 감소하였음에도 식량의 생산량은 해마다 증가하였다. 단위면적 수량이 높아져 감소한 면적의 생산량을 크게 넘어섰기 때문이다.

식량안보는 아무리 강조하여도 지나치지 않다. 풍요로움은 식량에서 나온다. 역대 수많은 왕조가 흥망성쇠를 거듭해 온 것은 정치적 갈등과 부패 때문만이 아니다. 식량부족으로 '굶주림'의 분노에서 일어난 폭동은 수없이 많다. 중국은 개혁개방 이후 전 인구가 자급할 수 있는 식량을 생산하였다. 그들이 내세우는 온바오(溫飽: 배불리 먹음)을 지나 샤오캉(小康: 풍족한 생활을 누리는 상태)으로 나가고 있다고 주장한다. 이 같은 변화는 농산물 생산제도의 개선에서 왔다.

토지의 집단소유나 호적제도는 그대로 남았지만 농가경영청부제를 계기로 풍요를 추구하는 농민들의 에너지는 폭발적으로 생겨났다. 여기에서는 개혁개방 이후 40년이 지난 오늘날 농작물 생산의 발전 변화를 중심으로 곡물과 유료(油料)작물, 청과물의 생산, 한·중 간의 농산물 무역을 살펴보려는 것이다.

1 식량작물

세계적으로 가장 많이 재배되고 있는 식량작물은 밀, 옥수수, 벼, 대두이다. 이 중에서 벼는 아시아 몬순 지역에서 주로 생산되어 주산지는 아시아에 집중되어 있다. 중국도 위의 4대 곡물은 가장 중요한 식량자원이 된다. 그러나 대두의 경우 1996년 이전에는 자급하였으나 1998년 수입자유화를 하면서 콩의 수입은 국제 가격에 큰 손으로 떠올라 대두 무역량의 60% 이상을 도입하고 있다.

중국의 주요 식량작물은 벼, 밀, 옥수수, 두류, 서류이다. 그중 삼종(三種)이라 하여 벼, 밀, 옥수수를 말하며 전통적으로 가장 중요한 식량작물은 벼이다. FAO 통계자료에 따르면 2018년 벼 재배면적은 식량작물 재배면적의 약 26%로 30,189천 ha이다. 전통적으로 벼가 우세한 면적을 차지해 왔지만 2007년부터 옥수수 재배면적이 벼 재배면적을 앞서기 시작했고 식량 작물면적의 약 36%가 재배되고 있다.

벼재배는 재배면적의 크기는 성마다 다르나 칭하이성(青海省)을 제외한 전국에서 재배되고 있다. 일반적으로 장강(長江=揚子江)을 중심으로 북지역에서는 단립종(Japonica type)이 그리고 남부지역에서는 장립종(Indica type)이 재배되고 있다. 재배면적의 구성은 약 6:4로 장립종 비중이 우세하다.

[그림 2-1]은 중국의 개혁개방 이후 40년간 벼, 밀, 옥수수의 재배면적 변화의 추이를 보인 것이다. 벼와 밀의 작부면적은 감소추세를 보였지만 옥수수 재배면적은 1978년에 비하여 두 배 이상 증가하여 2019년 4,128만 4천 헥타르로 늘어났다. 2010년 이후 옥수수 면적은 벼 재배면적을 앞서기 시작했고 생산량에서는 1985년 이후 옥수수 생산량은 벼 생산량을 앞서기 시작하였다. 곡물 생산량에서 꾸준한 성장을 보인 것은 품종개량, 수리시설의 개선, 비료와 농약의 발전으로 큰 진전을 이루었기 때문이라고 할 수 있다.

[그림 2-1] 연도별 주요 곡물 재배면적의 변화추이(1978~2019)

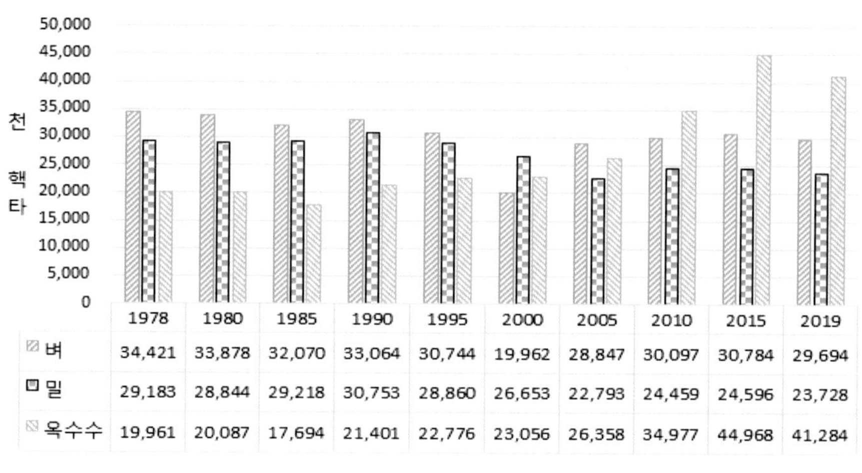

	1978	1980	1985	1990	1995	2000	2005	2010	2015	2019
벼	34,421	33,878	32,070	33,064	30,744	19,962	28,847	30,097	30,784	29,694
밀	29,183	28,844	29,218	30,753	28,860	26,653	22,793	24,459	24,596	23,728
옥수수	19,961	20,087	17,694	21,401	22,776	23,056	26,358	34,977	44,968	41,284

자료: 『중국농업 통계자료(1949~2019)』(2020)

[그림 2-2]는 삼종 곡물의 생산량의 연도별 추이이다. 1965년 식량 총생산량은 1억 9,453만 톤, 벼는 8,772만 톤으로 벼의 비중은 약 45.1%이었다. 그러나 2019년 두류와 서류를 포함한 식량총산량은 6억 6,381만 톤이며 3종 곡물은 6억1,370만 톤이었다. 벼는 2억 961만

톤으로 식량은 3.4배, 벼는 2.4배 증가한 것이며 벼의 비중은 32.1%로 크게 떨어졌다. 이는 옥수수와 밀 생산량의 증가에 비하여 벼 생산량이 상대적으로 성장률이 낮았기 때문이었다.

[그림 2-2] 연도별 주요 곡물생산량의 변화추이(1978~2019)

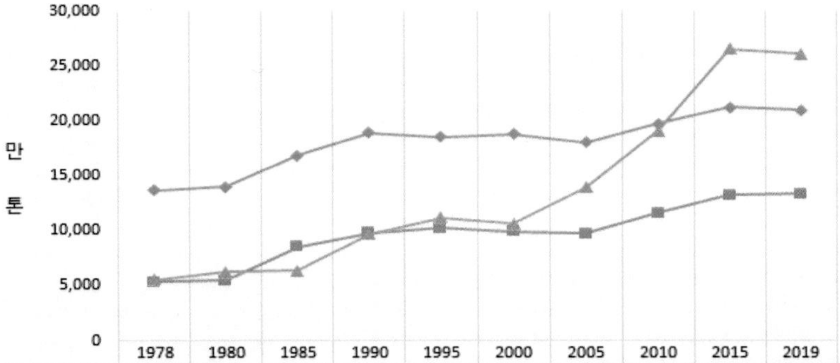

(단위: 만 톤)

	1978	1980	1985	1990	1995	2000	2005	2010	2015	2019
벼	13,693	13,991	16,857	18,933	18,523	18,791	18,059	19,723	21,214	20,961
밀	5,384	5,521	8,581	9,823	10,221	9,964	9,745	11,614	13,264	13,360
옥수수	5,595	6,260	6,383	9,682	11,199	10,600	13,937	19,075	26,499	26,078

자료: 『중국농업 통계자료(1949~2019)』(2020)

1-1 | 벼

아래의 <표 2-1>은 2019년 세계의 벼 재배면적, 생산량과 수량을 보여 준다. 인도, 중국 등 6개국이 세계 벼 재배면적의 69.5%, 그리고 생산량으로는 75.1%를 점유한다. 면적으로는 인도가 26.8%로 가장 많으나 생산량에서 보면 중국이 27.7%로 크게 앞서고 있다. 단위 수량이 압도적으로 높기 때문이다.

<표 2-1> 세계 주요국의 벼 재배면적, 생산량과 수량(2019)

국가	수확면적(천 ha)		생산량(천 mt)		평균수량(mt/ha)
세계	162,056	100.0(69.5%)	755,474	100.0(75.1%)	4,662
인도	43,780	26.8	177,645	23.5	4,058
중국	29,690	18.3	209,614	27.7	7,060
인도네시아	10,678	6.7	54,604	7.2	5,114
방글라데시	11,517	7.1	54,586	7.2	5,740
태국	9,715	6.0	28,357	3.8	2,919
베트남	7,470	4.6	43,449	5.7	5,817

자료: FAOSTAT

<표 2-2>는 2019년 중국의 벼 재배면적이 많은 상위부터 10개 성을 나열한 것이다. 이들 10개 성의 재배면적과 생산량이 각각 전체 재배면적의 81.5%와 생산량의 80.4%를 점유하고 있다. 호남, 헤이룽장, 강서성의 재배면적이 전국의 37.1%, 생산량으로는 35.0%로 이들 3개 성이 큰 비중을 차지하고 있다. 중국의 장립종의 벼 농사지대는 화남지역(福建, 江西, 湖南, 廣西)과 화중지역(浙江, 安徽, 湖北)이며 중단립종의 재배지대는 동북(黑龍江, 吉林, 遼寧), 화북(河北, 河南, 山東)과 서북(新疆, 陝西, 寧夏, 甘肅)지역에 분포하고 있다.

생산량은 면적에 비례하는 양상이지만 수량은 지역에 따라 다른 수치를 보였다. 강소, 지린, 호북성은 ha당 8톤을 넘어서고 있지만 광동이나 광서의 남부지역은 ha당 6톤 미만으로 큰 지역적인 차이를 보였다.

〈표 2-2〉 지역별 벼의 재배면적, 생산량과 수량(2019)

구분	면적(천 ha)	%	생산량(만 톤)	%	수량 kg/ha
계(전국)	29,694	81.5	20,961	80.4	7,059
후난(湖南)	3,855	13.0	2,612	12.5	6,774
헤이룽장(黑龙江)	3,813	12.8	2,663	12.7	6,986
장시(江西)	3,346	11.3	2,048	9.8	6,121
안후이(安徽)	2,509	8.4	1,630	7.8	6,497
후베이(湖北)	2,287	7.7	1,877	9.0	8,208
장수(江苏)	2,184	7.4	1,960	9.4	8,972
쓰촨(四川)	1,870	6.3	1,470	7.0	7,860
광둥(广东)	1,794	6.0	1,076	5.1	5,994
광시(广西)	1,713	5.8	992	4.7	5,791
윈난(云南)	842	2.8	534	2.5	6,346

자료: 『중국농업 통계자료(1949~2019)』(2020)

한국이 중국에서 수입하는 쌀은 모두 단립종이어서 관심의 대상이 될 수 있다. 2019년 기준, 지역별 단립종의 재배면적은 헤이룽장성 381만 3천 ha, 안휘성 250만 9천 ha, 강소성 218만 4천 ha, 지린성 84만 ha, 랴오닝성 50만 7천 ha, 그 외에 네이멍구, 산둥, 샹하이, 허난, 윈난 등지에 재배되고 있으나 동북 3성에 비하면 열세이다. 필자가 강소성을 방문하였을 때 안내자는 전년도의 쌀 가격에 따라 단립종에서 장립종의 벼 품종으로 바꿀 수 있다고 설명하였다.

아래의 [그림 2-3]은 중국의 벼농사 작부시기를 그림으로 보여준다. 1기작은 동북 3성과 화북, 서북지역에 걸치는 광범한 지역이며 서남(四川, 重慶, 貴州, 雲南, 西藏)의 산악 지역도 1기작 지대이다. 2기작은 화남(福建, 江西, 湖南, 廣東, 廣西)과 화중(江蘇, 浙江, 安徽, 湖北)지역 일부가 여기에 속한다.

[그림 2-3] 벼의 종류별 재배 시기

구분 \ 월		1	2	3	4	5	6	7	8	9	10	11	12
1기작	중단립종				파종	파종				수확			
2기작	조생 장립종			파종	파종		수확	수확					
	중만생 장립종						파종	파종			수확	수확	

자료: 중국의 쌀시장 조사(2015) 한국농수산식품유통공사

그러나 전작으로 감자를 심고 후기작으로 벼를 심는 2모작 형태의 작부 체계가 크게 유행하고 있다.

중국은 전 세계 쌀 생산량의 약 30%를 생산하는 세계 최대의 쌀 생산국이다. 벼는 여러 기후지대에서 재배되어 품종도 다양하게 나타난다. 단립종(Japonica: 粳稻) 쌀은 전통적으로 장강(長江) 북부에서 재배되고 장립종(Indica: 籼稻) 쌀은 주로 남부에서 재배되었다. 2018년 21,212.9만 톤의 총생산량(조곡) 중에서 인디카 쌀은 약 60%를 차지하고 자포니카 쌀은 30%였으며 나머지 10% 정도는 찹쌀과 재래종이 차지하였다. 중국의 '농산물 생산비조사자료(全国农产品成本收益资料汇编)'에 따르면 장립종의 경우 조생종(浙江, 安徽, 福建, 江西), 중생종(江蘇, 安徽, 福建, 河南, 湖北), 만생종(浙江, 安徽, 福建, 江西)의 인디카 벼 생산비가 조사되었고 단립종의 경우 동북 3성, 하북, 내몽고에서 조사가 이루어졌다. 장강 유역에서는 단작의 만생종 단립종 벼가 재배되며 북부에서는 단작의 단립종 벼가 경작된다.

중국의 단립종의 벼 생산은 지난 30년간 꾸준히 증가해 왔다. 단립종 벼 재배면적이 가장 많이 증가한 지역은 동북 3성이다. 1990년대에 매년 평균 5%씩 증가하여 100만 ha 이상 증가하였다. 그중에서도

가장 많이 증가한 곳은 1990년대에 자포니카 쌀이 가장 수익성 높은 작물이었던 헤이룽장성이었다. 장강 하구의 강소성, 절강성, 안휘성에서는 인디카 쌀 재배지를 자포니카 쌀로 전환시켰다. 2017년에 헤이룽장성의 무(畝, 약 200평=667㎡)당 쌀 소득은 202.1위안이었는데 이는 옥수수(-166.5위안), 소맥(8.7위안)보다 매우 높은 수준이었다.

[그림 2-4]는 1991~2019년 기간의 쌀, 밀, 옥수수 50㎏당 가격의 변동 추이를 보여 주고 있다. 과거 30년 동안의 곡물가격은 전반적으로 오름세를 유지하였다. 1990년대 후반 식량 과잉 생산 등으로 식량 가격이 하락해 성장률이 둔화되었다. 2004년 이후 농업 보조금을 전국에 걸쳐 실시함으로써 다시 성장세를 보였다.

쌀, 밀, 옥수수 순의 가격 차이가 대세를 이루었다. 1991~1996년 곡물가격의 상승과 2003년 이후에는 꾸준한 곡물가격의 오름세가 이어지고 있다. 1990년대 중반 쌀을 포함한 곡물가격의 급속한 상승은 곡물 생산량 증가의 가장 큰 요인이었다. 1992년부터 1994년까지 자포니카 쌀의 가격이 두 배 이상으로 올랐다. 이는 헤이룽장성의 쌀 재배면적이 증가한 시기와 일치한다. 반대로 대두 가격의 상승률은 매우 낮았기 때문에 대두가 주 작목이던 헤이룽장성의 농민들이 작목을 벼재배로 바꾼 것이다.

같은 시기에 옥수수 가격도 상당히 올랐는데 이를 이유로 옥수수를 주 작목으로 하는 지린성에서는 쌀 재배면적이 그다지 늘지 않았다. 중국의 쌀가격은 1995년과 1996년에 최고 수준에 달한 후 하락 추세를 보였다. 1999년 이래 헤이룽장성에서는 쌀 재배면적이 상당히 안정되었다. 그러나 1999년까지 별다른 변화를 보이지 않던 지린성의 쌀 재배면적은 1999년 이래 근 40% 증가하여 19만 4,000ha를 중국의 자포니카 쌀 재배면적에 추가하였다.

헤이룽장성의 쌀 재배면적이 증가한 이유는 1980년대 중반 보급된 건답이앙(乾沓移秧) 방식 때문이었다. 이 방식은 건답직파 방식에 비해 벼가 빨리 자랐는데 이는 생육기간이 짧은 이 지역에서는 장점이었다. 또 다른 요인은 농지와 수자원이 풍부했기 때문이다.

[그림 2-4] 주요 곡물가격의 변동 추이(1991~2019)

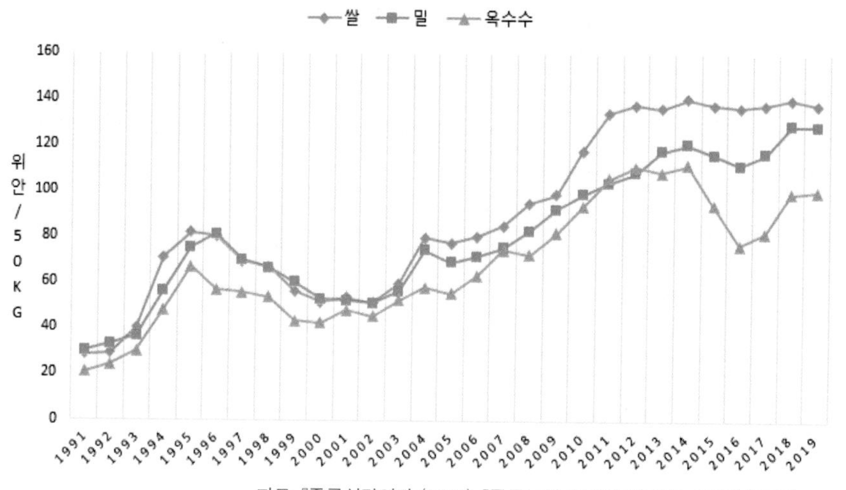

자료: 『중국식량연감』(2018), 『중국농업 통계자료(1949~2019)』(2020)

1984년 이전 6가지의 식량, 즉 밀, 벼, 옥수수, 대두, 수수, 조는 생산과 판매의 경제 행위를 정부가 장악했다. 곡물을 정부가 계획 생산하고 구매하여 배급했고 개혁개방 후에는 시장에 내놓아 가격을 통제하였다. 기존의 국가 통제에서 점차 다수의 식량 기업의 개별 행위로 전환되어 갔다. 과거의 식량가격 상승은 완전히 국가의 의지에 의한 것이었지만 시장경제에서의 식량가격 상승은 직접적으로 농민과 식량 기업의 행위에 따라 결정되었다.

당시 전국적인 식량 통일시장은 형성되지 않은 시기였다. 더구나 자연재해마저 빈번히 발생하는 상황에서 대부분의 기업과 농민들은 모두 식량 생산이 틀림없이 감소할 것으로 예측했으며 이로 인해 식량 가격의 지속적인 상승이 유발되었다. 게다가 농업 생산요소 가격이 오직 상승만 할 뿐 하락하지 않는 상황에서 식량 가격의 근본적인 상승을 부추겼다.

2004년 식량가격 상승의 주요 원인은 인플레이션과 생산량 감소였다. 2003년 초의 옥수수 가격은 전년 동기 대비 갑자기 4% 상승했고 4월과 5월분은 8% 상승했다. 2003년 7월에 발병한 사스(SARS: 중증 급성 호흡기 증후군)가 끝나면서 가격 통제가 느슨해지자 식량 가격이 빠르게 상승했다. 이 밖에 2003년에는 평년보다 심각한 가뭄과 홍수 피해가 있었다. 2003년 총 수재면적은 농작물 파종면적의 35.7%에 달했고 실제 재해 피해면적도 21.3%나 되었다. 이전의 식량 가격 저하, 농민의 식량 생산 적극성 결여 및 식량 생산의 상대적인 수익성 저하가 복합적으로 작용하여 2003년 식량 생산량은 1989년 이후 15년 중에 최저였다.

또한 당시 남방 지역의 식량 판매시장이 이미 개방되어 국유기업이 독점적 지위를 상실했고 개인 양곡상인이 식량을 구매하기 시작했다. 정부 역시 식량가격이 몇 년간 지속적으로 낮았던 것을 고려해 농민들의 식량 생산 의욕을 제고시켜 식량안보를 확보하기 위하여 비축하고 있던 식량을 대량 방출하여 가격 상승을 억제시켰다. 2009년 이후에 중국의 식량가격은 또 한 번 상승했는데 중국 식량가격의 지속 상승은 이미 일반적인 추세로 자리 잡았다. 이 단계에서 식량가격 상승의 원인은 국가가 지속적으로 비축 식량 구매가격을 높였기 때문이었다.

1-2 | 밀

밀은 세계적으로 가장 넓게 재배되는 작물이다. 2019년 FAO 통계자료는 세계 곡물 생산량에서 옥수수가 제일 많고, 밀 다음 벼가 3위를 차지한다. 낱알은 밀가루를 만들어 밀 품종의 특성에 따라 과자, 빵, 국수를 만들며 밀의 또 다른 가공 부분은 맥주의 원료가 되는 것이다.

세계의 작물 재배면적으로는 밀이 부동의 1위를 유지하고 있으나 생산량에서는 옥수수, 벼, 밀의 순으로 바뀌었다. <표 2-3>은 과거 반세기 세계 3대 곡물의 시계열 자료이다. 밀의 재배면적은 1970년 2억 798만 ha에서 1980년 2억 3,725만 ha를 정점으로 2019년까지 등락을 반복하였다. 생산량에서는 연간 1.99%의 성장을 보였다. 옥수수가 면적과 생산에서 가장 높은 증가율을 보여 각각 1.15%, 3.17%를 나타낸 반면 벼는 0.56%와 2.18%의 성장을 보였다.

<표 2-3> 세계 3대 곡물 재배면적과 생산량 추이(1965~2019)

단위: 만 ha, 만 톤

연도	벼		밀		옥수수	
	면적	생산량	면적	생산량	면적	생산량
1970	13,287	31,635	20,798	31,074	11,308	26,583
1975	14,173	35,696	22,662	35,581	12,148	34,175
1980	14,441	39,687	23,725	44,019	12,578	39,662
1990	14,696	51,857	23,075	59,133	13,104	48,362
1995	14,958	54,716	21,642	54,436	13,577	51,730
2000	15,400	59,867	21,493	58,500	13,693	59,204
2005	15,527	63,423	22,167	62,702	14,821	71,419
2010	16,170	70,114	21,560	64,080	16,402	85,168
2015	16,263	74,591	22,348	74,164	19,058	105,213
2019	16,206	75,547	21,590	76,577	19,720	114,849
증가율(%)	0.56	2.18	-0.24	1.99	1.15	3.17

<표 2-4>는 2019년 1,000만 ha 이상의 밀재배 나라의 면적, 생산량과 수량을 열거한 것이다. 인도, 러시아, 중국, 미국 네 나라가 세계 재배면적의 약 45%를 점유하고 세계 총생산량도 이들 나라가 48% 이상을 차지하고 있다. 카자흐스탄과 오스트레일리아를 포함한 면적은 54.5% 생산량은 51.2%로 과반수를 차지한다. 평균 수량은 중국이 가장 많아 5,630kg/ha, 다음 인도가 3,533kg, 미국 3,475kg을 보였다.

〈표 2-4〉 세계 주요국의 밀 재배면적, 생산량과 수량(2019)

국가	수확면적(천 ha)		생산량(천 mt)		평균수량(kg/ha)
세계	215,902	100.0(54.5%)	765,770	100.0(51.2%)	3,547
인도	29,319	13.6	103,596	13.5	3,533
러시아	27,559	12.8	74,453	9.7	2,702
중국	23,730	11.0	133,596	17.4	5,630
미국	15,039	7.0	52,258	6.8	3,475
카자흐스탄	11,414	5.3	11,297	1.5	990
호주	10,402	4.8	17,498	2.3	1,692

자료: FAOSTAT

밀은 중국의 두 번째로 중요한 식량작물이다. 2019년 약 2,372만 8천 ha에서 재배되었으며, 1억 3,360만 톤을 생산하여 곡물 총면적의 20.8%와 전체 곡물생산량의 20.3%를 점유하였다. 밀은 파종의 시기에 따라 봄밀(春小麥)과 가을밀(冬小麥)로 구분된다. 봄밀은 헤이룽장성과 네이멍구 자치구가 주산지이며 신장 위구르 자치구와 간쑤성에서도 봄밀이 재배된다. 간쑤성 동남부에서는 가을밀, 서북부에서는 봄밀, 서남부에서는 쌀보리가 많이 생산된다. 전체 소맥 면적의 6~7%를 점유하고 생산량은 소맥 전체량의 5~6%를 차지한다.

밀의 곡창지대는 화북지역에 속하는 황화이하이(黃淮河)의 평원지대로 허베이, 베이징, 허난, 산둥성 일대이며 장강 중상류의 평원지대 그리고 서남지역의 충칭, 쓰촨, 구이저우성이 주산지이다. 밀 생산지역에서 가장 중요한 제한 요인은 물이다. 화북지역은 강수량의 부족으로 인해 지하수가 관개(灌漑)수로의 주요 원천이 되었다. 지하수를 지나치게 퍼 올려 지반이 내려앉게 되어 농업의 지속 가능성을 감소시키고 심각한 환경적 위험을 초래했다.

〈표 2-5〉는 중국의 2019년 50만 ha 이상의 성별 밀 재배면적, 생산량과 수량을 보이고 있다. 하이난성을 제외하고 전 지역에서 재배되며 특히 허난, 산둥, 안후이, 장수, 허베이의 5개 성이 주산지이다. 이들 5개 성이 중국 면적의 70.0%를 차지하고 생산량은 80.0%에 육박하고 있다. 단위면적당 6톤 이상의 높은 수량을 보인 지역은 허난, 허베이, 산둥성이며 5톤 이상은 안후이, 신장, 장수성이었다. 네이멍구지역은 3,395kg/ha로 허난이나 산둥성의 50%를 좀 넘는 수량이었다. 이는 봄밀의 재배와 강수량 부족 그리고 수리시설의 미흡으로 인한 것이다.

〈표 2-5〉 밀 재배면적, 생산량과 수량(2019)

구분	면적 (천 ha)	%	생산량 (만 톤)	%	수량(kg/ha)
계(전국)	23,728	90.8	13,360	93.3	5,630
허난(河南)	5,707	24.1	3,742	28.0	6,557
산둥(山东)	4,002	16.9	2,553	19.1	6,380
안후이(安徽)	2,836	12.0	1,657	12.4	5,843
장수(江苏)	2,347	9.9	1,318	9.9	5,614
허베이(河北)	2,323	9.8	1,463	11.0	6,297
후베이(湖北)	1,018	4.3	391	2.9	3,839
신장(新疆)	1,062	4.5	576	4.3	5,426
산시(陕西)	966	4.1	382	2.9	3,955
간쑤(甘肃)	740	3.1	281	2.1	3,799
네이멍구(内蒙古)	538	2.3	183	1.4	3,395

자료: 『중국농업 통계자료(1949~2019)』(2020)

[그림 2-5]는 중국의 1978년 이후 밀 재배면적, 생산량과 수량의 변화추세를 보여 준다. 1978년 밀 재배면적은 2,918만 3천 ha이었으나 2019년에는 2,372만 8천 ha로 16% 이상 감소하였다. 그러나 생산량은 1978년 5,384만 톤에서 2019년 1억 3,360만 톤으로 약 2.5배 증가하였고 매년 2.3%씩 성장한 것으로 계산된다. 이는 단위면적 수량이 헥타르당 1,845kg에서 2019년 5,630kg으로 크게 높아졌기 때문이다.

[그림 2-5] 밀 재배면적, 생산량과 수량의 변화추이(1978~2019)

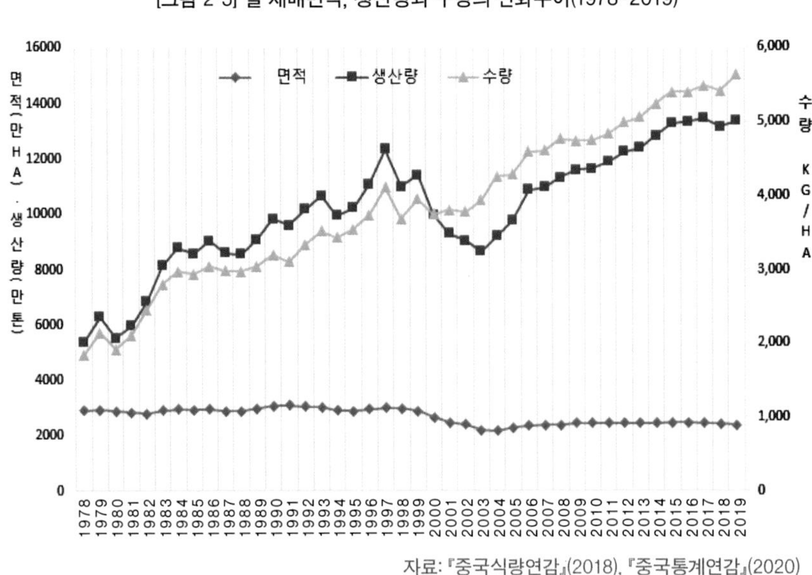

자료: 『중국식량연감』(2018), 『중국통계연감』(2020)

1-3 | 옥수수

전 세계적으로 밀 다음 넓은 면적에 가장 많이 생산되는 곡물이다. 2019년 기준 11억 4,849만 톤이 생산되어 7억 5,547만 톤의 쌀과 밀 7

억 6,557만 톤을 큰 차이로 앞서 있다. 생산량 1위는 미국이고, 2위는 중국이다. 2019년 기준 각각 약 3억 4,705만 톤, 중국이 2억 6,078만 톤으로 양국이 세계 생산량의 약 53%를차지한다.

옥수수는 쌀과 밀을 압도하는 단위면적당 수량, 높은 지방 함량, 상대적으로 짧은 재배기간을 가지고 있다. 토질과 수질을 가리지 않아 척박한 환경에서도 재배할 수 있는 장점이 있다. 복잡한 가공 과정이 없으며 삶아서 먹거나 구워서 먹을 수도 있고 기름도 짜낼 수 있으며 가루를 내서 밀가루처럼 면이나 빵을 만드는 등 유용하다. 옥수수는 식량으로의 수요뿐 아니라 사료의 원료에서 국제무역에서 큰 비중을 차지한다.

중국은 2010년 옥수수 수출국에서 순 수입국으로 전환 후 세계 3위의 옥수수 수입국으로 부상하였다. 현재 전 세계 옥수수 수입국 1위는 일본, 2위는 한국이지만, 미국 농무부는 머지않은 장래에 중국이 일본을 제치고 세계 최대 옥수수 수입국이 될 것으로 예측하고 있다. 그러나 미국의 유전자변형(GMO) 옥수수가 수출에서 100만 톤 이상 반송되는 등 품질 검사에서 엄격해지는 점을 감안할 때 그러한 예측이 불투명할 수도 있다.

〈표 2-6〉은 최근년 세계 옥수수의 재배현황이다. 중국 외 미국을 비롯한 6개국의 면적이 전 면적의 약 58.2%를 재배하고 생산량은 약 71.5%를 담당하고 있다. 중국과 미국 두 나라가 면적과 생산량의 큰 비중을 점유하여 면적은 약 37.6%, 생산량은 세계의 약 52.9%를 공급하고 있다. 수량은 미국이 10,532kg/ha로 압도적으로 높았고, 아르헨티나 7,862kg, 중국 6,317kg으로 인도의 3,070kg보다는 두 배 이상 큰 차이를 나타내었다.

〈표 2-6〉 세계 옥수수 주요 생산국의 재배면적, 생산량과 평균수량(2019)

국가	재배면적(천 ha)		생산량(천 mt)		평균수량(kg/ha)
세계	197,204	100.0(58.2%)	1,148,487	100.0(71.5%)	5,824
중국	41,280	20.9	260,779	22.7	6,317
미국	32,951	16.7	347,048	30.2	10,532
브라질	17,518	8.9	101,139	8.8	5,773
인도	9,027	4.6	27,715	2.4	3,070
아르헨티나	7,233	3.7	56,861	5.0	7,862
멕시코	6,690	3.4	27,228	2.4	4,070

자료: FAOSTAT

중국의 옥수수는 하이난성(통계자료 0.0으로 기록)을 제외하고 전국에서 생산되고 있으며 동북 3성(黑龍江, 吉林, 遼寧), 화북(河北, 河南, 山東)과 화중(江蘇, 浙江, 安徽, 湖北)지역이 주산지이다. 중국은 연중 4계절 모두 옥수수를 생산하며 북쪽의 헤이룽장성의 너허(讷河)시부터 남쪽의 하이난성(海南省)까지 중국 옥수수 재배지역으로 볼 수 있다. 중국의 옥수수 재배지역은 둥베이(东北) 평원, 황토고원, 샹어(湘鄂) 서부 산지, 쓰촨(四川)분지와 주위 산지, 윈구이(云贵)고원 등 6개 구역으로 나뉜다.

① 북부 봄 파종지역: 동북 3성과 내몽고자치구, 닝샤회족자치구를 중심으로 하며, 재배면적이 약 650만 ha로 중국 전체의 36% 정도를 차지한다. 총생산량은 약 2,700만 톤으로 중국 전체의 40%를 점유한다.

② 황화이하이(黄淮海)평원: 여름 파종지역으로 가을밀을 파종하고 밀을 베기 전에 간작으로 옥수수를 심는다. 산둥성과 허난성을 중심으로 재배면적이

약 600만 ha로 중국 전체의 32%를 차지하는 밀 주산지이다. 총생산량은 2,200만 톤으로 중국 전체의 34% 차지한다.

③ 서남(西南)산지: 쓰촨, 윈난, 구이저우성을 중심으로 한 재배지역이다. 면적은 중국 전체의 22%, 총생산량은 중국 전체의 약 18%에 해당한다.

④ 남부 구릉지역: 광둥, 푸젠, 저장, 장수성를 중심으로 한 장강 하구의 성들과 동남해안의 푸젠 광둥성이 여기에 해당한다. 재배면적은 중국 전체의 6%, 총생산량은 중국 전체의 5%에 못 미친다.

⑤ 서북 관개지역: 신장자치구, 간쑤성 일부 지역을 포함. 재배면적은 중국 전체의 약 3.5%, 총생산량은 약 3%를 차지한다.

⑥ 칭짱(青藏)고원: 칭하이성, 시짱 자치구 해발고도를 포함하여 재배면적 및 총생산량 모두 중국 전체의 1%에 못 미친다.

<표 2-7>은 중국 옥수수 생산 내용을 설명하고 있다. 2019년 전국 재배면적은 4,128만 4천 ha로 특히 동북 3성이 전체 생산량의 3분의 1을 차지하고 있다. 특히 지린성은 옥수수 연구의 중심지로서 많은 품종을 육성하였고 단위면적 수량은 7,217kg/ha(2019)로 전국에서 가장 우세하다. 중국은 미국에 이어 세계 2위의 옥수수 생산 대국이고 옥수수 소비 1위 국가이다. 소비량의 90% 이상이 국내 생산에 의존하고 있다. 동북 3성 지역은 중국 옥수수의 생산기지로서 한국과 동남아시아 국가를 대상으로 수출하고, 주로 미국과 아르헨티나 등에서 옥수수를 수입하고 있다.

동북지역에서도 헤이룽장성과 지린성은 중국 최대의 옥수수 생산지로 2019년 재배면적 24.4%, 생산량에서는 26.8%를 차지하였다. 헤이룽장성은 587만 5천 ha에서 3,940만 톤, 지린성은 422만 ha에서 3,045만

톤을 생산해 전국 총생산량의 26.8%를 차지하였다. 산둥성과 허난성이 각각 2,537만 톤, 2,247만 톤을 생산하며 그 뒤를 이었다.

〈표 2-7〉 옥수수 재배면적, 생산량과 수량(2019)

구분	면적(천 ha)	%	생산량(만 톤)	%	수량(kg/ha)
계(전국)	41,284	79.9	26,078	81.6	6,317
헤이룽장(黑龙江)	5,875	14.2	3,940	15.1	6,706
지린(吉林)	4,220	10.2	3,045	11.7	7,217
산둥(山东)	3,846	9.3	2,537	9.7	6,594
허난(河南)	3,801	9.2	2,247	8.6	5,912
네이멍구(内蒙古)	3,776	9.1	2,722	10.4	7,209
허베이(河北)	3,408	8.3	1,987	7.6	5,829
랴오닝(辽宁)	2,675	6.5	1,884	7.2	7,045
쓰촨(四川)	1,884	4.6	1,062	4.1	5,760
산시(山西)	1,715	4.2	939	3.6	5,477
윈난(云南)	1,782	4.3	920	3.5	6,162

자료: 『중국농업 통계자료(1949~2019)』(2020)

중국의 옥수수 소비는 주로 사료용 소비가 압도적으로 많으며 그 소비량이 점점 증가하는 추세이다. 사료 소비가 약 64%, 공업용 소비가 약 28%, 식용 소비가 약 5%, 낭비가 2%, 종자 소비가 1%로 이용되고 있다.

우리나라의 옥수수 사정은 어떤가? 세계에서 두 번째로 많은 옥수수를 수입하는 나라이다. 옥수수의 자급률은 0.8%에 그치고 있어 턱없이 부족한 지경이다. 옥수수 생산량이 절대적으로 부족한 것은 재배면적이 부족한 탓이다. 전체 수입량의 약 75%가 사료용이며 나머지는 팝콘용, 종자, 기타용으로 25%를 구성한다. 농산물유통공사의 자료에 따르면 2018, 2019년의 수입량은 각각 10,196.1천 톤과 11,396.7천 톤이었다.

1-4 | 콩(大豆)

콩은 '밭 고기'라고 불릴 만큼 다른 곡물에서 부족한 식물성 단백질과 지방의 공급원 역할을 한다. 대부분의 농학자들이 콩의 원산지는 한국과 만주지역에서 시작되었다는 데에 이의가 없다. 과거에는 아시아 지역의 생산량이 많았으나, 현재는 미국, 브라질, 아르헨티나 등지에서 많이 재배되고 있으며 특히 2019년 미국과 브라질의 대두 생산은 세계 생산의 약 70% 정도를 담당하고 있다. 콩기름 생산 이외에도 우리가 매일 접하는 간장이나 된장의 원료로 이용되고, 두부, 콩나물과 같은 필수 식품의 원천이다.

중국은 콩을 유료작물로 분류하여 다루고 있으나 근래에 미·중 무역 마찰로 인하여 뜨거운 감자로 등장하였다. 여기에서는 따로 분리하여 중국의 콩 재배, 수입, 공급부족의 원인 등을 살펴보려는 것이다. 〈표 2-8〉은 2019년 세계 콩 수확면적과 생산량을 보여 준다. 미국, 브라질, 아르헨티나, 인도 4개국의 세계 수확 면적의 약 75%를 점유하고 생산량은 80% 이상을 차지하여 대두 생산이 몇몇 나라에 집중되어 있음을 나타낸다. 중국, 파라과이, 캐나다를 포함하면 재배면적의 약 90%, 생산량의 90% 이상을 보였다. 단위면적 수량은 미국, 브라질이 각각 3,189kg/ha, 3,184kg/ha로 가장 높았고 인도는 1,192 kg/ha로 가장 낮은 수량을 보였다. 세계 평균 수량은 2,769kg이었다.

〈표 2-8〉 세계의 콩 주요 생산국의 재배면적, 생상량과 평균수량(2019)

국가	수확면적(천 ha)		생산량(천 mt)		평균수량(kg/ha)
세계	120,502	100.0(89.7%)	333,672	100.0(93.4%)	2,769
미국	30,350	28.5	96,793	35.5	3,189
브라질	35,881	27.8	114,269	33.8	3,184
아르헨티나	16,576	13.1	55,264	10.8	3,340
인도	11,131	9.1	13,268	3.9	1,192
중국	8,423	6.4	15,724	4.1	1,867
파라과이	3,565	2.8	8,520	3.2	2,390
캐나다	2,271	2.0	6,045	2.1	2,663

자료: FAOSTAT

〈표 2-9〉는 중국의 성별 콩 재배면적 생산량과 수량을 보여준다. 시짱 자치구와 칭하이성을 제외하고 일반적으로 어느 성에서나 재배되고 있다. 주산지는 헤이룽장성과 네이멍구 자치구가 중국 대두 생산의 56% 이상을 점유한다. 특히 헤이룽장성은 면적이나 생산에서 압도적으로 많다. 헤이룽장성은 중국의 곡물 곡창지대라고 할 만큼 콩, 옥수수, 벼의 주산지이다. 단위 수량은 장수성이 2,674kg/ha로 가장 높고 허난, 윈난, 쓰촨, 지린성이 2,000kg 이상 많은 수량을 나타내었다.

〈표 2-9〉 콩 재배면적, 생산량과 수량(2019)

구분	면적(천 ha)	%	생산량(만 톤)	%	수량(kg/ha)
계(전국)	9,332	86.0	1,809	83.8	1,939
헤이룽장(黑龍江)	4,279	45.8	781	43.2	1,824
네이멍구(內蒙古)	1,190	12.8	226	12.5	1,899
안후이(安徽)	636	6.8	96	5.3	1,504
쓰촨(四川)	402	4.3	95	5.3	2,355
허난(河南)	395	4.2	98	5.4	2,488
지린(吉林)	345	3.7	70	3.9	2,032
후베이(湖北)	212	2.3	35	1.9	1,634
구이저우(貴州)	192	2.1	18	1.0	962
장수(江蘇)	192	2.1	51	2.8	2,674
윈난(雲南)	185	2.0	46	2.5	2,484

자료: 『중국농업 통계자료(1949~2019)』(2020)

[그림 2-6]은 중국의 연도별 콩 생산량과 수입량을 나타낸 시계열 자료이다. 1996년 이전에는 자국의 생산량으로 충당되었고 수입은 그리 많지 않았다. 그러나 소득이 증가하고 식품 소비가 다양해 짐에 따라 축산물 소비는 놀랄만큼 증가하였다. 더욱이 중국의 콩 재배 역사는 5,000년에 달하는 유구한 역사를 자랑한다. 이러한 중국이 왜 콩의 수입 대국이 되었나? 대두 소비량이 증가하게 된 주된 이유는 중국인의 식습관 변화 때문이다. 개혁개방 초기만 해도 중국인의 식사 중 곡물:야채:육류의 비중은 8:1:1이었다. 경제성장 및 중국 정부의 동물성 단백질 및 동물성 지방 섭취 장려 등의 요인으로 중국인의 육류 섭취가 증가하면서 그 비율이 4:3:3으로 바뀌었다.

[그림 2-6] 중국의 연도별 콩 생산량과 수입량(1990~2019)

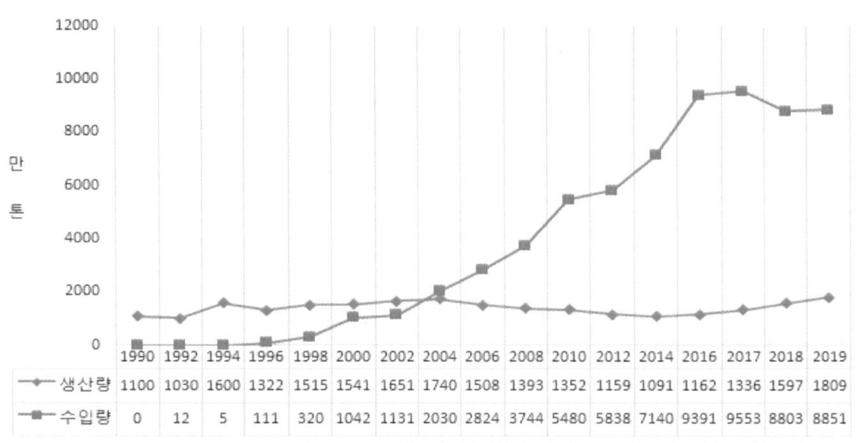

	1990	1992	1994	1996	1998	2000	2002	2004	2006	2008	2010	2012	2014	2016	2017	2018	2019
생산량	1100	1030	1600	1322	1515	1541	1651	1740	1508	1393	1352	1159	1091	1162	1336	1597	1809
수입량	0	12	5	111	320	1042	1131	2030	2824	3744	5480	5838	7140	9391	9553	8803	8851

자료: 『중국통계연감』(2020), 『중국농업 통계자료(1949~2019)』(2020)

1998년 당국은 콩의 수입자유화를 표방하면서 콩 수입은 폭발적으로 증가하기 시작하였다. 현재 중국은 세계 최대 '콩(대두)' 수입국이다. 주로 미국에서 들여왔다. 그러나 2018년 미·중 무역 마찰이 심화되면서 중국은 2017년도보다 7.9% 하락한 8,803만 톤의 대두를 수입했다. 2018년 3월 미국이 중국산 수입품 500억 달러에 대한 관세 부과 등의 내용이 담긴 행정명령에 서명하면서 미·중 간 무역전쟁이 시작됐다. 이후 중국도 미국에 질세라 돼지고기 등 30억 달러 규모의 미국산 수입품에 보복관세를 예고, 미국의 입장 변화가 없자 관세를 부과했다.

중국의 연간 대두 소비량은 1억 톤에 가깝다. 전체 소비량의 15%만이 자체 공급이며 약 85%를 수입에 의존하고 있다. 중국은 미국으로부터 가장 많은 콩을 수입해 왔고 무역 마찰 이전 2017년 중국은 9,553만 톤을 수입하였고 이 중 50%를 초과하는 5,093만 톤을 미국에서 수입했다. 중국은 2020년 브라질, 아르헨티나 등 남미에서 1억 30만 톤의 대두를 수입하여 기록을 갈아치웠다.

국가양유정보센터(国家粮油信息中心)가 발표한 자료에 따르면, 2019년 중국은 아르헨티나와 브라질로부터 수입량을 늘려 8,851만 톤으로 2018년보다 증가하긴 했으나 2017년과 비교하면 여전히 부족한 양이다. 중국 '농업산업 발전보고서'에 따르면 2019년 쌀, 밀, 옥수수는 자급률이 98%에 달했다. 수입량이 전체 수요의 1~2%에 불과하다. 상무부는 "3대 주요 식량은 완전 자급자족이 가능해 공급부족에 따른 가격 폭등을 걱정할 필요가 없다"고 하였다. 그러나 대두는 사정이 다르다. 해외 의존도가 85%를 이상인 것이다. 2019년 여름 수해를 겪으면서 곡물가격이 상승하자 정부는 비축 곡물을 방출하였다. 쌀 6,000만 톤, 옥수수 5,000만 톤을 시장에 풀었지만 콩은 76만 톤뿐이었다. 다른 곡물에 비해 확보한 재고 물량이 부족하기 때문일 것이다.

대두를 압착해 추출한 콩기름은 중국 식용유 소비량의 절반 이상을 차지한다. 기름을 짜고 남은 찌꺼기인 콩깻묵은 가축을 먹일 저렴한 사료로 쓰인다. 아프리카돼지열병(ASF)으로 돼지고기 가격이 급등해 물가가 들썩이는 상황에서 콩깻묵은 사료로서의 중요성이 더욱 높아진 것이다.

중국은 왜 막대한 외화 유출을 감내하면서 콩의 증산을 하지 못하는가? [그림 2-6]에서 생산량을 보면 1990년 1,100만 톤에서 2019년 1,809만 톤으로 완만한 증가를 보였다. 첫째, 콩 재배는 유구한 역사를 가지나 총생산량의 증가는 증감을 반복하며 연간 약 1.0% 정도의 성장으로 옥수수, 밀, 벼의 생산량에 비하여 매우 낮다. 전문가들은

"콩은 쌀, 밀, 옥수수에 비해 단위 면적당 수확량이 훨씬 적어 농민을 상대로 경작을 홍보하고 독려하기 쉽지 않다"고 지적해 왔다.

둘째, 콩은 중국의 중요한 유료작물이며 식물단백질의 주요한 공급원이다. 콩 재배 농가들이 평균 1~2무(약 200~400평)의 토지밖에 소유하고 있지 않아 상업적 규모의 수익을 얻기에는 한계가 있기 때문이다. 자가소비를 남기고 시장에 내는 영세 규모가 대부분이다. 토지자원이 풍부한 헤이룽장(黑龍江) 전업농가들의 경지 규모도 겨우 150무(1ha) 정도밖에 안 된다. 재배 규모가 작고 기계화와 표준화 정도가 낮아 중국의 콩 재배 원가가 미국보다 30% 이상 높은 것이 현실이다. 따라서 미국이나 브라질이 주로 생산하는 값싼 '벌크 콩'(대량생산한 제품에 포장 등의 아무런 부가가치가 붙지 않은 생산된 그대로 상품)의 유혹을 뿌리치기란 쉽지 않은 일이다.

셋째, 경지면적이 계속 줄어드는 추세를 보인다. 2020년 '세계인구현황보고서'에서 총인구수는 77억 9,500만 명으로 집계하고 있다. 중국의 인구는 14억 명으로 세계 인구의 18%에 달한다. 반면 중국의 경작지는 글로벌 재배면적의 0.7%에 불과하다. 개혁개방 이후 급속한 도시화와 산업화로 경작지의 20%가 줄었다. 농작물 재배의 기술발전으로 벼, 밀, 옥수수의 수량이 크게 높아짐으로써 식량부족의 늪에서 벗어나게 되었다.

중국은 1990년대까지 콩 자급이 가능했다. 하지만 도시로 사람이 이주하며 농촌을 떠났고 식생활의 변화가 일어나면서 콩의 자급은 멀어졌다. 매년 1,500만 명의 인구가 도시로 이주해 중국 도시화율은 65%로 높아질 전망이다. 농촌지역 도시화의 광풍으로 남아 있는 땅의 경우에도 농사짓기에 적합한 비율은 10~15%에 불과하다.

넷째, 국내산 가공 콩의 원가가 높고 이윤 공간이 작아 가공기업들이 보통 국산 콩을 사용하려 하지 않고 있다. 중국의 주요 콩 생산지역은 주로 동북지역이지만 콩 가공기업들은 동남 연해지역에 집중되어 있어 동북의 콩을 연해지역으로 운반하는 데 톤당 70위안의 운송 비용이 들지만 수입 콩은 연해 가공으로 이 부분이 절감된다. 연해 가공 국내산 콩은 수입 가공 콩보다 톤당 170위안이 더 비싼 비용을 감당해야 하므로 가공기업은 수입 콩을 선호하게 되는 것이다. 유통업체가 국산 콩을 구입을 할 경우에도 손해가 크다. 주요 생산지역에서 콩 재배 농가들이 길게 늘어서서 콩을 판매하고 다른 한쪽에서는 일부 가공기업들이 원료 부족으로 곤경에 빠지는 현상을 낳는 원인이다.

자급자족을 공언하던 3대 식량을 조달하기 버거워지는 상황에서 생산성이 낮은 콩 재배에 사력을 다할 수는 없는 노릇이다. 중국은 국제 콩 무역의 60% 이상을 수입한다. 미국, 브라질, 아르헨티나가 중국 전체 대두 수입량의 92.8%를 차지한다. 미국과 무역 마찰을 피해 브라질로 수입선을 돌리더라도 남미의 콩 경작 회사는 대부분 미국의 회사이다. 남미의 '벌크 콩'을 먼 곳에서 수입하면서도 값은 더 지불하여야 했다.

중국은 이러한 중남미 콩 무역의 집중을 막기 위하여 재배면적을 2018년 1억 2,700만 무(1畝=666.7㎡)에서 2020년 1억 4,000만 무로 10% 늘리는 청사진을 내놨다. 또 동북 3성과 네이멍구 등을 중심으로 1무당 최대 10만 원가량의 보조금을 지급하는 당근도 제시했다. 이를 통해 대두 자급률을 올해와 2022년 각각 1%씩 높인다는 것이다.

중국은 러시아와 손을 잡고 '콩 산업 동맹'을 구축해 콩에 관한 모든 분야의 협력을 심화해 나가기로 합의했다. 양국 전문가들은 "정치적 상호 신뢰를 기반으로 미국의 영향을 받지 않는 새로운 협력의 공간을 구축했다"고 평가했다. 문제는 러시아의 콩 무역 규모가 터무니없다는 점이다. 러시아에서 들여오는 콩은 고작 80만 톤으로 중국 전체 수입량의 1%에도 못 미친다. 양국은 2024년까지 370만 톤으로 늘릴 계획이지만, 중국의 올해 수입량과 비교해도 4%를 밑도는 수치다.

2 유료(油料)작물

중국의 유료작물은 콩, 땅콩, 유채, 해바라기, 참깨, 아마, 옥수수씨눈, 면화씨 등이다. 콩은 위의 식량작물에서 다루었으므로 콩 이외의 유료작물을 짚어 본다. 유료작물은 기름을 생산하기 위해 재배하는 식물이다. 아마와 면화는 공예작물로 섬유를 이용하지만 그 씨앗은 기름을 추출할 수 있는 자원이므로 유용하게 쓰이고 있다.

유료작물의 기름은 식용 이외에도 공업용과 의약품용으로 광범위하게 쓰이고 있다. 식용은 조미, 튀김, 샐러드용 기름, 마요네즈로 많이 쓰이고 공업용은 페인트, 인쇄용 잉크, 왁스, 윤활유, 비누, 화장품 등에 사용되고 있다. 의약품의 이용에서는 설사약, 연고, 항생제 주사용, 오메가3 지방산 등 기능성 건강 보조식품의 제조에 다양하게 이용되고 있다.

〈표 2-10〉은 세계의 대표적인 유료작물의 연도별 재배면적과 생산량을 보여 준다. 세계적으로 가장 많이 재배되고 있는 대표적 유료작물은 콩, 땅콩, 유채 그리고 해바라기 등이다. 콩이 재배면적과 생산량에서 압도적으로 우세하다. 2019년 기준, 콩은 1억 2,050만 ha의 재배면적에서 3억 3,367만 톤을 생산했고 그 외에 유채 7,051만 톤, 땅콩 4,876만 톤 그리고 해바라기 5,607만 톤을 거두었다.

〈표 2-10〉 세계의 유료작물 연도별 재배면적과 생산량(1980~2019)

단위: 만 ha, 만 톤

연도	콩		땅콩		유채		해바라기	
	면적	생산량	면적	생산량	면적	생산량	면적	생산량
1980	5,065	8,104	1,836	1,689	1,099	1,076	1,243	1,366
1990	5,721	10,846	1,975	2,309	1,761	2,443	1,704	2,271
2000	7,431	16,131	2,321	3,479	2,586	3,955	2,116	2,655
2005	9,257	21,454	2,413	3,856	2,795	4,989	2,319	3,078
2010	10,277	26,509	2,614	4,348	3,210	5,985	2,307	3,145
2015	12,090	32,331	2,642	4,422	3,442	7,021	2,547	4,432
2018	12,492	34,871	2,852	4,595	3,758	7,500	2,667	5,195
2019	12,050	33,367	2,960	4,876	3,403	7,051	2,737	5,607

자료: FAOSTAT

일반적으로 소득이 높아지면 식용유의 소비가 늘어나고 건강에 좋다는 다양한 종류의 식용유가 대거 출현하기 시작한다. 그러나 큰 대세를 이루는 것은 변하지 않았다. 〈표 2-11〉은 유료작물의 작물별 생산량은 성(省)별로 집계되어 있지 않아 재배면적의 크기를 순서로 7개 성을 정리하였다.

〈표 2-11〉 주요 유료작물 성별 재배면적(2018)

단위:천 ha

땅콩		유채		참깨		해바라기	
구분	면적	구분	면적	구분	면적	구분	면적
계	4620	계	6,551	계	262	계	921
허난	1203	쓰촨	1,219	허난	109	네이멍구	654
산둥	695	후난	1,222	후베이	68	신장	128
지린	245	후베이	933	장시	30	간쑤	51
광둥	333	구이저우	498	후난	11	허베이	52
랴오닝	286	장시	483	안후이	7	지린	29
허베이	258	안후이	357	산시	6	산서	29
쓰촨	264	네이멍구	246	충칭	4	섬서	20

주: '계'는 전국의 면적임.
자료: 『중국농촌통계연감』(2019)

땅콩의 경우 2018년 전국 460만 8천 ha가 재배되었고 허난, 산둥 등 7개 성이 전체 면적의 71.8%이며 특히 허난성과 산둥성이 40% 이상을 차지했다, 산둥 칭다오(青島)에는 중국에서 유일한 산동농업과학원 화생(花生: 땅콩)연구소가 있다. 1959년 라이시(萊西)에 설립되었고 2000년 칭다오로 이전하였다. 연구소는 품종, 농업공학, 생명 공학, 식물보호, 산업공학, 시범 진흥과, 국제 협력실 등 여러 연구분과와 협력 부서를 두고 있다.

유채 재배는 665만 1천 ha로 다른 유료작물에 비하여 넓은 면적이다. 쓰촨(四川), 후난(湖南), 후베이(湖北) 3개 성이 주산지로 전체 면적의 37% 이상을 점유하였고 구이저우(貴州), 장시(江西) 등을 포함하면 76%로 7개 성이 대부분을 차지한다. 2011년 장수(江蘇)성을 방문했을 때 시험포장에서는 유채묘를 이식하는 시험이 진행 중이었다. 참깨는 22만 8천 ha로 허난(河南), 후베이(湖北), 장시(江西)성의 재배면적이 넓어 이들 3개 성이 전체의 76.7%를 차지하였다.

여기에서 우리나라는 채유종실을 얼마나 수입하는가 살펴보자. 2019년 해외에서 수입한 채유용 종실은 319,000여 톤으로 금액은 3억 26,364천 달러를 지불하였다. 참깨 이외에 목화씨(면실), 땅콩, 해바라기. 들깨, 유채, 아마인 등이다. 수입선은 종류별로 다르다. 참깨는 주로 중국, 인도, 나이지리아, 파키스탄 등이며 땅콩은 중국, 미국, 아르헨티나에서, 면실은 브라질, 미국, 그리스, 호주에서 들여왔다. 해배라기는 러시아, 일본 등, 그리고 들깨는 중국과 미얀마에서 주로 도입되고 있었다.

참깨는 2019년 76,812톤으로 1억 4,495만 6천 달러어치를 들여왔고 채유종실 수입 물량 중 24.0%, 수입액 중 20.4%를 점유했다. 중국에서만 32,825톤, 금액으로 6,674만 5천 달러어치를 들여왔다.

〈표 2-12〉는 중국의 주요 유료작물 시계열 생산량을 보인다. 개혁개방 이전, 기획생산 시기에는 면실 생산이 가장 앞섰고 개방 후 유료작물의 생산량은 다른 양상을 보였다. 즉, 2018년 땅콩과 유채가 대표 유료작물로 총생산량 5,320만 톤의 57.5%가 땅콩과 유채가 자리매김하였다. 유료작물의 생산량 증가는 40여 년 기간 3.2%로 꾸준한 증가를 나타냈다. 해바라기와 유채가 우세한 성장을 보였다.

중국은 얼마나 식용유를 소비하는가? 주민 소득과 식용유의 소비는 비례한다. 중국은 식량 생산 발전과 함께 유료작물 생산 또한 중요시해 왔다. 위에서 논의된 콩, 땅콩, 참깨, 유채, 면실, 해바라기, 아마인 등 8개 유료작물 생산량을 계속 증산되고 있다. 유료작물은 수확 후 곧 이용될 수 있는 것도 있지만 대부분 착유의 공정을 거쳐야 상품화되어 소비된다.

〈표 2-12〉 연도별 주요 유료작물 생산량(1975~2018)

단위: 만 톤

연도	땅콩	유채	면화	해바라기	참깨	아마인	계
1975	227	154	238	8	21	4	1,376
1980	360	238	271	91	26	27	1,807
1985	666	561	415	173	69	54	2,998
1990	637	696	451	134	47	50	3,124
1995	1,023	978	477	127	58	36	4,050
2000	1,444	1,138	442	195	81	34	4,875
2005	1,434	1,305	571	193	63	48	5,249
2010	1,564	1,308	577	230	59	35	5,281
2015	1,596	1,386	591	270	45	40	5,107
2018	1,733	1,328	505	255	43	37	5,320
증가율(%)	4.4	5.2	1.8	8.6	1.7	0.7	3.2

주: 땅콩은 껍질 벗기지 않은 것임.
자료: 『중국농촌통계연감』(2019), FAOSTAT

중국 식물성 식용유 생산지역 1위는 톈진, 2위 산둥성, 3위 허베이, 4위 장수 등 북방지역의 연안에 위치한다. 남방 지역에서 유일하게 5위 안에 이름을 올린 것이 광둥성이다. 지역 간 식문화 차이로 남방 사람들은 콩기름과 땅콩기름을 선호하는 경향이 있고 북방 사람들은 카놀라(유채)유를 선호하는 경향이 있다. 인구가 14억 명이나 되고 기름에 튀기고 볶아 먹는 음식을 좋아하는 식습관으로 다른 나라의 식용유 시장보다 압도적으로 큰 것은 당연하다. 남부지역 광둥(廣東)지역에 가면 밥도 기름에 볶고 채소도 기름에 튀긴 것이 적지 않다. 한 국제 시장 규모 조사기관(Canadian Intelligence)은 중국의 식용유 시장 규모를 2020년 472억 달러로 추정하였다.

식용유의 구매는 1991년 이전까지는 소규모 시장에서 기름을 배급 또는 구입했으나 1992년 이후 중국 식용유 시장은 수많은 작은 식용유 기업들과 경쟁관계에서 크게 발전하였다. 중국의 식용유 생산은 소규모 기업에서 소단위로 판매하던 것이 일반적이었다. 경제 발전으로 중국의 식용유 시장도 덩달아 성장하면서 시장 규모가 커지기 시작하였다. 현재 중국에는 약 29만 7,000개의 식용유 관련 업체가 등록되어 있다.

중국 소비자들은 식물성 식용유를 선호한다. 그중에서도 옥수수유, 땅콩유, 카놀라유의 선호도가 높으며 최근 세계 평균 식물성 식용유 소비량에 근접하고 있다.

3 청과물 생산

3-1 | 과일

청과물은 과일과 채소를 일컫는 말이다. <표 2-13>은 시계열 자료에서는 사과와 감귤이 가장 많이 생산되고 사과 생산량이 더 우세한 것으로 나타난다. 그러나 2018년 이후 사과 생산이 더 많아졌고 2019년 사과는 4,243톤, 감귤은 4,585톤으로 감귤 생산이 더 많았다. 사과는 산시(陝西), 산둥, 산시(山西), 허난(河南)성이 주산지이다. 이들 4개 성이 전국 사과 생산의 70%로 가장 우세하였다. 특히 산시(陝西)성은 FAO가 사과재배 최적지로 선정한 지역으로 선전하고 있다. 무상기간이 170일이며 연평균기온 9.2℃, 낮과 밤의 기온 차가 크고 적산온도가 연간 2,552시간으로 사과재배에 적합한 환경이라는 것이다. 품종으로는 착색계(着色系)의 후지(富士)와 국광(國光)이 주를 이루고 있다.

중국에서는 감귤류를 오렌지(橙), 귤(橘: tangerine), 그레이프 프루츠, 잡감류(雜柑類) 등 네 가지로 나누며 이 가운데 제일 많은 것은 귤(탠저린)이다. 감귤은 남쪽 지역의 광시, 후난, 후베이, 광둥성 등이 주산지이다. 다음으로 배는 1,608만 톤으로 허베이, 안후이, 신장, 허난. 랴오닝, 섬서, 산둥성에서 재배가 많으며 크게 성장하는 과일이다. 쓰촨산 배가 가장 먼저 출하해서 가격이 높은 게 특징이고 한국 돌배와 비슷한 당산배(砀山梨)는 안후이성 당산현(砀山县)이 주요 산지이다.

포도는 신장 위구르 자치구가 압도적으로 많고 허베이, 윈난, 산시(陕西)성에서 재배가 많다. 신장의 길쭉한 포도 알맹이 모습이 말의 젖을 닮았다 하여 마나이(马奶)라고도 부른다. 외국에서 수입되는 청포도에 비해 껍질이 얇고 당도가 높아 인기가 높다. 거의 사계절 동안 만날 수 있는 수입 청포도에 비해서 이 신장 청포도는 공급기간이 짧아 잠시 왔다가 사라지고 국내 포도로는 가격도 높은 편이다.

대추는 신장 위구르, 허난, 산둥, 산시(山西), 허난성이 주산지이다. 특히 대표적인 주산지는 신장 위구르 지역으로 우월한 자연조건으로 중국의 전체 생산량 40% 이상을 넘는 1위 지역이다. 대규모 재배방식 및 재배기술의 현대화, 신품종 개발 등으로 생산성과 수익성이 중국에서 최고 수준으로 알려져 있다.

허베이성 창저우(滄州)의 대추 생산은 과원을 조성하는 것이 아니라 밀밭 고랑 사이에 간작의 형식으로 대추나무를 줄지어 심고 이를 관리하여 수확하고 있다. 우리나라에 수입되는 말린 대추는 모두 중국으로부터 오고 2017년 222톤, 2018년 314톤, 2019년 319톤(382천 달러)으로 해마다 증가추세를 보인다.

〈표 2-13〉 연도별 과일별 생산량의 변화추이(1978~2019)

단위: 만 톤

연도	사과	감귤	배	포도	바나나	복숭아	감	대추
1978	228	38	152	10	9	46	57	35
1980	236	71	147	11	6	44	56	37
1985	361	181	214	36	63	69	68	43
1990	432	485	235	86	146	125	63	46
1995	1,401	822	494	174	313	275	97	78
2000	2,043	878	841	328	494	383	159	131
2005	2,401	1,592	1,132	579	652	762	219	249
2010	3,165	2,582	1,409	814	884	1056	259	447
2015	3,890	3,618	1,653	1,316	1,063	1364	295	734
2019	4,243	4,585	1,731	1,420	1,166	1,583	321	736
증가율(%)	7.6	12.8	6.2	11.3	13.2	9.4	4.4	8.1

주: 2019 대추는 2018년 생산량임.
자료: 『중국농촌통계연감』(2019), FAOSTAT

바나나는 중국의 개혁개방 40여 년 동안 생산량이 가장 많이 증가한 품목 중의 하나이다. 1978년 중국의 바나나 생산량은 9만 톤이었는데 2019년에 1,166만 톤에 달하여 해마다 13.2%의 증가율을 보였고 생산량은 130배 이상 늘었다. 바나나의 재배는 광서, 광동, 운남, 해남, 복건성 등의 열대·아열대 지역에 과원을 만들고 이들 주산지에서 생산되고 있다. 과일 총생산량 가운데 차지하는 비율은 1978년 약 1.3%에서 2019년 7.7%로 증가하였다. 바나나의 재배면적은 1980년 약 5천 ha에서 2019년 약 344천 ha로 증가하여 약 70배 가까이 증가하였다.

중국 복숭아의 통계는 FAO의 통계자료이다. 중국의 농산물 도매시장에서 여름철에 출하가 많고 종류도 다양하다. 주요 산지는 허베이(河北)와 베이징 일대로 수밀도(水蜜桃) 생산량이 가장 많다. 장수(江

蘇)성 우시(无锡)복숭아도 명성이 있다. 천도복숭아로 알려진 '납작복숭아'는 허베이 만청(河北 满城) 일대에서 생산되고, 쓰촨(四川)의 복숭아가 가장 먼저 출하되고 가격이 높다. 모양은 복숭아를 납작하게 누른 것처럼 생겨서 일반적으로 '납작복숭아'라 부르고 중국어로는 판타오(蟠桃)이다. 서유기에 나오는 손오공이 훔쳐 먹었다는 복숭아이다.

중국의 과일 생산 증가세는 놀랍다. 전체 과일의 연간 증가율은 약 8%로 바나나, 포도, 감귤류의 증가가 두드러진다. 저장성에서는 감귤류, 안후이성에선 배의 생산이 다른 과일에 비하여 우세하였다. 소득의 증가에 따라 곡물 소비량은 감소하고 육류와 과일의 소비는 크게 늘어나는 것이 경제 발전 단계에서 일어나는 일반적 추세이다.

〈표 2-14〉는 연도별 주요 과수 재배면적 변화를 보인다. 2019년 전체 과원면적은 12,277천 ha로 이 중 사과 재배면적이 16.6%, 감귤류 15.5%, 배 재배면적이 7.7%로 이들 세 종류의 과일 재배면적이 약 40%를 차지하였다.

〈표 2-14〉 중국의 연도별 주요 과수 재배면적 변화(1980~2019)

단위: 천 ha

연도	사과	감귤	배	바나나	포도
1980	743	260	299	5	32
1985	865	507	338	47	87
1990	1,633	1,061	481	109	123
1995	2,953	1,214	859	190	153
2000	2,254	1,272	1,015	249	283
2005	1,890	1,717	1,112	276	408
2010	2,140	2,211	1,063	357	552
2015	2,328	2,478	1,124	409	799
2019	2,041	1,897	951	344	743

주: 2019년 통계량은 FAO의 자료임.
자료: 신중국 농업 60년 통계자료, 『중국농촌통계연감』, FAOSTAT

가. 사과

중국의 사과재배 역사는 곧 과일재배의 역사이다. 재배면적은 개혁개방 이후부터 1996년까지 빠른 속도로 증가하였으나, 1990년은 농업특산세(農業特産稅)의 영향으로 다소 감소하였다. 1991년부터 1996년까지 비교적 높은 증가추세를 유지하여 2,987천 ha를 정점으로 감소하기 시작했다. 1996년 이후 사과 가격이 하락하였기 때문이다. 2008년 이후 다시 면적이 증가하여 2019년 2,041천 ha에 이르렀다.

개혁개방과 함께 사과가 중국 농민의 소득작물로 인식되면서, 당시 중국 전역에서 사과재배의 적합성 여부와 관계없이 사과 재배면적이 급증하였다. 생산량이 급증하면서 사과시장이 포화 상태에 이르러 사과 가격의 폭락을 초래하였고, 다른 한편으론 동일한 품종의 지역 간 현격한 품질 격차가 발생하게 되었다.

중국은 1990년대 말부터 사과 재배지역에 대한 구조 조정을 실시해 왔다. 사과재배에 적절치 못한 지역은 점진적으로 다른 품종으로 대체해 왔으며, 다른 한편으론 과거 수량 위주에서 품질 위주의 재배로 전환하였다. 중국의 사과 수출 물량은 생산량에 비해 그리 많지 않다. 주요 수출 지역은 러시아와 몽골, 동남아 지역이며, 2019년 약 11만 톤이 수출되었다.

2019년 중국의 사과 생산량은 4,243만 톤으로 전 세계 생산량의 약 45%를 생산하고 있다. 그중 산시성(陝西省: Shǎnxī Shěng)은 1,092여만 톤을 생산하여 전국 생산량 1위를 차지했다. 그 뒤를 산둥성(山東省)과 산시성(山西省:Shānxī Shěng)이 차례를 이었다.

나. 감귤

감귤은 중국의 제2대 과일로 재배지역은 주로 중국의 장강(양쯔강) 유역 및 이남 지역에 분포하고 있다. 현재 상업적 재배를 하는 지역은 19개 성으로 북위 20~30°, 해발 700~1,000m 이하의 완만한 구릉지대에 집중되어 있다. 따라서 감귤은 이미 중국 남방의 주요 경제작물 중 하나가 되었다. 1990년대에 중국 정부는 세계은행의 자금으로 쓰촨(四川), 충칭(重慶), 후베이(湖北)지역에 집중 투자하여 양쯔강 유역 감귤 재배 지역대를 형성하였는데, 이러한 투자는 중국의 감귤 산업의 발전을 촉진하였다.

중국은 많은 감귤 종류의 원산지로 알려져 있고 감귤 원종은 아주 오래전부터 각종 경로를 통하여 세계 각 지역으로 전파되었다. 서기 1세기 전후 중국이 원산지인 '시트론(citron)'이 이란으로 넘어가 다시 지중해 연안국가로 퍼졌으며 서기 14~15세기의 해상 및 육로를 통한 상업 왕래로 중국의 감귤 품종은 본격으로 해외로 전파된 것으로 알려지고 있다.

중국 정부는 역사 이래로 감귤을 포함한 과수 품종자원의 수집, 보존 및 연구를 매우 중시하여 1950~60년대에 대규모로 감귤자원을 조사하여 다량의 우량 지방품종을 발굴·정리하였다. 1980년대 들어 정부의 투자로 국가 감귤 종자 자원포가 건설되어 중국 및 세계의 주요 감귤 종류와 품종 1,190류가 보존되고 있다.

감귤 생산은 경제성과 품질 위주의 조정기를 거쳤고 지역 특성에 따라 집중화 현상이 나타나 장시, 후난, 저장성 등에서는 재배면적이 늘어나고 광둥성 등은 생산효율 하락 등의 원인으로 점차로 감소추세이다. 감귤 성숙의 주요 시기는 당년 10월부터 다음 해 1월 사이에 집중되어 있으며 그중 10월 하순에서 12월까지가 집중적인 성숙 시기이다.

다. 배

배 생산량은 1978년 약 152만 톤이었는데, 2019년 1,731만 톤에 달하여 약 11배 이상 증가하였다. 연 6.2%로 성장했고 과일 총생산량에서 3위의 위치로 올라섰다. 개혁개방 이후 중국의 배 재배면적은 2005년까지는 꾸준한 증가추세로 1,112천 ha를 나타냈으며, 이후 감소를 시작했고 2017년 921천 ha까지 줄었다. 중국의 배는 거의 대부분 한국과는 다른 품종이었으나, 1990년대 말부터 한국의 신고배, 원앙배 등 한국에서 재배되고 있는 우수품종이 보급되었다. 베이징 주변의 허베이성에서는 신고배를 생산하여 한글로 '한국의 배'로 표시하여 중앙아시아 지역에 수출되고 있다.

배의 단위면적(ha)당 지속적으로 약 5,000kg을 유지하였는데, 1996년에 6,000kg을 넘어섰으며 2005년에는 10,207kg에 달함으로써 1990년대 말부터 비교적 빠른 속도로 증가하고 있다. 2019년 수량은 17,876kg으로 1980년 비하여 3배 이상의 증가로 연 3.3%의 증가율을 보였다.

과거 중국의 배 주산지는 중국 전역에 고루 분포되어 있었다. 2019년 주요 생산지역을 살펴보면, 허베이(河北)성이 총생산량의 20.9%를 차지하여 가장 많고, 안후이(安徽) 7.6%, 신장(新疆) 7.5%, 허난(河南) 7.4% 등을 차지하고 있으며 100만 톤 이상 생산지역은 랴오닝(遼寧), 산시(陝西) 산둥(山東)성의 생산량이 많았다.

라. 포도

포도재배는 빠른 성장을 보였다. 1978년 중국의 포도 생산량은 약 10.4만 톤이었는데 2019년 1,420만 톤에 달하였다. 포도의 재배면적은 1990년대 이전에 비교적 빠른 증가추세를 나타냈으며, 1990년 이후에는 1990년 이전에 비하여 상대적으로 완만한 증가추세를 나타냈다. 개혁개방 40년 동안 포도의 재배면적은 약 25배, 총생산량은 약 130배가 증가하였다.

중국 과일 산업에서 포도가 차지하는 비중은 1978년 과일 총생산량의 1.6%였던 데 반하여 2019년에는 과일 총생산량의 7.7%를 차지함으로써 개혁개방 40년 동안 상대적으로 높은 증가추세를 유지하였다.

2019년 지역별 포도생산은 신장(新疆)지역이 포도 총생산량의 19.0%를 차지하고 있으며, 윈난(雲南) 9.6% 허베이(河北)성이 8.6%, 산둥(山東)성이 8.4%를 차지하고 있다.

마. 바나나

세계적인 소비 인구를 가진다. 주로 식용을 목적으로 재배되고 개발도상국이 생산하고 선진국이 소비하는 패턴으로 국제무역이 많으며 국제적인 몇 개의 농기업회사들이 연관되어 유통 조직을 이루고 있다. 열대 아시아, 인도, 말레이시아 등지가 바나나의 원산지이지만, 현재의 주된 바나나 생산지역은 인도, 브라질, 필리핀, 에콰도르 등이다.

바나나는 중국의 개혁개방 40년 동안 생산량이 가장 많이 증가한 품목 중의 하나이다. 1978년 중국의 바나나 생산량은 8.5만 톤에 불과했지만 2019년 1,166만 톤에 달하여 약 124배가 증가하였다. 중국 과일 총생산량 가운데 차지하는 비율은 1978년 약 1.3%에서 2018

년 약 7%로 증가하였다. 바나나의 재배면적은 1980년 약 5천 ha에서 2019년 약 344천 ha로 증가하여 약 72배가 증가하였다.

중국의 바나나 주요 생산지역은 따듯한 지역의 광둥(廣東), 광시(廣西), 푸젠(福建), 하이난(海南)성이 주산지이다. 소득의 향상으로 바나나 소비가 많아져 중국이 수입하는 과일 중 수입량이 가장 많은 품목 중 하나로 2018년 897백만 달러, 2019년 1,094백만 달러어치를 수입하였다.

〈표 2-15〉 주요 과일의 성별 생산량과 구성비(2018)

단위: (만 톤), %

구분	합계	1	2	3	4	5	6
사과	4,139	섬서(1,092) 26.4	산동(940) 22.7	산서(445) 10.7	하남(434) 10.5	감숙(311) 7.5	요녕(241) 5.8
배	1,641	하북(342) 20.8	안휘(124) 7.6	신강(123) 7.5	하남 (122) 7.4	요녕(116) 7.1	섬서(105) 6.4
감귤	3,817	광서(682) 17.9	호남(501) 13.1	호북(466) 12.2	사천(416) 10.9	광동(410) 10.7	강서(404) 10.6
포도	1,308	신강(249) 19.0	운남(126) 9.6	하북 (112) 8.6	산동(110) 8.4	절강(81) 6.2	강소(65) 5.0
대추	721	신강(316) 43.8	섬서(92) 12.7	산동(83) 11.5	하북(77) 10.7	산서(73) 10.1	하남(30) 4.2
감	303	해남(88) 29.0	하남(51) 16.8	하북(32) 10.6	섬서(23) 7.6	광동(12) 4.0	안휘(12) 4.0
파인애플	149	광동(94.5) 63.4	해남(41.0) 27.5	운남(9.0) 6.0	광서(3.5) 2.3	복건(1.4) 1.0	-

자료: 『중국농업통계자료』(2018)

〈표 2-15〉는 주요 과일의 성별 생산량과 구성비를 나타내고 있다. 사과는 섬서성과 산동성에서 거의 50%를 산출하고 배는 하북성에서 20.8%를 생산하여 가장 높다. 감귤은 장강 이남의 따듯한 지역에

집중되어 광서성과 호남성이 30% 이상을 출하하였다. 포도와 대추는 신장(新疆) 위구르 자치구가 으뜸이다. 특히 대추는 전체 생산량의 43.8%를 차지하였다. 감과 파인애풀은 열대지역의 해남성(29.0%)과 광동성(63.4%)이 높은 비중의 구성비를 점유하였다.

중국에는 통계에 잡히지 않는 과일도 많다. 파인애플(菠夢)은 생산량은 있지만 면적의 집계가 나오지 않는다. 여지(荔枝: litchi)는 양귀비가 특별하게 좋아해서 광둥에서 시안(西安)까지 파발마로 옮겼다는 일화가 있지만 재배면적과 생산량의 자료는 찾기 쉽지 않다. 그러나 우리나라에는 냉장 또는 냉동 상태로 2019년 약 9,200톤(1,400만 달러)의 리치가 수입되었다. 그 외에도 양메이[楊梅: 절강성 센쥐(仙居)의 특산품]는 말린 상태의 과일이 수입되고 있다. 산주(山竹: 망고스틴), 비파(枇杷: 모양은 살구가 아니지만 색깔과 맛은 살구와 비슷), 양타오(陽桃: star-fruit) 등 수많은 과일 상품들이 제철이 오면 큰 도시의 과일 시장을 장식한다. 대부분 아열대와 열대지역의 과일이다.

〈표 2-16〉은 주요 과일의 연도별 ha당 수량 변화를 보인다. 사과 4.9%, 복숭아 3.9%, 포도 3.7%, 배 3.3%로 연평균 증가율을 나타냈다. 사과는 1980년에 비하여 사과는 약 6배, 복숭아는 4.4배, 포도는 3.6배의 수량 증가를 보여 가장 크게 성장하였다. 품종의 선택, 시비, 농약, 그리고 관리의 세심함 등이 종합되어 성과를 낸 것이다.

그러나 무엇보다 중요한 것은 농산물의 수익성이다. 시장경제에 접근하면서 직접 농산물을 시장에 판매하고 수익을 내는 것은 생산자가 경영에 노력을 쏟게 만드는 원천이다.

〈표 2-16〉 주요 과일의 연도별 수량 변화

단위: kg/ha

연도	사과	배	감귤	포도	바나나	복숭아
1980	3,201	5,157	4,123	4,613	19,318	4,444
1985	4,781	6,513	4,052	4,867	15,004	2,558
1990	2,649	5,066	4,884	7,552	14,045	2,468
1995	4,745	5,822	6,966	12,019	16,649	4,975
2000	9,064	8,331	7,464	11,789	19,915	8,230
2005	12,701	10,207	9,450	14,260	23,380	11,260
2010	15,544	14,163	7,994	15,853	26,755	14,527
2015	16,707	14,704	10,350	16,472	25,976	16,467
2018	18,940	17,244	10,427	16,848	30,513	18,435
2019	20,787	17,876	10,386	19,219	33,882	18,865
증가율(%)	4.9	3.3	2.5	3.7	1.2	3.9

자료: FAOSTAT

중국인들이 먹기 시작한 식재료(랍스터, 아보카도, 치즈 등)의 국제 거래가격이 급등한 예는 여러 차례 있었다. 당도가 높은 상급의 바나나도 중국에서 소비되기 시작하여 수입량이 크게 늘어났다. KOTRA에 따르면 2010년 연간 2톤에 불과하던 중국의 아보카도 수입량은 2019년 4만 톤으로 급증하면서 멕시코산 아보카도 가격이 역대 최고가를 갱신하기도 하였다.

3-2 | 채소

중국 채소재배의 구성은 우리나라와 크게 다르지 않다. 엽채류, 과채류, 근채류, 파·마늘(鱗莖)류로 나뉘고 있지만 통계는 채소류와 과채류의 통계만 분류되어 있다. 과채류는 수박, 참외와 딸기(草莓) 등의 생산량이다. 중국의 어느 시장에서나 채소의 종류는 다양하여 한국에서 일반적으로 식용으로 쓰이지 않는 낯선 채소들도 시장에서 볼 수 있다.

토지가 넓고, 열대, 아열대, 온대기후를 포함하고 있고, 평원, 구릉, 산지, 고원 등 다양한 기후와 토양 조건을 가지고 있어 모든 작물의 생산이 가능한 나라이다. 경지면적에 차지하는 채소 재배면적은 식량작물, 유료작물에 이어 3위에 위치하고 있다. 2019년 농작물 재배면적 중 채소 재배면적은 12.4%를 차지하고 재배면적은 계속 늘어나고 있다. 주 품목은 수박, 오이, 토마토, 양파, 마늘, 당근, 고추 등이며, 주산지는 허난, 산둥, 광시, 장수, 구이저우성 등이다. 중국산 마늘과 양파의 수출은 주로 일본, 한국, 싱가포르 등 동남아 지역이다.

최근 외국기업이 직접 중국에 대단위 채소기지를 형성하여 자본과 종자, 기술을 제공, 공동으로 채소를 재배하고 일괄 구입·판매하는 형식을 취하는 사례도 많다. 중국의 고추생산량은 세계 전체의 40%를 넘어섰고, 우리나라에서 많이 소비되고 있는 고추는 산둥성의 평도(平度), 교주(膠州), 안구(安丘) 등에서 생산된 물량이 수입되고 있다. 마늘의 세계 생산량은 2019년 3,071만 톤 정도이며 중국은 2,326만 톤을 생산하여 75.7%를 차지하여 마늘 생산이 가장 많다(FAO).

〈표 2-17〉은 중국의 연도별 채소 재배면적과 농작물 재배면적을 비교한 것이다. 1980년 농작물 재배면적에 대한 채소재배의 비율은 2.2%에 불과하였으나 2019년 12.4%로 크게 늘었다. 일반 농작물 재배의 면적 중 차지하는 채소 재배면적의 비중이 해마다 높아지고 있어 1980년에 비하여 6배 가까이 증가하였다.

〈표 2-17〉 중국의 연도별 채소 면적과 생산량 변화(1980~2019)

연도	농작물 재배 (천 ha)	채소재배 (천 ha)	비율 (%)	채소생산량 (만 톤)	수량 (kg/ha)
1980	146,380	3,163	2.2	-	-
1990	148,362	6,338	4.5	-	-
1995	149,879	9,515	6.3	25,727	27,039
2000	156,300	15,237	11.1	44,468	29,184
2005	155,488	17,721	11.3	56,452	31,856
2010	158,579	17,431	10.4	57,265	32,852
2015	166,829	19,613	11.8	66,425	33,868
2017	166,332	19,981	12.0	69,193	34,629
2018	165,902	20,439	12.3	70,347	34,418
2019	165,931	20,863	12.4	72,103	34,560

자료: 『중국농업 통계자료(1949~2019)』(2020)

품목별로 채소별 재배면적을 보면, 수박, 오이, 토마토, 양파, 마늘 순이다. 지역별로 보면 허난, 산둥, 장수, 구이저우, 쓰촨, 광시, 광둥성이 가장 우세하였다. 생산한 마늘과 양파의 수출국으로는 일본, 한국, 싱가포르 등 동남아 지역이며 미국에도 나가고 있다. 마늘의 수출량은 2000년에 38만 4천 톤에서 2019년에 176만 2천 톤(19억 9천 달러)으로 증가하였고, 양파는 2000년에 16만 6천 톤에서 2019년에는 98만 4천 톤(6억 4백만 달러)으로 급증하고 있는 추세이다(FAOSTAT).

3-3 | 시설채소 생산

중국 채소 생산의 괄목할 만한 발전은 시설채소이다. 일반적으로 식량작물의 재배면적은 감소하고 있으나 채소와 과일의 재배면적은 늘어나고 생산량도 증가추세가 지속되고 있다. 특히 우리나라와 가까운 산둥성의 채소생산은 괄목할 정도로 발전하여 경종부문에서 제일의 중요 산업으로 발전하였다. 산둥성의 지난(濟南)에서 웨이팡(濰坊)시를 거쳐 칭다오(靑島)에 이르는 벌판에는 마치 바다와 같이 넓은 비닐하우스가 눈에 띄고 있다.

서우광(壽光)시를 중심으로 발전하기 시작한 무가온(無加溫) 온실은 햇빛을 이용하여 채소를 생산하는 기술이다. 이는 흙벽을 약 4m 높이로 쌓고 적토(積土)벽의 남쪽은 콘크리트 또는 벽돌조로 수직면으로 조성하고 북쪽은 흙을 쌓아서 경사지게 만들었다. 북쪽 적토벽의 구조는 밑면은 약 3m, 윗면은 약 1m 정도이고, 높이는 약 4m로 되어 있다. 흙을 쌓은 벽의 남쪽은 폭 12m 정도의 반원형 앵글 골조로 되어 있고 0.1㎜ 이상의 비닐을 덮도록 되어 있다. 여름에는 필요에 따라 차광망을 덮으며, 겨울 야간에는 보온용 부직포 또는 영마름 등을 덮도록 되어 있고 이들을 벗길 때는 적토벽 위로 걷어 올리도록 되어 있는 것이다.

온실 내부에는 점적 또는 스프링클러 같은 관수시설이 되어 있다. 난방시설은 없으며 겨울에도 북벽이 보온 및 방풍역할을 하므로 겨울 최저기온이 4~5℃ 이하로는 내려가지 않는다고 한다. 넓이는 약 2무(1,322㎡≒약 400평)로 하우스 한쪽에 부대 관리실이 축조되어 있고 그곳에서 양수기 및 관수 조절 장치 및 온도 관리를 하며 온실 내에서 관리인(농민)이 주거할 수 있도록 되어 있다.

이와 같이 무가온의 온실에서 모든 채소를 생산하여 상대적인 저임금과 결합되어 한국 채소생산비의 30% 전후의 생산비용이면 가능한 것이다.

<표 2-18>은 2018년 대표적인 경종작물과 채소 및 사과의 무(畝 ≃667㎡, 약 200평)당 생산비 그리고 순수입을 비교하여 본 자료이다. 이들 중 사과와 채소는 다른 경종 작물에 비하여 월등한 순수입을 보였다. 사과는 2,019kg으로 순수입 1,910위안이고 시설채소는 오이, 고추, 양배추, 배추, 무의 평균으로 수량은 4,190kg이며 순수입은 3,083위안이었다. 순수익률에 있어서도 사과와 채소가 가장 크게 앞서 있었다. 채소 재배면적이 크게 늘어나는 이유는 상대적으로 다른 작물에 비하여 수익성이 좋기 때문이다. 반면 곡물생산의 경우에서는 벼과 밀을 제외하고 순수입에서 적자의 수치를 보인다.

<표 2-18> 주요 농산물의 생산비와 수익성의 비교(2018)

구분	수량 (kg)	조수입 (위안)	생산비 (위안)	순수입 (위안)	순수익률 (%)
노지채소	3,051	4,459	3,249	1,210	36.7
시설채소	4,190	11,115	8,031	3,083	37.7
사과	2,109	6,797	4,887	1,910	90.9
벼	481	1,343	1,210	133	10.9
밀	424	1,014	1,008	6	0.6
옥수수	501	851	1,026	-175	-17.1
콩	140	538	669	-131	-19.5
면화	106	1,861	2,331	-470	-20.2

주: 노지채소는 오이, 가지, 피망, 양배추, 배추, 무의 산술평균 시설채소는 오이, 가지, 피망의 평균임.
자료: 全國 農產品成本收益 資料彙編(2019)

우리나라에 수입되고 있는 고추와 마늘은 대부분이 중국으로부터 수입되고 있으며, 채소 주산지인 산둥, 허난, 광둥, 후베이, 장수성이 대표 주산지이다. 특히 2019년 산둥성의 채소 면적과 생산량은 각각 전국의 7.3%와 11.8%를 점유하고 있으며, 고추를 제외한 모든 주요 채소류의 점유율이 중국에서 전국 1위이다. 산둥성의 마늘 주산지는 금향(金鄕)현과 창산(蒼山)현에서 생산되고 있으며 창산에서는 주로 상해 재래종이 그리고 금향에서는 스페인종(난지형 마늘)이 많이 생산된다. 생산비의 절반 정도가 자가 노력 비용이며 상품화율은 50%를 상회하고 있다. 이들 마늘, 고추, 양파 등 양념 채소는 산둥, 장시, 안후이성 등에서 수입되며 그중에서도 우리나라와 가장 근접한 산둥성이 농산물 수출의 거점이 되고 있다.

3-4 | 과채류(果菜類)

채소 중에서 과실 또는 종실을 식용으로 하는 채소류를 지칭한다. 가지과, 참외과, 콩과에 속하는 것이 많다. 박과의 채소(오이, 참외, 호박 등)와 박과 이외의 채소(토마토, 가지, 고추, 완두콩, 풋콩, 피망 등)가 있다. 요즘에는 비닐하우스에서 재배하여 계절에 관계없이 생산되어 일 년 내내 싱싱한 과채류를 이용할 수 있게 되었다.

<표 2-19> 연도별 과채류 재배면적과 생산량 변화(1996~2019)

단위: 천 ha, 생산량 만 톤

연도	과채류		수박		참외류		딸기	
	면적	생산량	면적	생산량	면적	생산량	면적	생산량
1996	1,203	3,468	959	2,807	152	364	40	83
2001	2,268	6,844	1,822	5,718	330	743	70	125
2005	2,208	7,285	1,708	5,989	339	883	84	156
2010	2,389	8,536	1,641	6,051	355	1,118	71	179
2015	2,549	9,895	1,548	6,247	461	1,527	129	345
2017	2,113	8,293	1,520	6,315	349	1,233	108	285
2018	2,117	8,123	1,518	6,154	376	1,314	120	306
2019	2,089	8,080	1,463	6,069	380	1,349	126	322

자료: 『중국농촌통계연감』 각 연도, FAOSTAT

<표 2-19>는 과채류의 주요 종류별 면적과 생산량을 보인다. 중국은 전 세계 수박 생산량의 약 60%, 6,069만 톤를 차지하는 나라이나 대부분을 자국에서 소비한다. 주요 수박 주산지는 허난, 산둥, 안후이성 등으로 이들 3개 지역의 재배면적이 중국 전체 재배면적의 약 30% 이상을 차지하며, 전국 생산량의 약 40%가 이들 3개 지역에서 생산되고 있다. 허난성(河南)은 중국 내 최대 산지이며 산둥(山東)성은 두 번째로 산지로 수출은 전체 생산량의 1%에 미만으로 홍콩, 베트남, 말레이시아 등으로 제한되고 있다.

다른 과채류에 비해서 부피를 많이 차지하고 깨지기 쉽고 운반과 수송이 어렵기 때문이다. 중국 사람들은 수박씨를 차오과쯔(炒瓜子)라고 부르며 건강에 좋다고 여겨 일상의 주전부리로 애용하고 있다. 씨앗을 말려 소금에 볶기만 하면 될 정도로 간단하고 단백질 30%과

지질 40%을 섭취할 수 있는 좋은 식재료로 콜레스테롤을 저하시키는 리놀렌산이 풍부하다는 것이다.

참외류는 헤이룽장성, 산둥성, 허난성 등에서 주로 재배되고 있으며 이들 3개 지역이 중국 재배면적의 약 35%를 차지하고 있다. 또한 이들 지역의 생산량은 전국 생산량의 약 40% 내외를 담당하고 있다. 중국의 특징적인 과채류로 하미과(哈密瓜)가 있다. 신장 위구르 자치구 하미현(哈密縣)지구를 원산지로 하는 멜론의 한 품종이다. 하미현을 중심으로 주변 기온이 높은 투루판(吐魯番), 쿠얼러(库尔勒) 등의 지역에서도 모두 하미과가 생산된다. 투루판 분지는 해발보다 낮은 -200m로 여름에는 48도, 겨울에는 영하 28까지 내려가는 기온차가 매우 큰 지역이다. 사막 지역이지만 물의 공급은 카레즈(坎爾井: karez)라고 하는 지하수로에 의하여 이루어진다.

흔히 '중국 멜론'으로 부르는 과일로 겉은 멜론과 비슷하지만 속살은 주황색이고 여름이면 과일 가게나 길거리에서 조각 과일로 흔히 만날 수 있다. 지금은 흔히 먹는 하미과도 청 왕조 4대 황제인 강희제에게 신장 하미(哈密)의 왕이 진상하던 과일로 알려져 있다. 식감은 머스크 멜론보다 당도가 매우 뛰어난 것이 특징이며 철분 함량이 높다. 동남아 국가에 수출하고 있다. 우리나라에서도 2020년 양재동 하나로마트에서 하미과가 판매되기 시작하였다. 수입된 것이 아니라 성주, 담양 등에서 소량으로 재배되고 있다.

용과(火龙果: pitaya)는 선인장의 열매로, 열대 과일의 하나이다. 용의 여의주 모습을 닮았다 하여 용과라는 이름이 붙었다. 1~2㎜ 정도 되는 껍질 속은 촘촘히 박혀 있는 씨가 인상적이지만 실제로는 밍밍한 맛의 과일이다. 속이 빨간색인 용과(赤肉種)는 약간 더 달고 안토

시안이 더 풍부하다.

딸기 재배면적과 생산량은 소득 증가에 따라 지속적인 성장세를 나타내고 있다. 2018년 딸기 재배면적은 약 12만 ha이며 생산량은 306만 톤으로 2017년 비해 7% 이상 증가하였다. 재배기술 발달로 생산면적 증가에 비해 단위면적당 생산량이 증가하고 있다. 대부분의 딸기는 노지재배로 품질이 떨어지며 가격도 상대적으로 저렴하다. 허베이(河北)나 랴오닝(遼寧)성 같은 북쪽 지역은 온실 재배를 하지만 우리나라와 같이 한겨울에 재배하는 것은 아니다. 주요 재배지역은 산둥성의 옌타이(烟台), 랴오닝성의 동강(東港), 허베이성의 바오딩(保定), 안후이성의 창펑(長豊), 장수성 쉬저우(徐州) 등이다. 중국은 대부분 냉동상태로 딸기를 수입하며 신선 딸기의 수입은 거의 하지 않고 있다.

중국은 냉동 딸기를 수출하고 있으며 주요 수입국은 일본, 러시아, 태국, 한국 등이다. 고급 유통매장에서 판매되는 고품질 딸기의 경우 판매가격이 상당히 높아 한국산 딸기도 충분한 경쟁력이 있을 것으로 조사되고 있다. 우리나라는 이미 동남아 지역에 항공으로 딸기를 수출하고 있다. 향후 대중국 딸기 수출이 불가능하다고 단정할 수는 없다. 이미 중국시장에 진출한 '샤인 머스캣' 포도의 시장개척 과정의 문제점 등 다양한 사례를 참고할 필요도 있다.

3-5 | 과일과 채소의 수출

청과물의 생산은 주로 자가소비를 위한 것이기보다는 판매를 위한 상품 생산이다. 중국 농산물 수출 품목은 매우 빠르게 증가하였다.

900여 종류에서 1,300여 종류로 크게 늘어났고 수많은 생활용품이 핵심 수출 품종이 되었다. 마늘, 땅콩, 장어, 버섯 통조림, 사과주스, 표고버섯, 벌꿀 등 농산물 수출량이 이미 세계 제1위에 오르고 찻잎, 토마토케첩 통조림, 담배 등 수출량은 세계 제2위를 차지한다.

〈표 2-20〉 중국의 연도별 과일 수출 변화(1998~2019)

단위: 백만 달러

연도	사과	감귤류	배	포도	멜론	복숭아	견과류
1998	64	46	34	2	9	1	61
2000	97	47	36	1	3	1	28
2005	306	143	215	32	15	5	91
2010	831	615	325	175	41	13	174
2015	1,032	1,258	446	828	176	133	264
2019	1,246	1,271	573	1,061	190	197	237

자료: www.k-stat.com

과일은 감귤, 사과, 포도였다. 그중 감귤과 사과가 가장 우세하였고 배는 5억 7,300만 달러로 하북성 일대에서 생산되어 중앙아시아로 수출되고 있다. 이미 우리나라의 배 품종이 이전되어 대량으로 생산되기 때문이다.

〈표 2-20〉은 1998~2019년 기간 중국의 과일 수출 자료이다. 10억 달러 이상 수출된 멜론은 수박을 포함하여 하미과(哈密瓜) 등의 멜론류를 합친 것이다. 견과류(HS080290)는 코코넛, 브라질 넛, 캐슈넛을 제외한 것으로 밤, 잣, 호두 등의 넛트류로 한국, 일본, 대만 등 동남아시아 지역에 많이 수출되고 있다.

〈표 2-21〉은 연도별 채소의 수출 자료이다. 2019년 채소류 수출

의 하이라이트는 마늘(HS070320)이 19억 9,100만 달러로 압도적이다. 다음으로 십자과 채소 양배추, 컬리플라워, 브로콜리 등 양채류 6억 8,900만 달러, 양파 6억 400만 달러로 우세를 보였다. 당근(HS071610)은 4억 3,400만 달러로 베트남, 홍콩, 태국, 한국, 밀레이시아, 일본이 대표 수출국이다.

〈표 2-21〉 중국의 연도별 주요 채소 수출 추이(1998~2019)

단위: 백만 달러

연도	마늘	양파	양배추	당근	토마토	고추	오이
1998	84	29	13	50	6	0	0
2000	136	41	20	36	3	1	2
2005	563	118	76	139	18	10	3
2010	2,319	251	244	261	47	32	17
2015	1,861	477	475	376	142	75	34
2019	1,991	604	689	434	200	97	63

주: 1. 양배추(컬리플라워, 브로콜리 포함) 2. 양파(파, 부추 포함)

자료: K-stat

중국과 농산물 수출입에는 이런저런 갈등도 있었다. 2000년 한국이 중국산 마늘에 대한 관세율을 30%에서 315%로 대폭 인상하면서 중국과의 갈등이 촉발됐다. 이는 중국산 마늘 수입으로 국내 마늘 생산 농가를 초토화시키자 농협의 건의를 받아들여 세이프가드 조치를 취한 것이었다. 이에 중국은 한국산 휴대전화와 폴리에틸렌의 수입을 중단하는 무역 보복으로 맞섰다. 결국 우리가 2만 톤 정도의 마늘을 낮은 기존 관세로 낮추어 수입하기로 하고 중국은 휴대전화의 수입 중단을 푸는 선에서 타협을 보았다. 1,500만 달러 상당의 중국산 마늘 수입 때문에 5억 달러에 달하는 우리의 공산품 수출이 피해를 보는 것은 국익 차원에서 바람직하지 않다고 여겼던 것이다.

2005년에는 '김치파동'이 양국 관계의 발목을 잡았다. 2005년 10월 우리 정부가 중국산 김치에서 기생충 알이 검출됐다고 발표하자, 중국 정부는 한국산 김치에서도 기생충 알이 검출됐다고 맞대응했다. 결국은 양국 통상 갈등이 언제든 일어날 수 있다는 점을 상기시켜 주었다.

마늘은 우리나라에서는 이모작 작물로 논과 밭 어디서나 보편적으로 재배하는 작물이다. 전국 마늘 5대 생산지는 1위가 전남, 2위가 경남, 3위가 경북, 4위가 제주, 5위가 충남이다. 특히 전남과 충남산 90% 이상이 밭마늘이다. 이와 반대로 경남과 경북은 논 마늘이 70%를 점유한다. 논 마늘은 5월 말~6월 초에는 수확하고 모내기를 해야 하므로 시기를 맞추어야 한다.

한지형 마늘은 겨울철에 추운 중북부지방과 내륙지방(서산, 태안, 의성, 단양 등)에서 주로 재배하여 장기 보관해 사용하기 적당한 마늘이다. 10월 하순에서 11월 상순경에 파종하여 싹이 나지 않은 상태에서 땅속에서 월동한 다음 봄에 싹이 올라오는 것이 특징이다. 보통 마늘통이 작아 단위 면적당 수확량은 난지형보다 적으며 마늘 생산량의 20%가 한지형이다.

난지형 마늘은 제주도와 남해, 고흥 등 남해안지역에서 생산되는 마늘로 겨울철에 비교적 따뜻한 지역에서 재배하는 마늘이다. 난지형 마늘로 대표적인 품종은 남도마늘, 대서마늘이다. 마늘통이 크고 단위 면적당 수확량이 한지형보다 많다. 9~10월 파종하여 겨울이 되기 전에 싹이 나와 밭에서 월동한다. 우리나라 마늘 생산량의 약 80%가 난지형 마늘이다.

왜 중국 마늘인가? 마늘은 우리나라와 중국, 인도, 미국, 이탈리아에서 재배가 많다.

FAO 통계에 따르면 2019년 세계면적은 1,634천 ha, 생산량은 3,071만 톤이었다. 중국의 마늘 재배면적은 829천 ha이며 생산량 2,326만 톤으로 세계 마늘 재배면적 50% 이상을 차지하고 세계 전체 생산량의 약 75%를 생산하고 있다. 땅이 넓고, 인건비가 상대적으로 저렴하여 생산비가 낮고 특히 중국인들은 마늘줄기(마늘종)를 주로 요리해 먹고 마늘 자체는 우리처럼 많이 즐기지 않는다. 톈진(天津)농업과학원을 방문했을 때 '마늘종 저장연구'를 하고 있었다. 1년간 저장이 가능하다고 하였다.

4 한·중 농산물 무역

수교(1992) 당시 63억 7천만 달러에 불과했던 한중 교역량은 2019년 약 42배인 2,434억 달러로 늘었으나 이는 2018년 2,686억 달러보다 252억 달러 감소한 것이다. 해마다 평균 10% 이상 증가해 왔다. 같은 기간 한국·미국, 한국·일본 간 교역량이 각각 3.6배, 2.7배로 증가한 것과 비교하면 한중 간 교역 성장 속도는 유례가 없는 수준이다. 이러한 결과 2003년부터 중국과의 교역은 미국을 앞질러 한국의 제1수출 상대국이 되었고, 중국 입장에서 한국 역시 4대 수출 상대국으로서 자리 잡았다. 투자 분야에서도 한국은 2018년 중국에 4,766백만 달러를 투자하여 우리나라 전체 해외 투자의 9.5%를 점유하였다.

4-1 | 중국 농산물 수입

[그림 2-7]은 1992~2019년 한국과 주요 교역국과의 연도별 무역액 변화추이를 보여 주고 있다. 이들 4개국의 교역액이 2019년 한국 전체 무역의 50.1%를 차지하며 중국은 23.3%를 점유한다. 여기에서 눈여

겨볼 대목은 베트남과의 교역이다. 2019년 베트남은 한국의 3위 수출 대상국이며, 수입에서는 독일, 호주, 러시아를 앞지르고 4위 대상국으로 부상하였다. 2010년 130억 달러에 그쳤으나 이후 2014년 우리나라의 6위 수출 대상국에서 2015~19년에는 싱가포르와 일본을 앞지르며 3위로 발돋움했다. 2019년에는 홍콩을 추월해 3위 수출국으로 중국과 홍콩에 이어 3위의 무역수지 흑자 대상국이다.

[그림 2-7] 한국과 주요 교역국의 연도별 무역액 변화추이(1992~2019)

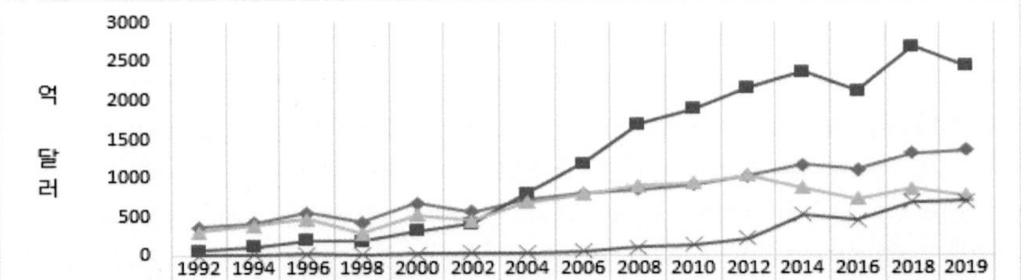

억 달러

	1992	1994	1996	1998	2000	2002	2004	2006	2008	2010	2012	2014	2016	2018	2019
미국	364	422	550	432	668	558	716	789	848	902	1018	1156	1097	1316	1352
중국	64	117	199	184	313	412	794	1181	1683	1884	2151	2354	2114	2686	2434
일본	311	389	472	290	523	450	678	784	893	925	1032	860	719	851	760
베트남	5	11	18	16	20	27	30	48	98	130	216	520	451	682	693

자료: kita.net

우리나라 농수산식품 수입 합계는 2019년 5742.1백만 달러로 농산물이 47.4%, 임산물 25.9%, 수산물 23.2% 축산물이 3.5%의 구성을 이룬다. 여기에서는 중국으로부터 수입되는 농산물에 대하여 다룬다.

다음의 〈표 2-22〉는 연도별 한··중 교역 및 농림축수산물 무역액을 보여 준다. 2019년 우리나라는 중국으로 1,362억 300만 달러를 수출했고 중국에서 1,072억 2,900만 달러를 수입하여 대중국 무역은 289억 7,400만 달러의 흑자를 보여 주었다. 그러나 농림축수산물 무역에서는 57억 4,210만 달러를 수입하였고 16억 2,870만 달러를 수출하여 수입액의 28%에 불과, 41억 1,340만 달러의 적자를 보였다. 2019년 중국과의 국가 전체 교역에서 수출이 감소했고 수입은 증가하였다. 농림축산물 수출입에서는 2018년에 비하여 중국으로부터 수입은 줄었고 농산물과 수산물 수출이 늘어난 것으로 나타난다. 대부분 농산물 수입은 채소와 곡물이며 우리나라의 주력 수출품은 가공식품이 대부분이다.

〈표 2-22〉 연도별 대중국 농림축수산물 수출입 동향

단위: 백만 달러

구분	연도	2002	2006	2010	2014	2018	2019
수출	국가 전체	23,754	69,459	116,838	145,288	162,125	136,203
	계(a)	129.9	335.6	787.4	1,296.4	1,501.6	1,628.7
	농산물	95.6	216.4	446.6	707.7	823.3	878.9
	수산물	48.4	76.1	231.2	309.2	390.7	522.7
	축산물	3.1	5.3	23.4	172.2	147.4	141.3
	임산물	31.2	37.7	86.2	107.2	140.2	85.8
수입	국가 전체	17,400	48,557	71,574	90,082	106,489	107,229
	계(b)	1,601.4	3,236.1	4,323.1	5,958.5	6,117.9	5,742.1
	농산물	1,265.8	1,550.8	1,945.7	2,658.1	2,689.4	2,721.8
	수산물	720.0	1,036.9	1,095.7	1,174.4	1,514.7	1,331.3
	축산물	43.0	93.5	53.3	163.6	205.4	200.4
	임산물	292.6	554.8	1,228.4	1,962.4	1,708.3	1,488.6
무역수지	국가 전체	6,354	20,903	45,264	55,206	55,636	28,974
	(a-b)	-1,471.5	-2,900.5	-3,535.7	-4,662.1	-4,616.3	-4,113.4

자료: 농림통계연보 각 연도, www.kati.net

우리나라 국가 전체 농림축수산물 수출액은 지속적인 증가세를 보이며 2019년 95억 3,120만 달러(2018년 93억 30만 달러)를 기록했다. 2001~2009년 농축산물 수출액이 연평균 8.1% 증가했고, 2009~2011

년 더 큰 폭으로 증가했으나, 2016~2019년 연평균 증가율이 3.3%로 증가세가 다소 둔화되었다. 농축산물 부류별 수출 비중에서 과거에 비해 완화되기는 했지만 가공식품이 61% 이상을 차지하는 집중화 경향이 있다. 가공식품의 원료는 많은 경우 수입품을 가공하여 수출하는 것이므로 실제로 농민에게 돌아가는 수입은 별로 없다. 대표적인 것이 라면과 권련 등이다.

[그림 2-8]은 2019년 우리나라가 중국에서 수입한 농산물 수입량과 수입액을 나타낸다. 2019년 5천만 달러 이상의 수입 중 분류 품목을 정리한 것이다. 채소류가 6억 5,970만 달러로 가장 많았다. 이는 주로 김치와 양념류의 수입으로 김치, 고추 마늘 당근 등의 도입이 큰 비중을 차지하였다. 그 외에도 양배추, 브로콜리, 결구상치, 오이, 양파, 파, 쪽파, 부추, 생강, 염교, 토마토 등 수 많은 채소류가 도입되어 우리 채소 시장을 누비고 있다.

곡류는 1억 5,320만 달러 중 쌀이 1억 2,770만(현미) 달러였고 두류는 녹두, 완두, 강낭콩으로 101.4백만어치가 수입되었다. 채유종실은 땅콩(45.2백만 달러), 참깨(66.7백만), 들깨(42.3백만)를 들여왔다. 과실류에서는 신선과실의 수입은 미미하나 건과와 견과류의 도입이 많았다. 박류(粕類)는 사료용으로 1억 8,660만 달러(1,038.6천 톤)어치를 도입했고 그중 전분박(169.3백만 달러)이 대부분이었고 면실박과 옥수수박 등은 미미한 수준이었다.

[그림 2-8] 중국의 품목별 농산물 수입(2019)

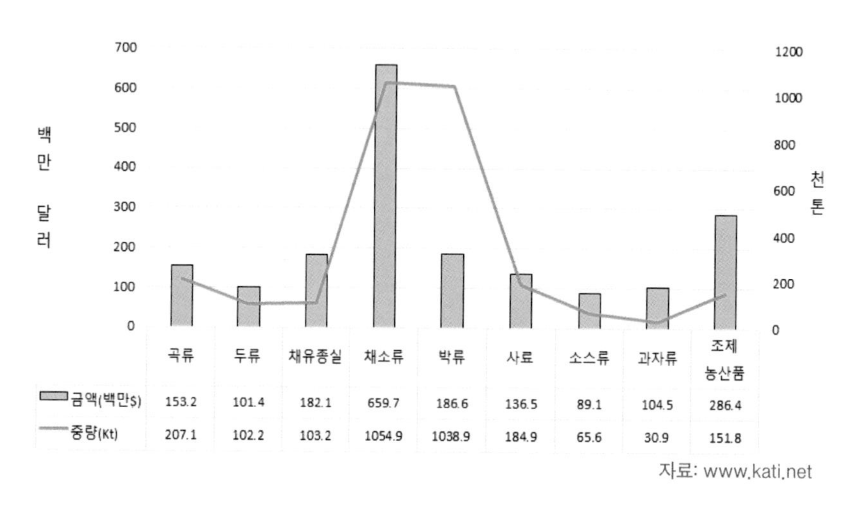

	곡류	두류	채유종실	채소류	박류	사료	소스류	과자류	조제 농산품
금액(백만$)	153.2	101.4	182.1	659.7	186.6	136.5	89.1	104.5	286.4
중량(Kt)	207.1	102.2	103.2	1054.9	1038.9	184.9	65.6	30.9	151.8

자료: www.kati.net

소스류는 장류로 소스 제조용 조제품(마요네즈, 인스턴트 카레, 혼합 조미료 등)과 춘장 등이고 음료는 광천수와 과실즙으로 53.8백만 달러가 수입되었다. 과자류는 캔디, 곡류조 제품, 빵, 비스킷 등이며 면류에서는 당면(75.8백만 달러), 파스타, 국수 등으로 합계 94.0백만 달러, 조제농산품은 혼합조제식품, 유아용식품, 향미용조제품 등이었다.

[그림 2-9]는 가장 많이 수입되는 중국의 채소류 수입액과 중량(2019)을 정리한 것이다. 당근 수입은 105.6천 톤, 42.4백만 달러이었다. 그러나 정부는 2019년 3월 25일 자로 중국산 당근의 수입을 전면 금지하였다. 뿌리작물의 전염성 병충해인 바나나 '뿌리썩음선충'이 중국 푸젠성(福建省) 등 일부 지역에 번졌기 때문이다. 국내의 당근 소비량은 연간 약 17만 톤 안팎, 수입량은 연간 10만 톤 안팎으로 국내 당근 생산량(약 7만 톤)보다 많았다. 수입 당근의 주요 생산지는 푸젠(福建)성과 산둥성(山東省)이다. 1~5월, 8~9월엔 푸젠성에서 들어오

고, 다른 기간엔 산둥성에서 재배된 물량이 수입되었다.

국산 당근은 제주 지역에서 60% 이상이 생산되고, 부산 지역과 강원 일부 지역에서 생산되고 있다. 뿌리채소 특성상 태풍과 가뭄 등에 취약해 2003년, 2012년 등 여름철 자연재해가 있을 때마다 가격이 폭등하는 단점이 있었다.

김치는 전체 수입량의 100%가 중국에서 수입되었으며, 2019년 전체 총수입량은 306천 톤으로 2018년 대비 5.3% 증가하였고, 수입액은 5.3% 감소한 130.9백만 달러였다. 고추는 전체 수입량의 약 93.5%가 중국에서 수입되었으며 일부가 베트남에서 들여왔고 전체 총수입량은 244.3천 톤이고 147.8백만 달러를 수입했다. 중국에서는 234.1천 톤을 들여왔고 2018년 대비 1.7% 증가하였다. 수입액은 0.9% 증가한 151.1백만 달러이며 중국으로부터의 수입은 138.8백만 달러였다.

[그림 2-9] 중국의 채소 수입액과 중량(2019)

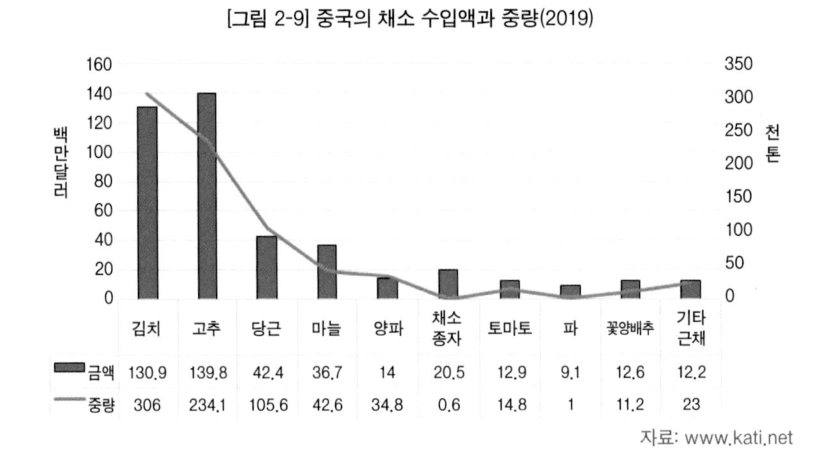

자료: www.kati.net

마늘은 전체 수입량의 99.8%가 중국에서 수입되었으며, 총수입액은 2019년 42.6천 톤을 수입했고 36.7백만 달러를 지불하였다. 2018년 대비 중량은 1.4% 수입액은 14.1% 감소한 36.7백만 달러어치를 들여왔다. 채유종실은 국내 수급이 부족한 품목으로 대부분 중국, 인도, 파키스탄에서 수입되고 있다. 참깨, 들깨, 땅콩이 주를 이루며 2019년 채유종실 수입량은 2018년에 비하여 13.3% 증가한 123.3백만 달러어치를 도입하였다. 중국에서 참깨 32.8천 톤(66.7백만 달러), 땅콩 27.8천 톤(45.2백만 달러) 그리고 들깨 23.8천 톤(42.3백만 달러)을 도입하였다.

채소종자는 2019년 2.1천 톤(76.6백만 달러)을 수입하였고 중국에서는 주로 양파, 무, 양배추, 토마토와 단고추류의 씨앗으로 0.6톤(20.5백만 달러)을 들여왔다.

4-2 | 우리나라의 대중국 농산물 수출

2019년 우리나라가 중국에 수출한 농산물은 878.9백만 달러이다. 그 외 수산물은 522.7백만 달러, 축산물 141.3백만 달러, 임산물 85.8백만 달러로 우리나라 전체 농림축수산물 수출(9,529.2백만 달러)의 9.2%에 정도에 그친다. 아래의 <표 2-23>은 중국으로 수출한 주요 농림축산물 중분류 수출액을 연도별로 정리한 것이다.

2019년 중국으로의 농림수산식품 수출액은 1,628.7백만 달러를 넘어 역대 최대 실적을 보였다. 부류별로 신선식품에서는 과실류, 인삼류, 채소류가 높은 증가세를 보였고 가공식품에서는 면류, 주류, 유제품이 큰 폭의 수출 성장세를 보이며 전체 수출 증가를 끌어올렸다. 소득이 늘면서 주민들이 건강을 중시하는 소비 트렌드의 확산으로 보건식품 인증을 받은 인삼 음료와 홍삼 조제품의 수출이 꾸준하게 호조로 이어 갔다. 신선식품에서는 2015년 한중 검역 협상 타결 이후 2017년 '샤인 머스켓(Shine Muscat)' 품종의 포도를 수출되기 시작하면서 대도시 고급 과일 시장에서 프리미엄 상품으로 소비가 확산되었다.

약 800ha에서 12,000톤의 '샤인 머스켓' 포도를 생산했고 그중 최상급 300톤을 중국, 홍콩, 대만, 싱가폴, 인도네시아, 베트남에 내보냈다. 현지 생산 포도의 두 배 이상 가격에도 압도적 품질의 프리미엄 전략으로 물량이 완판되어 수출 가능성을 입증하였다. 당도가 높아 16~18브릭스(brix)이며 씨가 없고 껍질도 먹을 수 있는 장점이 있다. 한국농수산식품유통공사(aT)는 2020년 신선과일 100만 달러 수출을 목표로 하고 있다. 고급과일 시장에 진출하여 성과를 냈으며 2018년 170만 달러로 5배 이상 크게 올랐다.

〈표 2-23〉 대중국 농축산물 주요 중분류 수출액(2017~2019)

단위: 백만 달러

구분	2016	2017	2018	2019
합계(수산물 포함)	1,473.9	1,359.7	1,501.6	1,628.7
농림축산품 계	947.9	986.3	1,110.9	1,105.9
*신선식품	187.2	174.7	209.9	243.3
과실류	110.2	81.4	95.2	106.3
인삼류	21.7	38.0	51.2	69.4
채소류	18.3	16.1	17.2	18.0
*가공식품	909.8	811.7	900.9	862.7
면류	86.9	119.4	107.3	130.7
유제품	127.1	78.7	99.2	96.9
주류	40.0	62.2	99.6	103.2
과자류	126.6	61.7	61.3	63.1

주: 신선식품과 가공식품은 주요 품목만 보인 것이며 나열된 합계가 아님.
자료: 『농림수산식품 수출입동향 및 통계』(2019), 151쪽

가공식품에서는 라면이 성장세를 보였다. 전반적인 라면 소비시장 성장과 함께 국내업체의 내륙 유통망 확대와 온라인몰 입점 등 채널 다변화 추진으로 수출 증가로 이어진 것이다. 유제품의 경우 수출은 2018년 99.2백만 달러에서 2019년 96.9백만 달러로 감소한 것으로 되어 있다. 그러나 생우유의 경우는 다르다. 2018년 16.6백만 달러에서 2019년 19백만 달러로 14.4%가 늘었다. 다른 발효 유제품 등의 수출이 감소한 것이다. 생우유는 중국 수출 비중이 97%를 차지하고 있다. 고소득층 대상으로 프리미엄 우유 판매 호조와 하반기 신선식품 전문 판매 플랫폼 신규 입점에 따른 현지의 발주물량이 늘어남에 따라 전년 대비 수출 증가가 이어졌다. 북경의 식료품 점포에서 한국산 우유가 가격이 훨씬 높음에도 입점되면 몇 시간 후에 매진되는 경우가 많다는 것이다.

주류의 수출은 2017년이나 2018년에 비하면 크게 둔화되었다. 중국으로의 수출을 견인하던 중국 내 ODM 맥주 사업권이 변동되면서 사업권을 인수한 기업의 중국 내 브랜드 영업 전략 조정 등으로 감소했기 때문이다. 과자류는 교민시장 위주로 판매가 되고 있으며, 온라인 판매 등을 통해 프리미엄 제품이 인기를 끌면서 수출 증가세가 이어졌다. 그러나 전체적으로 대중국 농림축수산 식품의 교역은 2018년(1,110.9백만 달러)에 비하여 2019년(1,105.9백만 달러)에는 감소되었다. 신선 농식품에서는 물량으로 42.0% 금액으로 15.9% 늘었지만 가공식품에서는 물량 23.8%, 금액 4.2%가 감소하였다.

5 맺는말

중국 농업부문의 변화는 한마디로 역동적이라고 할 수 있다. 식량 재배면적이 줄었어도 전체 식량 생산량은 오히려 크게 늘었다. 반면 채소나 유료작물, 담배와 같은 경제작물 면적은 증가추세를 보였다. 특히 채소 재배면적은 농작물 재배면적의 12.4%를 점유하여 증가추세이다. 정부의 계획에 따라 작부면적을 강제하던 시기와 달리 농산물의 시장가격에 따라 경영자가 작목을 선택할 수 있기 때문이다.

1978년 개방할 당시에 식량 생산량은 3억 톤을 좀 더 넘는 수준에 있었으나 2012년 사상 처음으로 6억 톤을 넘어섰고 이후 6억 톤을 아래로 내려간 적이 없었다. 이 같은 성과는 품종개량, 관개면적의 증가, 화학비료의 사용, 기계화 동력의 증가, 병충해방제 등으로 단위면적당 수량이 크게 높아졌고 식량을 시장에 내다 팔 수 있는 토지소유의 도급제 실시로 증산 의욕이 높아졌기 때문이다. 이는 중국 사람들이 세계 7%의 경지면적을 가진 중국이 세계 인구의 18% 인구를 부양할 수 있게 되었다고 스스로 자랑하는 정도에 이르게 되었다.

식량의 자급률은 대두를 제외하고 곡물은 90% 이상 육류, 채소, 과실 등은 거의 100%에 달하고 있다. 중국이 세계에서 가장 많은 생산량을 자랑하는 작물은 여럿이 있다. FAO의 통계로 보면 2019년 아스파라가스는 830만 톤을 생산하여 세계 생산의 약 88.0%, 마늘은 2,326만 톤을 생산하여 75.7%, 사과는 4,243만 톤으로 48.6%, 채소는 18,087만 톤을 생산하여 약 58.0%를 점유하였다. 그 외에도 당근은 2,138만 톤으로 약 44.7%, 대두는 약 47.1%, 가공하지 않은 담뱃잎도 세계 생산량의 39.0%를 생산하였다.

생활 수준이 높아짐에 따라 곡물 수요에서도 변화가 일어났다. 대두와 옥수수 수요의 팽창으로 국제무역에서 '큰손'이 된 것이다. 대두의 수입은 2019년 국제무역의 60% 이상(8,851만 톤), 옥수수도 연간 500만 톤 이상 수입되었다.

넓은 국토를 가지고 있지만 실제로 경작되고 있는 땅은 전 국토의 14% 정도로 134.9만 ㎢에 지나지 않는다. 한 사람이 경작할 수 있는 땅의 면적은 0.09ha(900㎡≃272평)에 불과하여 세계 평균의 40%에도 미치지 못한다.

2019년 한·중 교역액에서 농림축수산업이 차지하는 비중은 3%를 좀 넘는 정도에 그친다. 코로나19 사태 이후 한·중 무역에도 영향을 주었다. 2019년 우리나라의 대중국 수출은 크게 감소하였고 수입은 늘어나 2018년의 흑자의 52%에 그쳤다. 농축수산물의 적자는 다소 줄었으나 적자의 행진은 계속 이어졌다. 중국에서의 농산물 수입은 대부분 채소와 곡물이며 우리나라의 주력 수출품은 가공식품이 대부분이다.

중국은 인구 14억 명의 넓은 소비시장이지만 우리 농가가 수출할 수 있는 품목은 그리 많지 않다. 수출의 핵심 경쟁력은 품질과 가격이다. 또 하나의 수출 장벽은 관세와 비관세 장벽이다. 가장 큰 문제는 검역협상이 타결돼 있지 않아 수출할 수 있는 품목이 몇 개 없다는 것이다. 현재 중국에 수출 가능한 신선농산물은 포도와 쌀, 그리고 버섯 일부 품목뿐이다. 우리의 배는 왜 대만에 가장 많이 수출되고 중국에는 안 되는가? 중국 허베이성에 이미 한국의 배 품종이 재배되고 있으며 중앙아시아로 수출 공략을 한다고 해도 중국 내의 수요를 충족하는 생산이 아닌 것은 분명한 것이다.

최근 국내 농가가 출하한 포도와 같은 신선농산물도 공산품 못지않은 부가가치를 창출할 수 있는 것을 보였다. 공산품 수출에서 상당한 흑자를 내는 우리로서는 농산물 수입 압박을 받을 수밖에 없다. 우리의 농산물 수입시장은 빗장이 열린 대문이면서도 중국으로의 농산물 수출은 검역의 빗장을 푸는 것은 녹록지 않다. 우리에게 주어진 과제이다.

참고 문헌

01. 농림축산식품부, 『농림축산식품 주요통계』, 2020.
02. 서완수·박종택, 「중국 화동지역의 주요 청과물 생산과 유통과정 및 소비의 변화」, 『북방농업연구』 28권, 북방농업연구소, 2009.1.
03. 임송수, 「중국의 곡물자급률 유지에 관한 논쟁」, 『해외곡물시장』 3권 5호, 한국농촌경제연구원, 2014.
04. 임지아, 『중국 농업굴기의 배경과 전망』, LG경제연구원, 2018.
05. 임청룡, 『중국의 식량안보와 식량유통, 해외곡물시장』, 한국농촌경제연구원, 2016.
06. 지성태·유정호, 『중국의 농식품 동향과 시사점』, 한국농촌경제연구원, 2016.
07. 정정길 외, 『중국의 농산물 수급구조 변화와 대한국 수출 확대 가능성 분석』, 한국농촌경제연구원, 2015.16.
08. 유병린, 『농업과 통상』, 북랩, 2013.
09. 『中國統計年鑑』, 中國統計出版社, 2020.
10. 『中國農村統計年鑑』, 中國統計出版社, 2019.
11. 『中國農業統計資料(1949-2019)』, 中國農業出版社, 2020
12. 魏后凱 黃秉信, 『農村綠皮書(2018~2019) 中國農村經濟形勢分析與豫測』, 社會科學文獻出版社, 2019.
13. 王文洪, 『我國水果流通新形勢』, 中國熱帶農業, 2009.
14. 趙冬梅·隋靜, 『中國蔬菜物流體系的現狀與發展』, 中國農學通報, 2007(12).
15. 趙一夫, 『我國生鮮蔬果農產品流通的發展回顧與趨勢判斷』, 時代經貿, 2008.
16. 扈立家·李天來, 『我國蔬菜流通體制改革問題硏究』, 長江蔬菜, 2007.
17. 孫俠·張闖, 『我國農產品流通的成本構成與利益分配』, 農業經濟問題, 2008(2).
18. www.fao.org
19. www.library.mafra.go.kr
20. www.kati.net
21. www.kita.net

제3장

중국의 발전과 농업문제

축산물의 생산과 유통 및 소비

개발도상국에서 경제 발전이 이루어짐에 따라 육류소비가 크게 늘어났다. 반 세기 전만 해도 개발도상국에서는 대부분 고기가 없는 식사가 당연하였고 고기가 있는 식사는 특별한 날의 음식으로만 여겨졌다. 이제 새롭게 육식 문화를 받아들인 지역이나 국가에서 고기가 없는 식사는 빈약한 식사로 받아들여지고 있는 실정이다.

지난 70년간 중국의 육류소비량은 14배 늘었으며 축산업 생산액이 농업에서 차지하는 비중은 농업부문의 생산액 약 26.7%(2019)를 점유할 만큼 성장하였다. 한국농촌경제연구원이 정리, 소개한 중국의 농업 60년 성과 자료에 따르면 지난 1949년 중화인민공화국 성립 이후 중국의 축산업은 빠르게 성장해, 세계에서 가장 많은 양의 육류 생산국이 되었다. 우선 생산 규모 확대로 육류 생산량은 빠르게 증가, 1981년 1,261만 톤, 1990년 2,857만 톤, 2000년 6,125만 톤, 그리고 2019년 7,649만 톤(돼지. 소, 양, 가금육)으로 늘었다. 중국은 육류 생산량에서 세계 1위를 기록하고 있으며 전 세계 생산량의 약 30% 이상을 차지한다.

축산업의 지속적인 발전을 위해 생산방식은 규모화, 표준화, 산업화, 구역화로 전환하면서 발전이 가속화되고 있다. 돼지, 육우, 젖소의 규모화 정도는 56%, 38%, 44.6%로 규모화의 효과가 점차 나타나고 있다. 또 생산 표준화 및 품질 제고로 '무공해 상품', '녹색식품' 및 '유기식품' 인증 브랜드가 2천여 개에 이를 정도로 축산물 품질 고급화 비율이 높아졌다.

중국이 2008년 이후 옥수수 수출을 금지시킨 것은 늘어나는 축산사료의 공급을 대처하기 위함이었고 연간 콩의 수입량은 해마다 기록을 갱신하여 2017년 9,391만 톤과 2018년 8,803만 톤, 2019년 8,851만 톤이나 수입하여 국제 대두가격을 상승시킨 원인을 제공한 것도 내용을 알고 보면 중국 내의 사료 수요를 감당하기 위함이었다. 이와 관련하여 열대작물로 전분의 주요 공급원인 카사바(cassava)의 국제가격도 크게 오르는 결과를 초래하였다.

중국의 제1차 산업 생산액은 중국 전체 국내 총생산액(GDP)의 약 7.1% 정도이며 제2차 산업 40.7%, 3차 산업이 약 52.2%를 점유하고 있다. 산업이 공업화되어 감에 따라 제1차 산업 비중은 1980년 30%를 넘었으나 해마다 감소추세에 있다. 중국 축산업은 중국 농업과 농촌경제 성장의 중추적인 역할을 하고 있다. 현재는 전통적인 구조에서 현대화된 구조로 빠르게 발전해 가고 있으며 축산업의 생산량은 국가경제에서 차지하는 비중이 계속 증가하고 있다. 축산업의 발전은 중국 농업의 현대화, 농민 소득 증대, 국내 경제 발전과 국민 생활 수준 향상에 중요한 역할을 하고 있다.

여기에서는 중국의 축산물에 대한 총체적인 생산의 추세를 다루며 주요 축산물인 돼지고기, 가금, 유제품에 대한 생산과 유통 및 소비 추세를 짚어 본다.

1 주요 가축현황

1-1 | 사양 가축

중국의 주요 큰 동물의 가축은 <표 3-1>에서 보여 주는 바와 같다. 2019년 돼지사육이 31,041만 두로 가장 많고, 양(羊)은 산양과 면양을 합쳐서 30,072만여 두, 소는 9,138만 두가 사양되고 있다. 소, 말, 당나귀, 노새, 낙타는 일을 시키는 역용이나 이동 수단으로 쓰이고 있으나 연도별 추세를 보면 감소하고 있다. 육류생산의 가장 큰 부분을 차지하는 돼지사육은 2018년 아프리카돼지열병(ASF)으로 큰 감소추세를 보였다. 소와 양의 경우는 2016년까지 감소추세로 이어지다가 다시 증가세를 보였다. 양은 산양과 면양을 합친 것으로 산양은 감소를 보이나 면양은 증가세이다. 돼지열병의 쇼크로 대체육류의 수요증가에 따라 소와 양의 사육이 다시 증가세를 보이고 있다.

〈표 3-1〉 연도별 주요 가축 사양두수

단위: 만 두

연도	소	말	당나귀	노새	낙타	돼지	양
1996	11,032	872	944	478	35	36,284	23,728
2000	12,353	877	923	453	33	41,634	27,948
2005	10,991	740	777	360	27	43,319	29,793
2010	9,820	530	510	192	23	46,765	28,730
2015	9,056	398	342	104	30	45,803	31,174
2016	8,835	351	259	85	31	44,209	29,931
2017	9,039	344	268	81	32	44,159	30,232
2018	8,915	347	253	76	34	42,817	29,713
2019	9,138	361	260	71	41	31,041	30,072

주: 양은 산양과 면양을 합친 수치임.
자료: 『중국통계연감』(2020), 『중국농업 통계자료(1949~2019)』(2020)

[그림 3-1]은 2008년과 2019년도 중국의 주요 축종별 두수의 변화를 보여 주고 있다. 2019년 돼지가 압도적으로 많아 310,407천 두이며, 양이 300,722천 마리로 이중 산양이 137,232천 두, 면양이 163,490천 두이다. 소는 육우, 젖소, 물소 등이 있지만 육우가 66,179천 두이며, 젖소는 10,798천 두로 상대적으로 적게 사육되고 있었다.

10여 년 기간 가축 수의 변화는 소의 경우 26.0%, 면양은 27.2%로 크게 증가하였지만 돼지(-32.9%), 젖소(-12.4%), 산양(-9.2%)의 경우에는 감소하였다. 돼지가 제일 많이 감소한 것은 ASF로 인한 환돈을 처분하였기 때문이고 젖소가 감소한 것은 2008년 유제품의 멜라민 오염 사건과 무관하지 않은 것으로 추정된다. 우유는 수많은 원유 생산자들에게서 취합돼 하나의 큰 살균 처리 탱크에 모였다가 가공 처리 후 다수 소비자에게 공급되는 특성을 갖고 있다. 이 우유 오염 사건으로 유아 사망을 비롯하여 우유를 이용한 가공품, 사료 등 수많은 제품의 회수가 발생했고 수출품에 큰 타격을 입혔다.

상품 생산은 시장가격에 크게 반응한다. 육류의 1kg당 가격은 소고기는 돼지고기의 2.6배, 양고기는 2.5배 정도로 높다. 중국인들은 돼지고기를 가장 선호하는 것으로 알려져 있지만 소득이 높아짐에 따라 소고기와 양고기 소비가 크게 늘어 사육이 증가된 것으로 추정할 수 있다.

[그림 3-1] 주요 가축 사양두수의 변화(2008~2019)

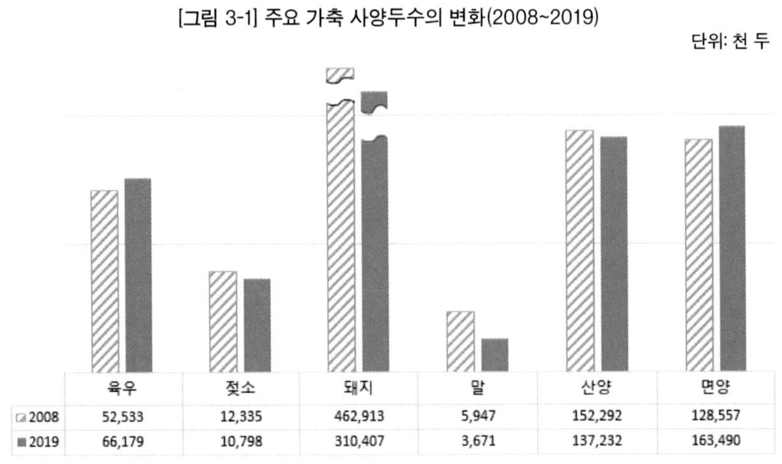

	육우	젖소	돼지	말	산양	면양
2008	52,533	12,335	462,913	5,947	152,292	128,557
2019	66,179	10,798	310,407	3,671	137,232	163,490

주: 육우와 젖소는 2018년 통계량임.
자료: 『중국통계연감』(2020), 『중국축목수의연감』(2019)

생활 수준 향상으로 돼지고기 위주의 육류소비시장에 변화가 일고 있다. 중산층과 부자가 늘고, 식습관과 소비 트렌드가 바뀌면서 소고기와 양고기 소비가 늘고 있는 것이다. 식습관은 시대에 따라 변하는 것이고 생활 형편이 나아지면 당연히 우등재인 육류로 대체되는 것은 자연스러운 것이다.

소득 증가로 소고기 수요가 늘어나는 추세에서 2019년의 경우 아프리카돼지열병(ASF)에 따라 돼지고기 가격이 급등하면서 상대적으로 가격 차가 줄어든 소고기 등 대체육 소비가 급격히 증가했다. 2018년부터 이어진 아프리카돼지열병은 중국에서 소고기 소비가 늘어나는 계기가 되었고 앞으로 육류시장에서 소고기가 계속 가파른 수요 증가를 보일 전망이다.

중국인들이 돼지고기를 많이 먹게 된 것은 맛이 좋거나 영양가가 풍부해서가 아니라 사육 여건과 생활 형편 및 인구 규모 등 인문 환경적 요인이 두루 반영된 결과란 것이다. 국토면적이 넓지만 북미나 호주, 유럽과 달리 육우를 위한 초지가 부족하다. 반면에 돼지는 산지를 비롯해 협소한 공간에서 사육하기 편리하고 생산 단가가 적게 먹힌다. 끓이고 볶는 요리방식과 뜨겁게 먹는 식습관도 중국인들이 지방 걱정을 크게 안 하고 돼지고기를 즐겨 먹게 된 이유라는 것이다.

최근 몇 년 중국 소고기 수입도 꾸준한 증가세를 보였다. 2018년에는 소고기 수입량이 처음으로 100만 톤을 돌파했다. 중국은 전통적으로 브라질, 아르헨티나, 우루과이, 호주 등에서 소고기를 들여왔고 2019년 160만 톤으로 크게 증가하였다. 2019년에는 특히 아프리카돼지열병에 따른 돼지고기 수급 및 가격 파동으로 대체육류로서 소고기 수입이 늘어난 것이다. 특히 광우병 사태로 금지해 오던 일본 소고기 수입 금지령까지 해제되면서 외국산 소고기 수입이 급증하는 추세를 나타냈다.

1-2 | 가축사양의 지역적인 분포

가축사양을 결정하는 요인은 다양하다. 사료자원, 수요량, 가격, 유통조건, 자연조건 등을 중심으로 발전한다고 볼 수 있다. 돼지는 거의 모든 성에서 많이 사양되고 있어 지역적인 특성이 가장 작은 가축이다.

돼지의 사육은 전국적으로 흔하다. 사양두수가 많은 성은 허난(河南), 쓰촨(四川), 후난(湖南), 위난(雲南), 산둥(山東)성의 5개 성에서 전체 사육의 41.2%를 점유하고 있으며 허베이(河北), 후베이(湖北), 광둥(廣東), 광시(廣西) 등의 사육두수를 합하면 61%를 차지한다. 중국 돼지고기의 생산은 세계 제1의 생산국이며 도시 및 농촌의 주민들이 가장 많이 소비하는 육류 중의 하나이다. 또한 농가 소득 수입원 중의 하나로 농가수입의 약 8~10%의 차지하는 것으로 조사되고 있다.

[그림 3-2]는 200만 두 이상 사육하는 지역의 돼지열병(ASF) 전후 돼지사양의 변화를 보여 준다. 2018년 4억 2,817만 2천 두의 사육에서 약 33%가 감소하였다. 전국적으로 피해가 많았지만 특히 강소, 쓰촨, 하남, 호남 등 대량 사육지역에서 큰 손실이 있었다. [그림 3-3]은 연간 50만 두 이상 지역별 소의 도축(屠畜) 두수를 보여 준다. 중국 소는 주로 황소, 젖소, 물소, 야크 등이다. 물소는 중국 남부 벼 생산 지역의 중요한 역우(役牛)로서 농산물 생산을 보조하는 가축이다. 야크는 추운 청장(淸藏)고원에 있는 특유 품종으로 주로 운송에 쓰이며 식용으로도 이용된다. 황소(黃牛)는 가장 흔한 품종으로 분포가 광범위하다. 일반적으로 몽골우, 화북우, 화남우를 포함하여 부른다.

산시(陝西)성의 진천우(秦川牛)는 화북우의 일종으로 중국 대표적인 우량 소 품종 중 지방특산 품종으로 알려져 있다. 진천(秦川)은 현재

산시성 관중(關中)평원을 이르는 말로 진천우는 관중지역에서 기르던 소를 의미하며 육질의 부드러움으로 일본의 와규(和牛)를 능가하는 것으로 알려져 있다.

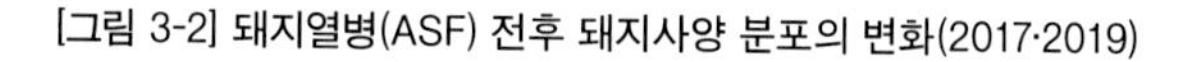
[그림 3-2] 돼지열병(ASF) 전후 돼지사양 분포의 변화(2017·2019)

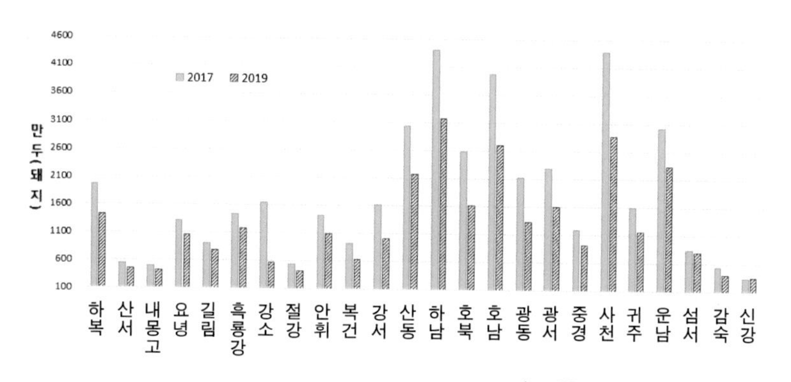

자료: 『중국통계연감』(2018, 2020)

과거 농경사회에서 소는 중요한 역우로서의 중요한 역할을 담당했으나 개혁개방 이후 농기계가 그 역할을 대체하면서 사육두수는 상대적으로 낮아진 상황이다. 이러한 배경에서 진천우의 사육두수가 현재 80만 두에서 40만 두로 크게 감소했고, 이대로는 진천우의 명맥이 끊길 수도 있다는 것이 전문가들의 우려이다. 시안(西安)은 실크로드 정책의 기점으로 정치 및 경제적 측면에서 관심도가 높아지고 있다. 산시(陝西)성은 2018년 정부 업무보고에서 "진천육우 산업발전을 지원"한다는 내용을 처음으로 포함하는 등 향후 성 정부는 진천육우 산업발전을 위한 정책지원을 할 것으로 전망되고 있다.

육우의 특산지는 네이멍구, 후베이, 산둥, 윈난, 쓰촨, 헤이룽장, 신장의 7개 지역이 전체 생산두수의 65.5%를 차지한다. 그중에서도 네이멍구, 허베이, 윈난, 산둥성이 32.4%로 가장 많이 도축되었다.

젖소의 사양(飼養)은 중국의 경제가 성장함에 따라 새로이 크게 발전하고 있는 산업이다. 우유는 이미 전 세계인들이 가장 즐겨 먹는 영양식품이며 여러 가지의 유제품을 만들 수 있는 기초적인 자원이다. 낙농업은 농업 분야 중 가장 많은 일자리를 만들어 낼뿐만 아니라 사료나 기계장비 등의 판매 서비스 등은 물론, 유제품의 가공, 유통, 판매 등에 일자리를 만들어 내고 있다. 초지자원이 풍부한 내몽고, 신장, 헤이룽장, 허베이지역에서 가장 많이 사육되는 낙농지대로서 중국 전체 젖소의 59.5%를 차지한다. 젖소의 사육은 네이멍구, 신장, 허베이, 헤이룽장, 산둥성이 다른 지역에 비해 압도적으로 우세하다.

[그림 3-3] 지역별 소 도축 수 분포(2019)

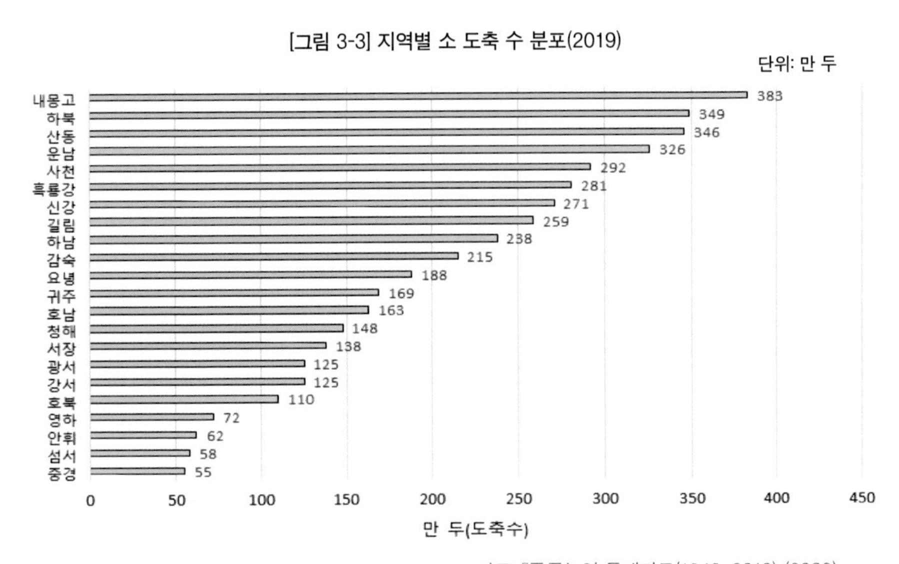

자료: 『중국농업 통계자료(1949~2019)』(2020)

2019년 양은 산양과 면양을 합쳐 3억 72만 2천 마리로 이 중 산양은 1억 3,723만 2천 마리, 면양은 1억 6,349만 마리로 면양이 더 많았다. 산양은 네이멍구, 산둥, 허난, 쓰촨에서 많이 사육되어 이들 4개 지역에서 전체 산양의 47.5%가 집중되어 있고 면양의 대부분은 네이멍구, 신장, 간쑤, 칭하이, 시짱 자치구 지역의 척박하고 넓은 초원에서 71.9%가 사양되고 있었다.

2 주요 축산물 생산과 수출입

<표 3-2>는 중국의 연도별 주요 육류생산의 변화추이를 보여 주고 있다. 생산량의 대종은 돼지고기이며 다음으로 우유, 가금란(家禽卵), 가금육의 순이다. 중국은 2019년 돼지고기 4,255만 톤, 소고기 687만 톤, 양고기 488만 톤, 우유 3,201만 톤, 가금란 3,309만 톤, 가금육 2,239만 톤을 생산하였다. 가금란은 닭, 오리. 거위, 칠면조, 메추리 등 다양하며 이들이 생산한 가금란은 달걀, 오리, 메추리알의 순으로 많이 생산되고 있다.

1996년 이후 주요 축산물의 성장은 낙농업이 연평균 7.8%로 가장 많이 성장하여 23여 년 전에 비하여 약 5배의 놀라운 성장을 보였다. 다음은 양고기로 4.7%, 소고기 2.7%, 가금육 2.9% 그리고 달걀은 2.2%씩 성장하였다. 이 같은 성장추세는 소득 증가와 함께 육류소비 욕구가 크게 늘어나면서 나타난 성과라고 볼 수 있다.

중국의 육우 사육은 4대 생산기지로 동북, 중원, 서북와 서남기지로 구분 할 수 있다. 동북육우 생산지역은 풍부한 사료자원의 이점을 가지고 있어 최근 성장이 비교적 빠른 우세지역으로 부상하고 있다. 이 지역은 헤이룽장(黑龍江), 지린(吉林), 랴오닝(遼寧)과 내몽고 자치구의 60개 현 및 시를 포함하고 있다. 육우 사육두수와 소고기 생산량은 전국의 22.2%와 26.2%를 차지하고 있다.

〈표 3-2〉 연도별 주요 축산물 생산의 성장(1996~2019)

단위: 만 톤

연도 \ 종류	돼지고기	소고기	양고기	우유	가금란	가금육
1996	3,158	356	181	629	1,965	-
2000	3,966	513	264	827	2,182	1.191
2004	4,341	560	333	2,261	2,371	1,351
2008	4,621	613	380	3,556	2,702	1,534
2010	5,071	653	399	3,576	2,763	1,656
2012	5,343	662	401	3,744	2,861	1,803
2014	5,671	689	426	3,725	2,894	1,750
2016	5,299	717	459	3,602	3,095	1,834
2018	5,404	644	475	3,075	3,128	1,940
2019	4,255	667	488	3,201	3,309	2,239
성장률(%)	2.6	2.7	4.7	7.8	2.2	2.9

주: 가금육은 닭, 오리, 거위를 포함.
자료: 『중국농업 통계자료(1949~2019)』(2020)

2-1 | 소고기

중원육우지역은 허베이(河北), 안후이(安徽), 산둥(山東), 허난(河南)성의 51개 현(縣)과 시(市)를 포함하고 있으며, 풍부한 품종자원과 지역 이점을 가지고 있어 중국육우사육의 중심지역이 되었다. 현재 육우 사육두수와 소고기 생산량이 전국의 11.5%와 27.5%를 차지하고 있다.

서북육우지역은 신장(新疆), 간쑤(甘肅), 산시(山西), 닝샤(寧夏) 회족 자치구의 29개 현 및 시를 포함하고 있다. 지역의 천연초지 이점과 갈색소를 도입하여 신강갈색소, 섬서진천소 등 지역품종을 개량하여 좋은 효과를 얻었다. 육우 사육두수와 소고기 생산량은 전국의 11.2%와 12.7%를 차지하고 있다.

서남의 육우지역은 쓰촨(四川), 충칭(重慶), 윈난(雲南), 구이저우(貴州), 광시(廣西)의 67개 현 및 시를 포함하고 있으며 육우사육두수와 소고기 생산량은 전국의 27.1%와 16.7%를 차지하고 있다. 중국의 육우 사육은 유럽이나 미주대륙과는 다르다. 대규모 산업화 목축방식이 아니라 소규모 분산된 산양육(山養育)방식이 많으며, 육우 대기업에서 농가로 분산해 사육 후 납품하는 방식을 위주로 하는 것이다. 산양육이란 목장이 아닌 산에서 방목해 기르는 방식으로 일정한 체중에 이르렀을 때 출하하는 것이다.

중국인의 소고기 소비가 크게 늘고 있다. 소득 증가와 소비 수준의 향상으로 기존 식생활의 다양화 그리고 고급화로 영향을 받은 것이다. 특히 아프리카돼지열병으로 돼지고기 가격이 소고기 가격에 접근함에 따라 대체육으로 소고기 소비도 확대되었다. 2010년부터 중국 정부는 그동안 광우병으로 금지되었던 소고기 수입을 지속적으로 완화하였다. 중국의 주요 수입국은 우루과이, 호주, 뉴질랜드, 미국 등이며 수입 소고기는 징둥(京东), 티엔마오(天猫), 타오바오(淘宝) 등 전자상거래를 통해 판매되고 있다.

[그림 3-4]는 중국의 최근 소고기 연도별 수입량을 보여 준다. 중국 소고기 연간 수요량은 800여만 톤으로 추정된다. 그러나 2018 전체 소고기 생산량은 644.1만 톤에 그쳐 공급부족 현상이 나타났으며 소고기 수입량은 103.9만 톤을 들여왔다. 이처럼 국내 소고기 생산량과 수요의 불균형으로 인해 2007년 1.1만 톤의 수입에 불과하던 중

국 소고기 수입 의존도가 해마다 높아져 2019년 160만 톤을 도입하였다. 2010년 이후 소고기 수입의 완화정책으로 물량이 증가하기 시작하면서 빠르게 늘어난 것이다. 농무부에 따르면 중국의 브라질산 소고기 수입량은 2018년 32.2만 톤으로 중국 소고기 수입량 전체의 28.9%를 차지하였고 총 수입액은 14.9억 달러에 달하였다.

[그림 3-4] 연도별 소고기 수입의 변화(2007~2019)

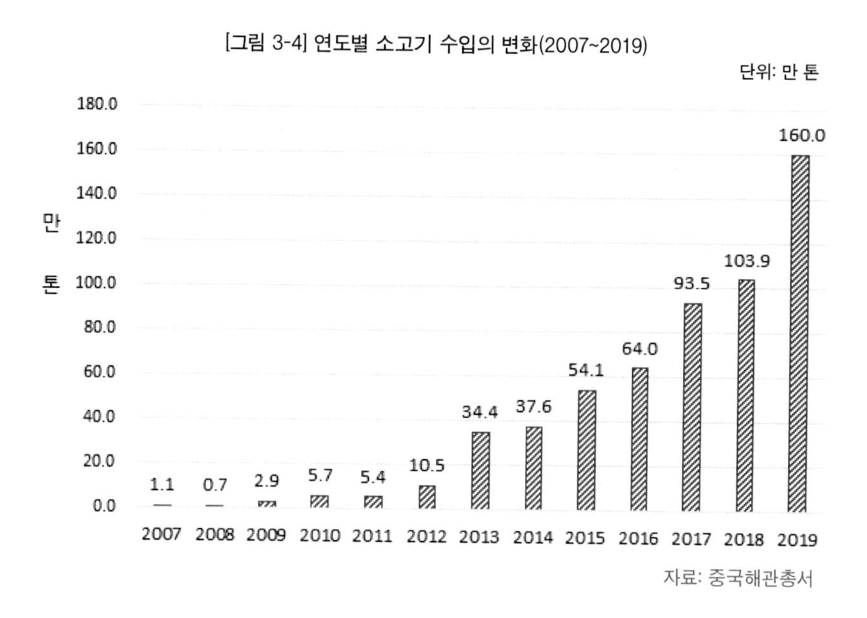

자료: 중국해관총서

중국 소고기 수요의 가파른 증가에도 불구하고 중국 1인당 소고기 소비량은 한국이나 일본에 비해 적은 수준이다. 중국 내 소고기 생산량은 한계가 있으며 여전히 중국 1인당 연간 소고기 섭취량이 낮은 수준으로 나타나 향후 소고기 수입 성장잠재력이 큰 것으로 전망되는 것이다.

2-2 | 돼지고기

중국의 양돈 산업은 긴 역사를 갖고 있으며 사육하는 돼지의 품종도 다양하다. 중국의 양돈 역사는 약 6천 년 전부터 시작된 것으로 보고 있다. 전체적으로 126품종이 존재하며, 그 가운데 48종은 토종, 12품종은 새롭게 선발된 품종, 그리고 나머지 6품종은 외래종으로, 총 66품종이 『중국돼지 육종기록서』라는 책에 기술되어 있다.

FAO에 따르면 중국은 세계 최대의 돼지고기 생산국으로 전 생산량의 약 45%를 점유하고 있다. 다음으로 미국, 독일, 스페인, 프랑스 등이 뒤를 잇고 있다. 돼지는 고기 외에도 가죽, 털, 소시지용 내장의 가공 등 많은 부산품의 가공업이 있어 관련 고용 효과가 높은 업종이다.

중국의 돼지 사양 형태는 첫째, 가족이 운영하는 형태이다. 각 가구별 사육 규모는 1~5두 사이로서 퇴비 생산이나 자체 육류소비를 위한 부업 형태라고 할 수 있다. 이 경우 곡류 부산물, 채소류, 조사료 및 잔반이 주 사료원이 된다. 농후사료나 사료 첨가제가 때때로 이들에 의해 사용되기도 한다. 비록 이런 형태는 생산성이 낮지만 전체 생산의 70% 이상을 차지한다.

두 번째는 전업 형태의 생산자들이다. 이런 형태는 호당 연간 100~3,000두 규모의 비육돈을 생산한다. 이 경우 배합사료와 농후사료가 주 사료원이 된다. 세 번째는 집약적인 양돈 농장이다. 호당 사육 규모는 일반적으로 5,000두를 상회한다. 교잡종이 주로 사양되고 있으며 사료는 거의 전부가 배합사료 공장에서 나오는 완전배합사료를 쓰고 있다. 돼지 개체의 능력도 국제 수준에 가깝다. 대규모화 양돈 농가의 수가 과거 30년 사이에 점진적으로 증가했다.

〈표 3-3〉은 돼지고기 생산이 가장 많은 10개 성의 1991년과 2019년 성별 생산량 크기의 순서를 비교한 것이다. 전체 돼지고기 생산량은 1.7배 이상 증가하였다. 1991년 쓰촨성이 압도적 우위로 17.2%를 생산했고 5개 성의 누적 합계는 44.7%로 2019년의 37.4%보다 생산의 집중도가 더 컸다. 이는 10대 생산지에서도 같은 추세를 보였다.

〈표 3-3〉 돼지고기 주산지 성(省)의 분포와 생산량의 변화추이

지역	1991		비고	지역	2019		비고
	생산량(만 톤)	비중(%)	누적(%)	지역	생산량(만 톤)	비중(%)	누적(%)
합계	2,452.3	100		합계	4,255	100	
쓰촨	421.2	17.2		쓰촨	353	8.3	
후난	197.0	8.0		후난	349	8.2	
산둥	168.8	6.9		허난	344	8.1	
광둥	158.0	6.4		윈난	288	6.8	
장수	153.0	6.2	44.7	산 둥	255	6.0	37.4
후베이	144.6	5.9		후베이	243	5.7	
허베이	115.6	4.7		허베이	242	5.7	
장시	111.9	4.6		광 둥	222	5.2	
허난	108.7	4.4		장시	207	4.9	
광시	97.4	4.0	68.3	안후이	198	4.6	63.5

자료: 『중국농업 통계자료(1949~2019)』(2020)

1991년과 2019년의 1~5순위는 장수성이 10위권 밖으로, 광둥성은 4위에서 8위로 밀려나고 허난성이 9위에서 2위로 약진하였다. 다른 지역의 순위는 그대로 5대 주 생산지역에 포함되어 있다. 10대 생산지로 확대해서 보면 안후이성만 물러나고 윈난성이 순위에 들어왔으며 다른 성은 순위만 변동되었다. 대부분의 성에서 생산량은 2배 이상으로 크게 증가한 내용을 보였다.

해안지역의 장수성과 저장성은 양돈부문에서 10권 밖으로 크게 밀려 나갔다. 이들 지역이 다른 지역에 비해 크게 산업화되어 감에 따라 농촌 노동력의 이동으로 양돈업이 크게 위축된 것으로 판단된다. 또한 쓰촨성의 비중은 1991년 17.2%에서 2017년 8.9%로 낮아지기는 했으나 생산 공급량이 줄어든 것이 아니라 다른 지역에서의 공급량이 늘어나 상대적으로 낮아진 것이었다.

〈표 3-4〉 연도별 돼지의 사육두수, 도축두수, 생산량의 변화(1980~2019)

연도	돼지고기 (만 톤)	도축두수 (만 두)	사육두수 (만 두)	도축률 (%)	두 당 산육량(kg)
1980	1,134	19,861	30,543	62	57
1985	1,655	23,875	33,140	78	69
1990	2,281	30,991	36,241	88	74
1995	3,648	48,051	44,169	116	76
2000	3,966	51,862	41,634	124	77
2005	4,556	60,367	43,319	139	75
2010	5,071	66,686	46,460	144	76
2015	5,487	70,825	45,113	157	77
2019	4,255	54,419	31,041	175	78

자료: 중국 주요농산품시장분석(2001), 『중국통계연감』(2020)

〈표 3-4〉는 주요 연도별 중국의 돼지고기 생산량, 도축두수, 사육두수를 보여 준다. 돼지고기의 생산은 사육두수, 도축두수, 산육량(産肉量)과 밀접한 관계에 있다. 사육두수는 지난 39년간 2012년 약 4억 8천만 마리까지 지속적으로 늘어났다가 1918년 열병(ASF) 사태로 31,041만 마리로 큰 감소추세를 보였다. 1980년 돼지고기 생산량은 1,134만 톤이었으나 2018년 5,404만 톤까지 증가했지만 2019년 4,255만 톤으로 위축되었다.

도축률과 두당 산육량은 돈육 생산의 또 다른 주요 지표라고 할 수 있다. 1995년 이후는 사육두수보다 도축두수가 더 많아 도축률은 100%를 넘어서고 있다. 두당 산육량에 있어서도 1980년 57kg 정도였으나 2019년 78kg으로 이는 선진 양돈 국가의 수준에 접근하였다.

중국은 지구상에 가장 많은 돼지를 사육하고 가장 많은 돼지고기 소비 국가이다. 그러나 2018년 8월 아프리카돼지열병(ASF)의 발생으로 요녕 25건, 귀주 11건, 운남 10건 등 전국에서 159건 발생하였다. 예방과 치료 방법이 개발되지 않아 질병의 대처는 성(지역)별로 이동금지, 방역 등 외에는 특별한 대처 방법이 없었다. 따라서 2018년 10월에 돼지고기값이 60~70% 정도 오르는 계기가 되었다. 국무원은 집단 폐사에 대응한 보조금(최고 500만 위안) 지급, 돼지사육 농가에 대한 대출만기의 연장, 돼지사육 관련 환경보호정책 완화, 정부 비축 물량 공급 등의 정책을 발표하였다. 돼지고기 수입량을 116.4만 톤으로 크게 늘려 23.2억 달러의 돼지고기를 독일, 스페인, 캐나다, 브라질, 미국 등에서 수입하였다.

전 세계적으로 예방백신은 없으며(개발 중) ASF가 발생한 국가는 신속한 살처분 정책을 시행하고 있다. 이제 중국은 ASF가 중국 토착 전염병으로 고정화될 것을 염려하는 실정이고 각 지역, 도시 간 이동. 재래식 방역에 주력하고 있을 뿐이다.

아프리카돼지열병(ASF)은 아프리카에서부터 시작되었다. 1920년대 아프리카에서 발생한 후 1960년대 스페인과 포르투갈에서 창궐했다. 이 병은 2007년 조지아(Georgia)에서 창궐한 후 동유럽 국가에 퍼졌고, 2018년 중국에 상륙했다. 이후 10개월 만에 중국 전역과 몽골(2019년 1월), 베트남(2019년 2월), 캄보디아(2019년 4월)에까지 퍼졌다. 한편 이미 압록강을 건너 ASF는 북한에 퍼졌고 휴전선을 지나다니는 멧돼지를 통해 국내에도 전파되었다.

이 ASF가 무서운 이유는 첫 번째로 백신과 치료제가 없어 걸리면 돼지가 대부분 죽는다는 것이고, 두 번째로 생존력이 뛰어나 죽은 돼지로 햄이나 육포를 만들어도 여기에 바이러스가 살아남아 있다는 점이다. 중국에서는 소규모 양돈 농가에서 사료 대신 남은 잔반을 돼지에게 먹이로 주는 경우가 많아서 중국 전역으로 ASF가 급속도로 퍼진 것이다. 백신과 치료제가 없는 ASF의 전파를 막는 유일한 방법은 감염된 돼지와 이와 접촉한 모든 돼지를 살처분하는 것이다. 조류 인플루엔자(AI)와 구제역으로 '살처분'하는 것과 다르지 않은 것이다.

중국에서는 공식적으로 100만 마리를 살처분했다고 밝혔지만 미 농무부는 중국 돼지 4억 4,000만(2017) 마리 중 1억 3,400만 마리가 감소할 것으로 2019년 4월 추산하였다. 우리나라에서 기르고 있는 돼지 1,120만 마리의 약 12배나 되는 것이다. 2018년 기준 중국은 전 세계 돼지고기의 약 47.8%를 생산하고 49.3%를 소비하였다.

〈표 3-5〉 돼지사육의 생산비와 수익성(2018)

단위: 위안

항목	평균	규모사육	농가사육
무게(kg)	122.6	122.6	122.5
조수입	1,616.3	1,595.2	1,637.5
생산비계	1,728.9	1,584.9	1,873.0
-직접비용	1,388.7	1,403.0	1,374.3
-자가노임	321.4	126.5	498.6
-고용노임	26.3	52.5	-
지대	1.5	2.9	0.1
순수입	-112.6	10.2	-225.5

자료: 중국농촌통계연감(2019)

〈표 3-5〉는 돼지사육의 생산비와 수익성을 보인다. 규모사육은 돼

지사육을 전업으로 많은 두수를 기르는 기업농이다. 농가의 사육은 다른 농업과 겸업으로 사육하는 양돈 농가를 말한다. 한 마리당 무게는 122.5kg으로 기업농과 차이가 없다. 조수입에 있어서도 큰 차이는 없으나 생산비에서는 농가에서 18% 이상 더 높았다. 전업 기업농에서는 10.2위안의 순수입이 발생했으나 농가에서는 마리당 225.5위안의 적자를 보였다.

2-3 | 가금(家禽)

중국의 가금사육은 오랜 역사를 가진다. 가금의 범위는 관상용은 물론 가축으로 산란계, 육계(브로일러), 오리, 거위, 칠면조, 타조 등 여러 종류를 포함한다. 닭, 오리, 거위, 메추리는 육용과 알을 얻기 위해 모두 이용되며 기타 가금류는 주로 육용으로 이용되어 왔다. 중국에서 가금육은 우유와 달걀을 제외하면 소고기나 양고기보다 훨씬 많이 생산되고 있으며 중국인이 즐기는 식재료 중 하나이다. 가금육의 85%는 닭고기이며 나머지 15%는 다른 가금류로서 여기에서는 산란계와 닭고기를 대상으로 내용을 다룬다.

가. 산란계

1988년 도시 주민들에 대한 농산물 개발 및 공급 안정을 위한 '채소바구니 프로젝트(菜籃子工程)'를 시행한 바 있다. 이때부터 농촌지역의 가금 산업은 꾸준히 발전하였고 점점 더 많은 사람들이 양계업에 종사하게 되었다. 1990~1996년 사이에 중국 가금 산업이 급속히 성장한 것이다. 산란 양계업은 개혁개방 이후 매우 빠른 성장을 지속해 왔다. 그 결과 2019년 가금란생산은 3,309만 톤을 넘어섰고 세계 총생산량의 절반에 근접하고 있으며 1인당 달걀 소비량은 연간 265개로 세계 5위에 올라 있다.

중국은 세계 최대의 계란 생산국이자 소비국으로 달걀 소비량은 선진국 수준에 달하였다. 도시 거주자의 계란 소비는 포만 수준에 이르고 있지만 농촌에서는 경제적 이유로 인해 아직 계란 소비가 증가하는 데 어려움이 있다. 따라서 1980년대에 매년 10%씩 성장하던 것만큼 빠른 증가를 보이지는 않을 것이다. 그러나 발전된 기술의 적용을 통해 달걀 생산은 매년 2.2%씩 증가할 수 있었다.

북경, 상해 등 대도시에서의 부족한 가금 생산물 공급을 극복하기 위하여 도시 근교에서 집약적인 가금생산업이 발달하기 시작하였다. 이에 따라 국가가 운영하는 양계장이나 종계장 설립이 증가하였다. 그러나 이러한 방식만으로는 도시 거주자들의 가금육이나 알에 대한 수요를 충족할 수 없었다.

현대식 산란산업은 도시 근교에 위치한 집약적인 양계장의 설립과 함께 시작되었다. 이러한 국영농장은 시장 요구를 충족하고 진보된 기술로 영역을 넓히는 데 있어서 중요한 역할을 하였다. 그러나 국영농장에 대한 국가 보조금 일부가 1990년대 중반에 폐지되었다. 이러한 재편성과 조정이 있은 후, 농촌지역은 중국 가금생산의 주된 세력으로 떠올랐다.

〈표 3-6〉은 산란계와 육계 100마리가 사육기간 동안 낳는 달걀과 100마리의 무게이다. 조수입은 달걀과 폐계를 합산하여 계산되었다. 절강성에서는 중규모, 안휘성에서는 중·대규모, 하남성에서는 소·

중·대규모의 산란계 농장이 조사되고 있었다. 산란계 사육기간은 355일 전후였으나 안휘성의 대규모 농장은 338일로 가장 짧았고 가장 긴 사육기간은 안휘성의 중규모 농장의 363일이었다. 표에서 표시되지는 않았지만 소규모 농장에서는 자가 노동 투입이 많았고, 규모가 커질수록 고용노동의 투입이 상대적으로 높았다.

〈표 3-6〉 산란계와 육계 100수당 생산비와 수익성(2018)

항목	산란계	육계
무게(kg)	1,774.1	247.2
조수입(위안)	16,084.5	3,219.3
생산비계	14,792.8	2,769.4
-직접비용 -자가노임 -고용노임	13,454.2 972.0 348.9	2,447.7 246.0 52.6
지대	17.7	5.1
순수입	1,291.7	449.9

자료: 『중국농촌통계연감』(2019)

나. 육계(broiler)

중국은 가금육 생산에 있어 미국에 이어 두 번째로 많은 양을 생산하고 있다. 중국의 도시 주민 1인당 가금육 소비량은 11.5kg 정도이다. 산둥, 광둥, 광시, 장수, 랴오닝성은 중국의 주요 생산지역으로 총 생산량의 63.8%를 차지한다. 광둥성 지역은 황색 깃털 닭의 주 생산지이다. 달걀 생산은 황하계곡과 그 북부지역에 주로 분포한다. 허베이, 허난, 산둥, 장수, 랴오닝성에서의 생산이 전체의 58.4%를 차지한다. 오리류 산업은 양쯔강 계곡 및 일부 호수 지역에 주로 분포한다.

가금육은 중국 축산에 있어 주요 수출 품목으로 수출 인증을 받은 약 90개의 회사가 있다. 가금육과 가공제품이 중동지역, 한국, 일본 등지로 수출되었다. 한편 중국은 주로 미국과 브라질로부터 59만 톤의 가금 부산물을 수입하였다.

〈표 3-6〉은 육계 생산의 수익성을 조사한 자료이다. 육계는 많은 수의 병아리를 한꺼번에 계사(鷄舍)에 집어넣고 자유급식과 자동급수의 시설을 갖춘 우리 안에서 50~60일 동안 집중적으로 비육시킨다. 병아리의 능력, 사양 기술, 환경에 따라 다르기는 하지만 1.5~2.0kg이 될 때 시장에 출하하게 되는 것이 일반적이다.

한꺼번에 병아리를 들여오고 한꺼번에 출하하게 되면 계사의 청소와 소독하는 기간을 제외하고 연중 4~5회 회전하는 경영을 하게 된다. 중국의 경우 사육기간은 짧은 것이 47일, 긴 것은 절강성의 80일이 되는 것도 있어서 사육기간의 편차가 매우 큰 것이 특징이었다. 저장성 대규모 사육의 육계 경우를 제외하면 특이한 것은 없다. 그러나 80일을 사육했으면서도 무게는 152.5kg으로 다른 지역의 생산물 70% 전후에 불과한 것으로 보아 다른 품종이거나 사육방법이 다른 것으로 추정된다. 육계 사육의 평균 순수입은 100마리당 449.9위안이며 절강의 중규모, 하남의 소규모와 중규모에서 안휘, 절강의 대규모 육계 경영보다 수익성이 높았다.

다. 낙농업

낙농은 앞의 <표 3-2>에서 본 바와 같이 2019년 3,201만 톤을 생산하여 1996년 이후 연평균 7.8%씩 성장하여 다른 축산업에 비하여 가장 빠르게 성장하였다. 이처럼 우유 생산이 증가하는 것은 중국인의 소득 증가와 함께 식품 소비 양상이 크게 바뀌어 가고 있기 때문이다. 아직은 한국이나 일본의 연간 1인당 연간 우유소비량에 크게 못 미친다 하더라도 중국 정부나 농업 관련 기관의 낙농산업 진흥에 대한 열망은 곳곳에서 엿보이고 있다.

<표 3-7> 젖소 마리당 산유량과 수익성(2018)

단위: 위안

항목	평균	규모사육	농가사육
산유량(kg)	5,974.0	6,547.1	5,400.9
조수입	25,350.4	27,877.8	22,823.1
생산비계	19,202.9	21,246.0	17,159.4
-직접비용 -자가노임 -고용노임	15,533.1 2,601.9 1,010.3	18,014.1 1,200.3 1,957.6	13,051.9 4,003.2 63.0
지대	57.6	74.0	41.3
순수입	6,147.6	6,631.7	5,663.7

자료: 『중국농촌통계연감』(2019)

<표 3-7>은 조사지역 3개 성의 낙농 규모별 산유량과 생산비 그리고 수익성을 보여 주고 있다. 젖소는 대개 20개월이면 첫 발정으로 임신을 시작하며 출산 후 젖을 짜기 시작한다. 개체에 따라 다르나 하지만 약 310일 동안 착유를 하고 다음 출산을 위하여 젖을 짜지 않

는다.

[그림 3-5]는 2019년 10만 톤 이상 우유를 생산한 도표이다. 우유를 가장 많이 생산하는 지역은 화북지방의 내몽고, 하북성 등지에서 전체 생산의 45.5%를 생산하며, 다음으로 동북지방의 흑룡강성을 비롯한 동북 3성으로 이 두 곳을 합치면 총생산량의 63.8%를 공급하고 있었다. 화동지역에서 산둥성, 중남지역에서는 허난성, 서북지역에서는 신장 위구르 자치구와 산시(陕西)성이 100만 톤 이상의 우유를 많이 생산하고 있다. 네이멍구, 헤이롱장, 허베이, 산둥, 허난성은 중국 5대 우유 생산지역이라 할 만한 것이다. 이들 5개 지역이 우유 총생산량의 68.5%를 공급하였다.

중국의 우유 생산은 아직 10두 미만의 소규모 낙농에서 전체 우유 생산량의 70%를 차지한다. 나머지 20~30%의 우유는 200두 이상의 협동농장이나 농간구 농장에서 생산되고 있다.

산유량은 대규모 낙농에서 7,533.7kg으로 제일 많았고 다음으로 중규모의 낙농에서 5,950.5kg이었다. 산유량이 농가의 수익성에 직접적인 영향을 주므로 우수능력의 젖소와 사양 기술을 낙농업의 핵심적인 요인으로 볼 수 있다.

[그림 3-5] 성별 우유 생산량(2019)

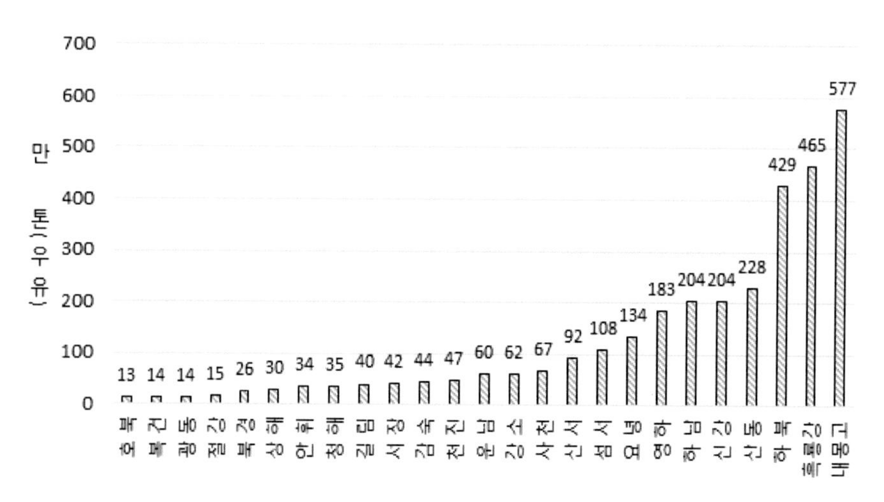

자료: 『중국농업 통계자료(1949~2019)』(2020)

영세 낙농가의 경우 생산성뿐만 아니라 위생 수준도 낮아 크게 관리 대상이 되며 특히 중국이 구제역 청정지역이 아니어서 축산물에 대한 해외 상품거래가 제한적일 수밖에 없는 것이다.

3 축산물의 유통 과정과 경영조직

3-1 | 기본적인 경영조직

중국의 기본적인 농업의 경영조직은 국유부문과 민간부문이 존재한다는 점이다. 국유농장은 소유주가 국가이면서 연구와 영리를 취하면서 운영되고 있다는 것이 우리나라와는 전혀 다른 구조이다. 이런 국유 농장의 근원은 처음부터 정부산하의 소유인 것도 있고, 국가의 간척사업, 습지의 농장개발 등으로 국유부문이 발생한 것도 많이 있다. 농장개발을 위하여 군인을 동원하고 집단농장화한 것이 오늘날 농간구(農幹區)로서 흑룡강의 삼강지역, 요녕성의 요하 하구 등 전국에 산재하여 있다. 〈표 3-8〉은 연도별 국유농장의 기초적인 자료를 제공한다. 국유부문은 농작물, 목축, 수산물 등 1차 산업 전반에 걸쳐 존재하나 여기에서는 축산부문의 생산에 관한 자료를 발췌한 것이다. 전국의 국유농장수는 민간부문에 민영화를 추진함에 따라 감소하는 추세이기는 하나 2019년 1,834개나 되며 국유농장에 종사자 수도 214.7만 명이 넘고 있다.

<표 3-8> 국유농장 기본 실태(農幹區)

구분	2000	2005	2010	2015	2019
농장수(개)	2026	1923	1807	1885	1834
종사자 수(만 명)	391.9	335.9	330.7	287.7	214.7
경지면적(천 ha)	4,810.0	5,038.1	5,989.3	6,325.4	6,480.8
가축생산					
대가축(만두)	214.6	305.0	319.2	282.0	299.0
돼지(만두)	478.1	722.8	1134.2	1227.3	728.4
양(만두)	1,104.7	1,591.6	1,298.7	1,494.8	1,118.5
그중 면양	88.4	1,220.6	979.9	1,249.0	916.7
축산물산량(만 톤)					
돼지, 소, 양육	68.3	121.4	190.4	185.0	139.0
-그중 돼지고기	51.1	88.2	148.9	146.4	102.1
젖소(우유)	116.5	245.5	366.1	369.1	418.2
달걀	20.4	22.4	39.7	48.3	48.1
모	2.1	2.9	3.7	3.3	3.2

자료: 『중국통계연감』(2020)

<표 3-9>는 양돈, 육우, 낙농, 산란계와 육계의 경영 규모와 농가(사업장)호수를 보여 준다. 양돈의 경우 50두 미만의 사육농가가 압도적으로 높아 94.6%이며 도축출하량도 70% 이상을 차지하고 있다. 농가에서 10두 미만의 돼지를 부업으로 사육하며 성돈이 되면 시장에 내다 팔거나 도축하여 자가 식용으로 이용하는 것이다. 중국 양돈의 시장 규모는 2018년 1조 3704억 위안에 달하며 세계 양돈시장의 56.6%를 차지하고 있어 가장 많은 생산과 소비를 하고 있다.

낙농은 50두 미만의 농가가 94.8%, 산란계 규모에서도 500마리 이하의 규모 농가가 96.8%, 육계사육에서는 2,000마리 이하의 98.5%로 작은 규모의 영세농가가 압도적으로 우세한 영농 규모임을 보였

다. 필자가 덴마크에 체류할 때 체험한 것은 낙농가의 착유우 두수는 대부분 30~33두로 규모화되어 있었다. 아침 5시에 일어나 사료를 주고 이어서 따듯한 물수건으로 착유할 젖소의 유두를 청소한 다음 착유기를 달아 준다. 우유는 자동으로 파이프를 통해 저장탱크에 모이게 되며 아침 9시 이전 집유차가 와서 가공공장으로 싣고 간다. 착유 작업과 청소가 끝나는 시간은 아침 7시쯤으로 일과가 자로 잰 듯 일정하다. 임신우는 특별관리되고 숫소는 모두 거세하여 육우로 사육되고 있었다.

〈표 3-9〉 주요 가축사양 규모별 농가 수(2018)

단위: 천호

구분	1~49두	50~99두	100~499	500~999	1천~4,999	5,000두 이상
돼지	29,862.1	983.0	527.7	112.6	63.8	4.1
%	94.6	3.1	1.7	0.4	0.2	0
육우	10두 미만	10~49두	50~99두	100~499두	500~999두	1,000두 이상
	8,107.0	366.5	55.2	17.4	2.1	0.7
%	94.8	4.3	0.6	0.2	0.0	0.0
젖소	50두 미만	50~99두	100~199두	200~499두	500~999두	1,000두 이상
	649.8	6.0	1.4	2.1	1.4	1.2
%	98.2	0.9	0.2	0.3	0.2	0.2
산란계	500수 미만	500~1,999	2,000~1만	1만~5만 수	5만~10만수	10만수 이상
	9,912.5	173.1	115.5	32.6	2.3	1.7
%	96.8	1.7	1.1	0.3	0.0	0.0
육계	2천수 미만	2천~9,999	1만~3만수	3만~5만수	5만~10만수	10만수 이상
	17,607.1	154.9	54.3	25.9	17.3	9.8
%	98.5	0.8	0.3	0.2	0.1	0.0

자료: 『중국축목수의연감』(2019)

중국의 경우 가축의 사양 규모가 최소 단위에 집중되어 있는 것이 특징이다. 국민 소득이 높아지면서 육류에 대한 선호도가 돼지고기에서 소고기와 양고기로 이행하고 있다고 하나 실제의 통계자료는 돼지고기 소비가 압도적이며 가격에서도 양고기의 50% 정도로 값이 저렴하다. 소고기 수요와 수입 증가는 소득향상의 결과라는 점에서 기대감이 더욱 커지고 있다. 돼지고기는 중국 자체 공급 비율이 80% 이상이나 소고기는 수입이 절대적인 비중을 차지한다.

중국산 소고기가 전체 시장에서 차지하는 비중은 15~20%에 불과하다. 소 사육 기술과 규모 측면에서도 중국은 호주, 미국 등 선진 축산 국가에 크게 뒤떨어지고 있어 수입 소고기 시장의 성장성이 큰 것으로 평가받는다. 인구가 방대하고, 소비 수준 향상으로 소고기를 찾는 소비자들이 늘어나고 있기 때문이다.

3-2 | 축산물 소비의 변화

중국인의 국민 1인당 연평균 소득이 크게 향상됨에 따라 식품 소비가 다양해지고 고급화되어 가고 있다. 2019년 도시 주민 연간 1인당 육류를 포함 단백질 식품 소비량은 85kg으로 60여 년 전 4kg 대비 20배 이상 증가하였다. 그만큼 주민들의 생활 수준이 개선되었기 때문이라고 할 수 있으며 또한 최근 품질과 안전성에 대한 관심이 증가하여 양적인 만족에서 품질과 안전을 중시하는 방향으로 전환되고 있다. 앞으로 더욱 주민들의 생활 수준이 높아지고 소비 관념의 변화에 따라 정밀 가공한 부위별 고기, 소포장 고기, 반제품 고기, 익힌

고기 제품의 소비 비중이 점차 증가할 것으로 전망되고 있다.

〈표 3-10〉 중국농촌 주민 1인당 육류소비량의 변화추이

단위: kg

품명	1990	2000	2005	2010	2015	2019	
						도시	농촌
육류	12.6	18.3	22.4	22.2	26.2	28.7	24.7
-돼지고기	10.5	13.3	15.6	14.4	20.1	20.3	20.2
-쇠고기	0.4	0.5	0.6	0.6	1.6	2.9	1.2
-양고기	0.4	0.6	0.8	0.8	1.2	1.3	1.0
가금육	1.3	2.8	3.7	4.2	8.4	11.4	10.0
가금란	2.4	4.8	4.7	5.1	9.5	11.5	9.6
유제품	1.1	1.1	2.9	3.6	12.1	16.7	7.3
수산물	2.1	3.9	4.9	5.2	11.2	16.7	9.6

자료: 『중국통계연감』 각 연도

〈표 3-10〉은 중국농촌 주민 1인당 선택된 연도별 연간 축산물과 수산식품 소비량을 보여 준다. 해가 거듭됨에 따라 육류를 비롯한 과실의 소비는 늘어나고 있었다. 육류 중에서도 가금육, 달걀, 유제품의 소비증가가 컸다. 2019년 도시와 농촌의 육류소비에서 돼지고기의 소비량 차이는 크지 않으나 소고기 소비는 큰 차이를 보였고 특히 유제품은 두 배 이상 그리고 수산물은 도시 소비의 60% 미만이었다.

[그림 3-6]은 2019년 중국 주민 1인당 연간 단백질 섭취 육류소비량을 도표로 보인 것이다. 연간 74.5kg의 소비 중에서 돼지고기가 28%(20.3kg)로 가장 많았다. 수산물은 19%(13.6kg), 유제품은 18%(12.5kg), 가금육과 가금란의 소비는 각각 15%(10.8kg과 10.7kg)의 순이었다. 반면 소고기나 양고기는 각각 3%와 2% 정도로 낮은 수준이었다.

중국 "주요농산품 시장분석(潭向勇, 辛賢等)"에서 연간 축산물 소비량은 주민 소득이 높을수록 육류와 유제품의 소비가 많은 것으로 분석되고 있다. 특히 우유와 요구르트의 소비는 최저 소비층과 3배 차이가 나고 있었다. 유제품 소비 확대는 식생활 개선의 상징적인 의미를 지니게 되고 반면 돼지고기 등 육류의 소비는 차이가 있기는 하지만 두 배를 넘지는 않았다. 이는 육류의 소비가 일반 도시 주민에게 보편적인 식료품이란 것을 설명하고 있는 것으로 풀이된다.

[그림 3-6] 2019년 주민 1인당 연간 축·수산 식품 소비량(74.5kg)

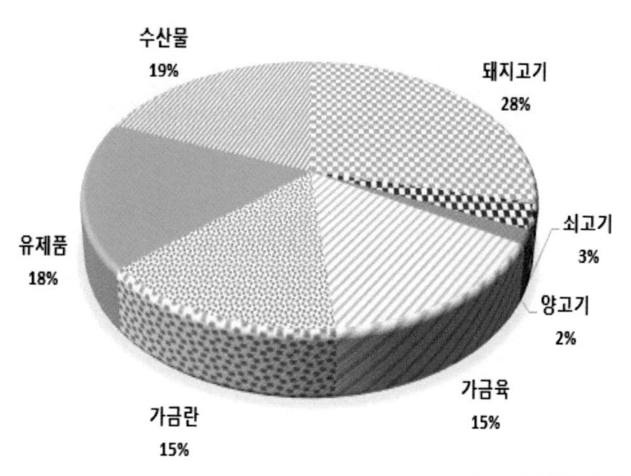

자료: 『중국통계연감』(2020)

3-3 | 축산물의 유통과 경영조직

가. 돼지고기

계획경제하에서는 돼지의 생산과 유통은 아주 제한적이고 관리를 엄격하게 하여 도매시장이란 없었다. 정부가 생산과 유통 분배를 모두 장악하고 수요처에 배급하고 중개 역할을 했던 것이다. 한마디로 1985년 이전에는 정부가 도축과 돈육 거래를 독점했다. 돼지의 주 생산지는 허베이(河北), 산둥(山東), 허난(河南), 후난(湖南), 쓰촨(四川)성이다. 개인 도축장은 1985년에서 1992년 사이에 발전하였고 도축 시스템도 크게 변화하였다. 1992년부터 도축허가제도가 도입된 이후 돼지의 도축은 정부가 인준한 장소에서만 허용되고 있다. 현재 중국 전역에 걸쳐 정부 인준을 받은 40,000곳의 도축장이 있으나 대부분은 영세하고 일부만 기계화되어 있다.

오늘날 중국의 전반적인 돼지고기 도매시장은 자유시장체계를 도입하면서 도시와 농촌의 정기시장에서 행해지는 거래를 기초로 생겨난 모델이다. 도매시장은 대개 세 가지 유형으로, 첫째는 상공계통의 관리하에 있는 것, 둘째는 국영상업부문이 공급 판매를 주도하는 것, 셋째는 농민의 집단조직이 설립한 도매시장이 그것이다.

돼지고기의 가공이나 수출은 그리 활발하지 않았다. 수출은 홍콩과 마카오에 생돈으로 수출되고 있으나 이마저 감소되는 추세에 있다. 따라서 돼지의 사육은 국내에서 대부분 소비되고 수출용 사육은 아니다. 대부분의 가공품은 절인 고기, 소시지 및 햄 종류이며 북경과 상해와 같은 큰 도시의 슈퍼마켓으로 판매된다. 현재 중국에는 3,500개 전후의 육가공 기업이 있지만 육가공제품량은 돈육 생산량의 10%에 전후에 지나지 않으며 2차 가공품은 잘 발전되어 있지 않다.

수출량은 총생산량의 2~3% 수준에 불과하고 그것도 홍콩이나 마카오로 수출하는 것이 대부분이다. 수입은 주로 종돈에 국한된다. 중국은 또한 식습관으로 인해 부산물인 돼지의 귀, 족, 내장 및 위 부위를 미국으로부터 수입하고 있다. 중국 양돈 산업의 문제점은 관리 방식이 낙후되어 선진국의 성돈율에 상대적으로 낮은 동시에 도축되는 돼지의 살코기 비율도 개선해야 할 점이 많다. 이는 중국 양돈 산업의 소규모 분산경영에 큰 원인이 있는 것으로 판단된다. 또 하나의 문제점은 중국 내 양돈 규모화가 끊임없이 진행되고 있지만 대규모 농가의 비중이 여전히 낮고 생산조직화 정도도 낮다는 점이다. 또한 중국의 돈육 생산량이 세계 돈육 시장의 절반 이상을 차지함에도 수출국이 몇몇 나라로 한정되어 있는 배경에는 돈육 품질문제를 비롯하여 가축 질병, 잔류 물질 등 검역문제가 있기 때문이다

나. 가금(家禽)

가금의 유통은 가금육과 가금란으로 구분될 수 있고 여기에서는 달걀을 중심으로 다룬다. 가금육은 2018년 1,939.5만 톤, 가금란은 3,128.3만 톤을 생산하여 세계 1위의 자리를 차지하며 미국의 생산량을 앞섰다. 가금란의 구매제도가 실행된 이후 40년이 지났지만, 유통 방법은 비교적 단순하다. 국영계통의 기업은 유통 영역에서 절대적으로 주요한 경로를 차지하고 있었다. 이 계통의 회사들은 식품가공 가금란의 공급과 일정 수준의 가금란 공급을 위하여 상당한 역할을 하였으나 시장가격보다 낮은 가격으로 수매함으로써 생산자의 의욕을

해쳤고 가금란 공급의 부족 현상을 일시적으로 초래하였다.

[그림 3-7] 중국 가금란 유통 경로

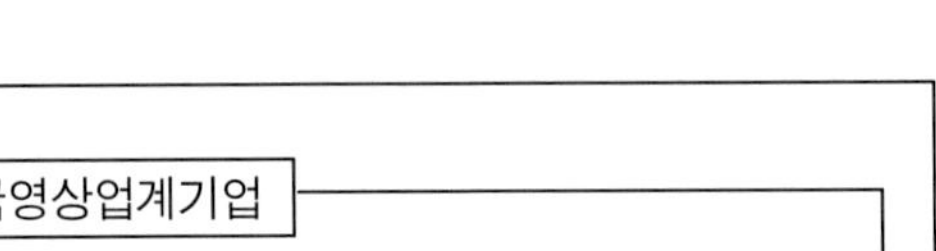

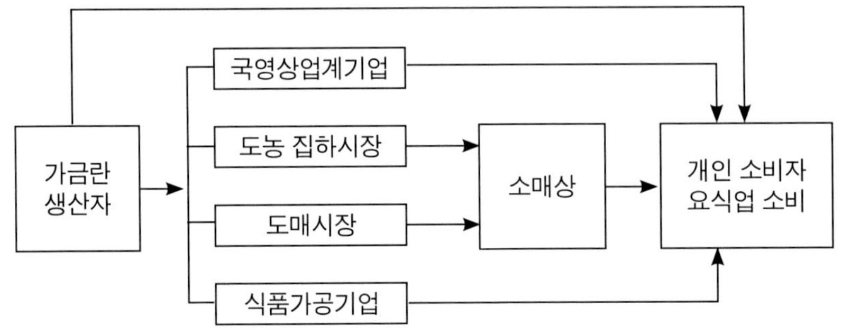

80년대 중반 이후에 산란계 생산의 발전, 유통체제의 개혁에 따라서 가금란의 다양한 유통경로가 점차적으로 형성되었다(그림 3-7). 현재 국내 가금란의 유통경로로 생산자는 도시와 농촌의 정기시장, 농산품 도매시장, 국영 상업계 회사, 식품가공기업 등에 판매되고 주민이나 음식업 사업자는 이들의 시장을 통하여 가금란을 구매하게 된다. 도농의 정기시장이나 도매시장의 사이에는 소매상이 존재하여 소비자는 이들을 통하여 구입한다. 이러한 경로는 완전히 병렬 관계는 아니며 서로 교차적 관계이기도 하다.

중국인들의 가금란 소비 행태는 신선한 알을 사서 소비하기도 하지만 가공된 가금란(소금에 절이거나 간수로 삶은 것)을 많이 소비한다. 오늘날 대부분의 가금란은 도시와 농촌의 정기시장에서 소매로 거래된다. 중국 내의 도매시장 성장이 아직은 성숙되지 않아 가금란은 사육 농가에서 소매상에게 넘기는 판매 방식, 그리고 생산자가 도매시장을 통하여 판매하고 도매시장에서 다시 소매상으로 넘어가 소비자에게 유통되는 방식이다.

최근 중국은 세계 제2위의 닭고기 수입국이기는 하지만 그것은 모두 중국인들이 선호하는 특정 부위, 즉 닭발, 근위, 날개 등에 한정된 것이며 이러한 부위들은 선진국에서는 선호하지 않아 저렴한 가격에 수입되고 있다.

가금산업은 고병원성 조류독감(AI)으로 인해 큰 어려움에 직면하기도 하였다. 정부의 장려정책과 시장 요구에 따라 가금업계는 어려운 시기를 극복하였고 나아가서, 육류산업은 양보다는 질을 우선하는 생산으로의 전환기를 맞이하였다. 뛰어난 맛을 지닌 황색 닭 생산은 최근 몇 년간 20%가 증가였다. 생활 수준 향상에 따라 중국 소비자들이 이러한 품종의 닭을 선호하게 된 것이다.

가금육 수요는 계속되고 있으며 향후에도 큰 성장 잠재성을 가지고 있다. 그러나 가금육 생산은 아직 필요한 만큼 충분히 효율적으로 이루어지지는 않고 있다는 것이 전문가들의 판단이다.

다. 유제품

유제품은 주로 우유를 원료로 가공하여 제조되는 각종 상품이다. 대표적인 것이 액상유제품(각종 음용유, 유아용 조제유 등), 지방성유제품(버터, 저지방 크림 등), 농축유제품(가당 또는 무가당 연유 등), 건조유제품(탈지 또는 전지분유, 조제분유 등), 냉동유제품(아이스크림, 셔벗 등), 발효유제품(각종 치즈, 호상(糊狀) 또는 액상 요구르트 등), 유가공유제품(유당, 농축유청, 유청분말 등) 등 매우 다양하다. 주민의 소득 증가와 유제품의 소비는 밀접한 정의 상관관계를 가지며 낙농산업이 빠르게 성장하고 있는 이면에는 식품의 고급화와 다양성을 들 수 있다. 유제품 역시 계획경제 시기에는 국가가 모두 독과점 경영하는 형태에서 시장경영 방향으로 전환되기는 하였지만 아직도 국가 경영의 입김이 강하기는 마찬가지이다.

신선한 음용 우유는 가장 부패하기 쉬운 식품으로 유통기간이 짧고 단시간의 유통경로를 가지는 것이 유리하다. 따라서 우유의 유통은 '생산자 → 가공회사 → 소매상 → 소비자'의 경로를 거치는 것이 일반적이다. 북경, 상해 등의 일부 대도시는 이와 같은 구조이며 가공회사는 우유집하장과 가공공장을 경영하고 있다.

우유의 유통은 첫째, 가공회사와 소매상을 연결하는 유통으로 7~80년대에 병에 담아 배달하고 이를 다시 회수하여 사용하였다. 우유를 소독 포장하는 기술이 발전함에 따라 오늘날 비닐이나 종이봉지 등 무균 밀봉 포장기술의 광범위한 응용으로 소독된 우유의 소매상 유통이 가능하게 하고 보편화되었다. 소비자는 좌판이나 일반상점, 슈퍼마켓에서 편리하게 이용 가능하게 되었다.

둘째는 우유 가공업자가 직접 소비자에게 배달해 주는 방식으로 유통비용을 줄여 이윤을 더 남기는 방법이다. 90년대 이전 판매의 가장 중요한 루트였다. 생산된 우유를 낙농가에서 보급소로 보내면 소독을 거쳐 소비자에게 배달되며 대도시 주변에 아직도 존재한다. 유제품의 유통경로는 이와는 좀 다르고 복잡하다. 마시는 우유보다는 방부 밀봉처리를 하여 유통기간이 길고 분유는 유통기한은 2년까지 길다. 유통은 다음의 세 가지가 있다.

첫째, '가공기업 → 도매상(도매시장) → 소매상 → 소비자'의 과정으로 유통되고 있다. 도매와 소매시장에서 참여자가 많을 뿐 아니라 비독립적이고 서로 교차되어 유제품의 배송 판매망을 형성하고 있다. 흑룡강, 내몽고, 산동, 하북성 등의 원유생산지에서는 장거리 수송이 어려워 비교적 유통기한이 긴 분유, 초고온 멸균 우유, 연유 등으로 가공되어 보존, 운송이 편리하게 된 결과, 시장의 집산과 상품의 분산 기능이 크게 발휘되기 시작하였다.

유제품 도매 부분에는 국영, 단체회사, 개인사업자가 참여하고 있다. 대표적인 유제품 전문시장은 하얼빈의 강안(康安)도매시장으로, 위탁 판매가 가장 많은 곳이다.

셋째는 유가공 생산자가 소매상을 거쳐 소비자에게 배분되는 형식의 유통경로로서 대형 상점, 슈퍼마켓 혹은 프랜차이즈에 생산자가 직접 배달하여 주고 위탁판매를 한다. 여기에 해당되는 상품으로 프레인 요구르트, 아이스크림, 신선도를 요구하는 우유 등으로 대부분의 유제품이 이 경로를 통한다.

넷째, 유가공생산자가 소비자에게 직접 연결하는 유통경로이다. 유제품기업이 직접 설립한 유제품전문점 혹은 소매상점에서 유제품을 판매하는 것이다. 삼원(三元)공사는 베이징에, 네이멍구 이리(伊利)회사는 후허하오터(呼和浩特)에, 광주우유공사는 광저우(廣州)에 많은 유제품 직매장을 설립하였고 직접 소비자와 만난다.

그 외에도 베이징, 상하이, 티엔진, 광저우 등 일부 큰 도시에서는 소비자 수요의 증가와 유제품시장의 경쟁이 심화됨에 따라 가공기업이 직접 집까지 배달해 주는 서비스가 점점 일반화되어 가고 있다. 여기에는 음용유를 포함하여 요구르트 등도 택배가 이루어지고 있다.

라. 육류 가격의 변동

축산물은 일반적으로 대체성이 강하고 우등재와 열등재의 구분이 확실한 상품이다. 소비자는 일반적으로 한 상품의 가격이 오르면 가격이 오르지 않은 다른 재화의 소비로 옮겨 가게 되고 소득이 증가하면 기존의 소비상품보다 질 좋은 다른 상품을 구입한다. 따라서 열등재의 경우 소득 탄력성은 마이너스를 보인다.

[그림 3-8] 주요 축산물 연도별 가격의 추세(2000~2019)

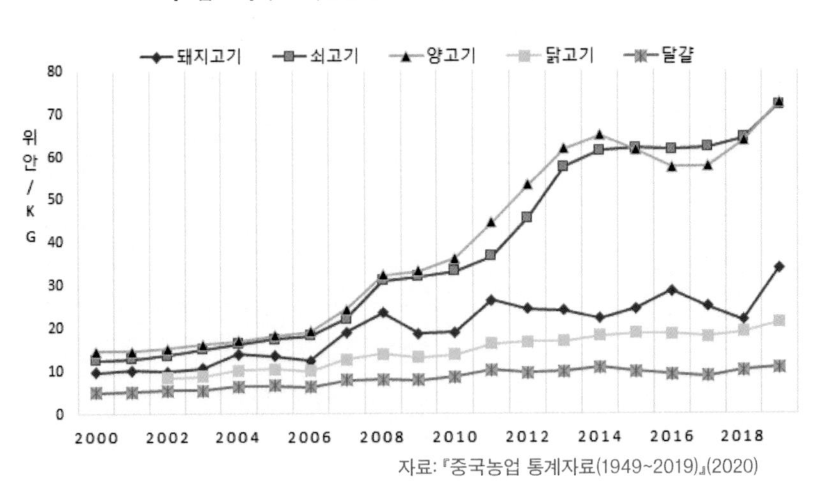

자료: 『중국농업 통계자료(1949~2019)』(2020)

[그림 3-8]은 중국의 연도별 주요 육류의 연중 평균 kg당 가격을 나타낸다. 소고기와 양고기 가격이 순위를 다투지만 2015년 이후 소고기가 우세하고 양고기 가격이 낮아졌다. 가금란은 소고기 가격의 약 15% 수준에 있다.

중국은 돼지고기의 세계 최대 생산지이며 동시에 최대 소비지이다. 돼지고기의 등락은 주민생활의 소비자 물가에 영향을 미친다. 돼지고기의 가격 변동은 부동산, 주식 시장 등 경제 전반에 영향을 미친다. 오죽하면 '소비자 물가 지수(CPI)'를 돼지고기 가격이 물가에 결정적인 영향을 미치는 것에 빗댄 '중국 돼지고기 지수(China Pig Index)'라는 풍자가 있다.

2016년 이후 돼지고기 수입과 아프리카돼지열병의 발생 그리고 소비자의 구매의욕의 저하 등 복합적인 요인들이 작용했을 것으로 추정된다. 중간에 돼지고기 가격의 급등으로 소고기 가격에 접근하여 소고기 소비가 늘어나기도 하였다.

4 맺는말

농업 부분 생산액에서 축목 부분은 26.7%를 차지하며 가축 중에서 돼지가 310,407천 두로 가장 많았고 산양, 면양, 육우, 젖소의 순이었다. 이는 아프리카돼지열병(ASF)으로 1억 3천만 두 이상을 살처분한 후에도 그런 것이다. 경영방식은 현대화되고 규모는 대형화되고 있으나 가축사양 대부분은 아직 최소규모의 단위가 압도적으로 높아 90%를 넘고 있었다. 지역별 가축 분포에서 돼지는 쓰촨, 허난, 후난, 윈난, 산둥성의 5개 성에서 37.4%, 육우는 허난, 쓰촨, 시짱, 광시, 지린, 산둥, 칭하이성 지역으로 이들 7개 지역이 전체 생산두수의 65.5%를 차지하며 젖소의 사육은 네이멍구, 신장, 허베이, 헤이룽장, 산둥성이 다른 지역에 비해 대단히 우세하였다. 가금류는 산둥, 광둥, 광시, 장수, 랴오닝성이 중국의 주된 가금육 생산지역으로 총생산량의 63.8%를 차지하였다. 돼지는 어느 성에서나 일반적으로 사양되고 있어서 지역적인 특성이 제일 적었다.

중국은 돼지고기의 세계 최대 생산 및 소비국으로 세계 생산량의 절반을 차지하지만 대부분 국내에서 소비된다. 소고기는 주로 중동 지역(이스라엘, 요단, 쿠웨이트 등), 돼지고기는 싱가포르, 알바니아, 아르메니아 등지로, 양고기는 홍콩, 아랍 에미리트, 요단, 쿠웨이트, 터키, 레바논으로 가금육은 홍콩과 말레이시아에 가장 많이 수출되고 있었다. 중국의 축산물 수출은 물량이나 수출액에 있어 원예작물 수출과 비교할 때 상대적으로 상당히 뒤떨어지고 있다.

2019년 주민 연간 1인당 육류소비량은 74.5kg이며 도시와 농촌의 소비에서 큰 차이를 보였다. 특히 유제품과 수산물 소비에서 차이가 났다. 주민들의 생활 수준이 개선되고 있으며 또한 최근 품질과 안전성에 대한 관심이 증가하여 양적인 만족에서 품질과 안전을 중시하는 방향으로 전환되고 있다. 소비 관념의 변화에 따라 정밀 가공한 부위별 고기, 소포장 고기, 반제품 고기, 익힌 고기제품의 소비 비중이 점차 증가할 것으로 전망되고 있다.

중국의 축산물이 본격적으로 한국에 상륙하지 못하는 이유의 배경에는 품질문제를 비롯하여 가축 질병, 잔류 물질 등 검역문제가 있기 때문이다. 우리나라는 중국의 멜라민 파동으로 유제품 수출이 증가추세에 있었지만 2010년 초 중국은 한국이 구제역 청정지역이 아니란 이유로 수출을 중단시켰다. 중국의 축산업은 종축, 사양과 영양, 방역과 위생, 설비 등에서 첨단이라고 보기 어렵지만 사료자원과 토지, 풍부한 노동력으로 가격경쟁력에서 우리보다 크게 앞선다.

가장 빠르게 성장하는 가축사양부문은 낙농으로 1996년 이후 연평균 7.8%로 빠르게 증가하여 왔다. 이는 중국 주민들의 소득 증가와 함께 식품의 다양화와 고급화 진행과 관련이 있다. 중국의 축산물이 냉동 또는 냉장 지육 형태로 한국에 본격적으로 대량 수입된 일은 없지만 축산물 가공품으로 수입되고 있다.

오늘날 시장경제하에서도 민영화된 국영계통의 회사는 큰 힘을 가지고 있다. 과거의 유통망과 장비를 그대로 인수받았고, 이들 기업이 정부정책에 따라 육류의 비축과 판매를 담당하고 있기 때문이다.

참고 문헌

01. 조석진, 『중국낙농산업의 실태와 전망 한국농업정책학회』, 2008.

02. 『中國統計年鑒』, 中國統計出版社, 2020.

03. 潭向勇·辛賢等, 『中國主要農產品市場分析』, 中國農業出版社, 2001.

04. "中國牧畜業年鑑", 中國農業出版社, 2019.

05. 『中國農業統計資料 1949~2019』, 中國統計出版社, 2020.

06. 『中國農村統計年鑑』, 中國統計出版社, 2019.

07. 『全國 農產品成本收益資料彙編』, 中國統計出版社, 2018.

08. 『中國農村住戶調查年鑒』, 中國統計出版社, 2019.

09. www.stat.kita.net

10. www.faostat.org

11. www.stats.gov.cn

12. www.ers.usda.gov

13. www.kati.net

감자의 생산현황과 주식화(主食化) 전략

중국의 곡물 수입은 해마다 증가하고 있다. 2004년부터 식량 수입국으로 전환된 이후 대두와 옥수수 등의 곡물과 과일의 상당량을 미국, 브라질, 호주 등에서 수입에 의존하고 있다. 따라서 14억 인구의 식량 안전을 확보하는 것은 가장 핵심적인 과제이다. 2000년대 들어 이미 농업과 식량정책을 국가의 최우선과제로 추진하고 있다. 특히 2004년부터 2021년까지 중국공산당 중앙의 '1호 문건(1号文件)'에는 모두 '삼농(三農)'문제가 포함되어 있었고 2014년에는 '식량안전보장 시스템 확보(完善國家粮食安全保障體系)'가 추가되었다.

농업의 생산성 향상으로 먹고사는 '원바오(温饱, 따뜻하고 배부른 생활)'문제는 해결되었으나, 도시화와 경제성장에 따른 음식 소비의 변화는 일부 곡물과 농산품에서 점점 수급 불균형으로 나타나고 있다. 특히 중국인의 생활 수준이 높아져 다양한 육류의 수요가 늘면서, 곡물이 주를 이루는 동물 사료 공급을 지속해서 늘려야 할 사정에 놓이게 되었다. 과거 중국인들은 돼지고기를 특히 선호하는 줄 알았지만 경제사정이 좋아지자 소고기와 양고기 소비량이 증가하고 소의 가격도 상승하기 시작하였다. 즉, 소고기 1kg을 생산하기 위해서는 사료용 곡물이 다량으로 필요한 것이다. 나아가 산업화로 농경지가 산업용지, 도로, 택지 조성 등으로 훼손되고 있다. 또 화석에너지 사용 급증으로 인한 기후변화는 고온, 가뭄, 홍수 등으로 식량 생산에 심각한 영향을 미치고 있다.

제1장에서 기술된 바와 같이 1958~1962년 '대약진운동' 시책을 강행했을 때, 자연재해가 겹치면서 심각한 식량난으로 2~4,500만 명이 아사한 뼈아픈 경험이 있다. 뒤이어 온 소위 '문화대혁명'으로 일컬어지는 1966~1976년 기간에는 사회, 문화, 정치적 소란으로 수많은 인명, 문화재의 손실 그리고 식량과 민심의 불안이 있었다. 오늘날 중국이 유난히 식량 안전에 민감하게 대응하고 있는 이유이기도 하다. 건강하고 안전한 식량을 확보하고 필요한 영양 섭취에 부족하지 않은 자국산으로 식량안보를 달성하겠다는 것이 중요한 과제이다. 그중에서 선봉에 선 작물은 감자이다. 실제로 중국 정부는 감자를 식량안보의 구원투수로 보고 재배면적을 대폭 늘리고 관련 산업을 키운다는 방침을 내놓았다.

중국이 감자에 주목한 이유는 간단하다. 감자는 물, 토지, 비료, 일손 네 가지가 다른 작물에 비해 상대적으로 절약되기 때문이다. 추위와 가뭄에 잘 견디고 척박한 땅에서도 잘 자라 대체 식량으로 주목한 것이다. 그뿐 아니라 씨감자 생산과 감자원료 가공제품 같은 병목현상의 조건이 해결되면 감자증산량을 크게 높일 수 있다.

중국은 2015년 감자를 벼, 밀, 옥수수 다음으로 감자를 주식화하는 전략을 세웠다. 현재 중국인의 주식인 쌀, 밀, 옥수수는 재배 가능 토지의 감소와 외연적 확장의 부족 등으로 인해 추가 증산을 기대하기 어려운 상황이다. 중국 지도부는 감자의 전략적 중요성을 새롭게 인식하게 된 것이다.

여기에서는 국제적인 감자의 전래와 보급, 세계의 생산상황 그리고 중국의 감자 생산현황과 주식화 전략을 살펴본다.

1 세계의 감자생산

1-1 | 감자의 기원과 전파

감자의 기원은 페루의 안데스 고원이다. 기원전 3000년경부터 재배되었고 잉카제국의 주요 식량이었던 것으로 전해진다. 국제감자연구소(CIP)가 페루의 수도 리마(Lima)에 있는 것은 이러한 감자의 기원과 관련이 있다. 감자의 유럽 전래는 1492년 콜럼버스가 신대륙을 발견한 이후 1560년대부터 스페인과 영국, 이탈리아, 독일 등 유럽으로 전파되기 시작했다. 전래 당시 유럽인들은 감자의 모양새 때문에 식용 작물로 여기지 않았고 감자를 먹으면 나쁜 질병(한센병)에 걸리는 것으로 여겨 먹기를 주저했다. 가축 사료로나 쓰였을 뿐 누구도 먹지 않았다. 성경에도 나오지 않았으며 특별한 맛도 느껴지지 않고 모양도 이상한 감자를 악마의 뿌리라고 하였다. 유럽에서의 감자 보급은 그리 수월하지 않았다. 처음 도입되었을 당시의 감자는 모양이나 색깔이 지금처럼 선명하고 크지 않았을 것이고 입맛을 끄는 것이 아니었을 것으로 추정된다.

유럽 전역에 감자재배가 퍼지게 된 것은 구교와 신교 사이에서 30년 종교 전쟁(1618~1648년)을 겪으면서 많은 나라가 식량부족의 빈곤에 시달렸다. 프로이센(현 독일)에서도 비슷한 시기에 감자재배법이 전해졌다. 당시 유럽은 전쟁의 연속이라 먹을 것이 부족할 때가 많았다. 계몽주의 국왕이었던 프리드리히 2세(Friedrich II, 1712~1786)는 감자재배를 강제적으로 시행했다. 18세기 중반 오스트리아와 전쟁의 후유증으로 황폐해진 국토를 재건하려는 그는 다르게 생각했다. 사람들이 빵이 없어 굶주릴 때 감자는 이를 구원할 수 있는 훌륭한 작물이라고 여겼다. 감자는 귀족만 먹을 수 있다고 선포했고 왕궁 소속 감자밭을 병사가 지키며 자신도 매일 감자를 먹으며 시범을 보였다. 그러자 귀족과 백성들은 '감자가 그렇게 귀한 것인가?'라며 먹어보기 시작했다. 오늘날 그가 '감자대왕'이라고 불리게 된 연유이다.

프랑스의 루이 16세는 주민들이 보잘것없는 것으로 여기는 감자에다 왕실의 위엄을 부여했다. 왕실 부지에 감자를 심도록 하고 최고 정예 호위대에 낮 동안 감자밭을 지키도록 했다. 왕실 감자의 가치를 확신하게 된 마을의 소작농들은 예상대로 밤사이에 감자를 훔쳐 달아났고, 감자가 널리 퍼지는 계기가 되었다는 것이다.

재배가 복잡하지 않고, 재배기간이 상대적으로 길지 않으며, 비옥하지 않은 땅에서도 재배할 수 있다. 이러한 점이 부각되면서 17세기 중반부터 식량원으로 자리매김하기 시작하였다. 특히 감자는 아일랜드(Ireland)인의 주식으로도 자리 잡았다. 영국 침략자들의 토지 강탈과 착취에 시달리고 있어 감자가 도입되자 적극적으로 재배하기 시작한 것이다. 영국의 곡물 수탈 때문에 곡물 대신 감자를 주식으로 삼게 되었다. 그러나 1847~1852년 감자의 역병으로 감자 수확이 없게 되면서 세기적인 대기근이 발생하기도 하였다.

아일랜드는 켈트족이고 종교는 천주교이며 자기들의 언어와 전통,

문화를 가진 민족이다. 이런 문화적, 정치적, 생물학적 환경은 이 새로운 작물을 위해 더할 나위 없이 잘 들어맞았다. 이 섬에서 곡류 재배는 극히 저조했고, 그나마 소규모 경작지도 영국 지주들이 차지하고 있었다. 아일랜드 소작농들은 사실상 아무것도 재배할 수 없는 불모의 땅에 감자를 심어 막대한 양의 식량을 일궈 냈다. 17세기에 계속되는 감자 풍년으로 유럽 인구가 증가하였고, 감자 역병이 돌았던 1840년대에는 수백만 명이 굶어 죽었을 정도로 감자는 유럽인들에게 중요한 식량자원이 되었다.

우리나라에 감자가 들어온 것은 조선시대의 실학자 이규경(李圭景)의 『오주연문장전산고(五洲衍文長箋散稿)』에서 밝히고 있다. 순조 때 갑신·을유 양년 사이(1824~'25) 명천(明川)의 김(金)이라는 사람이 북쪽에서 가지고 왔다는 설과 청나라 사람이 인삼을 몰래 캐 가려고 왔다가 떨어뜨리고 갔다는 설을 수록하고 있다. 중국으로부터 19세기 초보다는 이른 시기에 한국에 전파된 것으로 추정되고 있다.

1-2 | 세계의 감자재배

오늘날 감자의 생산과 소비는 전 세계에서 중요한 식량자원이고 값싸고 실용적인 농작물로 자리 잡았다. 현재 재배되고 있는 작물 가운데 가장 재배 적응력이 뛰어난 식물로 알려져 있다. 해안가에서부터 해발 4,880m의 히말라야나 안데스 고산지대에서까지 재배되고 있으며, 기후지대별로는 아프리카의 사하라 사막에서부터 연중 대부분 눈이 덮여 있는 그린란드에서까지 재배 가능 지역이다. 감자는 재배하기도 쉬웠지만 조리하기는 더 쉬웠다.

다른 곡물에 비해 감자가 갖는 장점 덕택에 아일랜드 이외의 유럽 지역에서 널리 재배되기까지의 과정은 '전투'에 버금갈 정도였다. 감자 재배를 강권하고 식용화를 권장한 프로이센(독일), 프랑스, 러시아는 감자 덕에 간헐적인 기아는 종식되었다. 다른 곡물을 심었을 때보다 훨씬 많은 사람이 먹고살 수 있었기 때문이다. 감자경작에는 다른 작물에 비하여 노동력이 많이 필요하지 않은 탓에 점점 많이 경작되었고 산업화해 가는 북유럽 도시의 식량을 댈 수 있게 되었다. 감자에 대한 편견이 마지막까지 존재했던 곳은 영국이었다.

FAO 통계에 따르면 2019년 세계의 재배면적은 1,734만 1천 ha에서 약 3억 7044만 톤이 생산되었다. [그림 4-1]은 2019년 대륙별 감자의 생산량의 구성을 보여 주고 있다. 아시아지역에서 51%, 유럽에서 29%로서 5분의 4 이상의 재배면적을 차지하였고 생산량에서도 압도적이다. 오세아니아는 0.2%의 면적과 1%의 생산량을 나타내었다. 여기서 유럽과 아메리카지역에서 상대적으로 수량성이 높고 반대로 아시아와 아프리카에서 수량성이 떨어진다는 추리를 가능하게 한다.

[그림 4-2]에서 보면 재배면적은 1990년의 면적 1,765만 6천 ha보다 2019년의 면적은 1,734만 1천 ha로 감소했다. 그러나 생산량은 약 39% 정도 늘어났다. 면적은 2000년 대비 약 11.6% 감소하였으나 생산량은 단수 증가로 14% 이상 증가하였다. 품종 개발과 생산기술의 발전에 따라 꾸준히 생산성이 향상되고 있는 것을 알 수 있다. 추세선에서 보이는 바와 같이 면적은 등락의 큰 변화가 없는 반면 생산량은 꾸준하게 증가되어 왔다.

아시아지역 생산량의 증가는 수량과 재배면적의 증가로 나타나고 유럽과 북미지역은 수량의 크기로 생산량이 결정된다. 그러나 아프리카의 생산은 재배면적 증대에 의해서만 생산량이 증가하는 경향이다. 재배기술이 일반화되지 않고 대륙 간의 생산기술 차이가 존재하기 때문이다.

[그림 4-1] 대륙별 감자생산량 분포(2019)

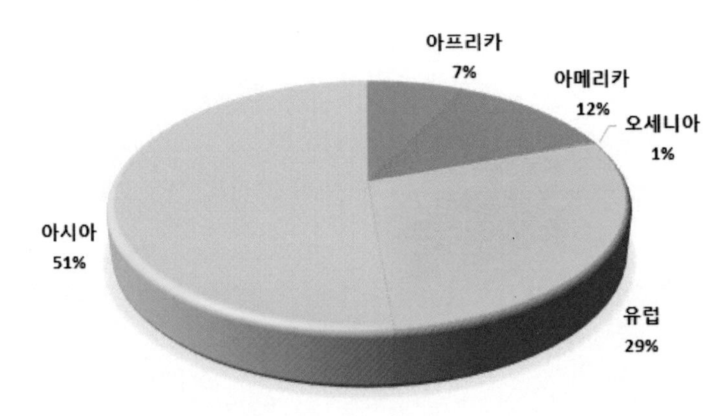

자료: FAOSTAT

[그림 4-2] 세계의 연도별 감자 재배면적과 생산량 추이

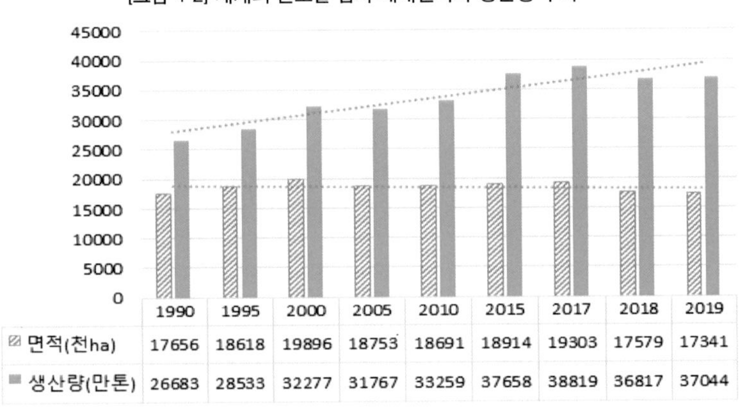

	1990	1995	2000	2005	2010	2015	2017	2018	2019
면적(천ha)	17656	18618	19896	18753	18691	18914	19303	17579	17341
생산량(만톤)	26683	28533	32277	31767	33259	37658	38819	36817	37044

자료: FAOSTAT

〈표 4-1〉 세계 주요 국가별 감자 재배면적과 생산량

단위: 천 ha, 만 톤

구분	2000		2010		2019	
	재배면적	생산량	재배면적	생산량	재배면적	생산량
세계	19,896	32,278	18,691	33,259	17,341(100)	37,044(100)
중국	4,723	6,628	5,205	8,153	4,912(28.3)	9,182(24.8)
인도	1,341	2,500	1,835	3,658	2,173(12.5)	5,019(13.5)
러시아	2,814	2,946	2,109	2,114	1,239(7.1)	2,207(6.0)
우크라이나	1,631	1,984	1,412	1,871	1,309(7.5)	2,027(5.5)
미국	545	2,329	408	1,835	381(2.2)	1,918(5.2)
독일	304	1,319	254	1,014	272(1.6)	1060(2.9)
방글라데시	243	293	435	793	468(2.7)	956(2.6)
프랑스	163	644	157	662	207(1.2)	856(2.3)
네덜란드	180	823	157	684	166(1.0)	696(1.9)
폴란드	1,251	2,423	401	845	302(1.7)	648(1.7)
한국	29	71	25	62	22(0.1)	63(0.2)

주: 2019년 기준 생산량이 많은 10개 국가 순으로 정리.
자료: 세계 감자산업 동향, 『세계농업』 2019.7, www.faostat.org

〈표 4-1〉은 2019년 기준 감자생산량이 가장 많은 10개국을 차례로 정리한 것이다. 중국이 세계 생산량의 25.9%로 세계 최대 감자생산국이었다. 약 4,512천 ha에서 9,182만 톤의 감자를 생산하였다. 이는 지난 2000년에 비해 재배면적은 22.1%, 생산량은 49.6% 증가하여 연평균으로는 각각 1.3%, 2.9% 증가한 수치이다. 같은 기간 세계 총생산량에 대한 중국의 비중은 20.5%에서 25.5%로 5% 증가하였다.

세계 2위 감자생산국은 인도이며 2019년에 약 2,173천 ha의 면적에서 약 5,019만 톤을 생산하였다. 이는 지난 2000년에 비해 재배면적은 62.5%, 생산량은 94.4% 증가하여 연평균으로 각각 3.7%, 5.6% 증가한 수치이다. 같은 기간 세계 총생산량에 대한 인도의 비중은 7.7%에서 12.5%로 4.8% 증가하였다.

중국과 인도의 감자생산량은 인구 증가와 함께 빠른 증가추세를 보이며 전 세계 생산량의 39.0%를 차지하고 있다. 3위는 러시아로 2019년 재배면적은 2000년에 비해 절반 이하로 감소하였다. 하지만 단수 증가에 따라 생산량은 2000년에 비해 24% 정도 감소에 머물렀다. 우크라이나는 같은 기간 재배면적이 약 19% 감소하였으나 생산량은 12.4% 증가한 2,027만 톤으로 집계되었다.

같은 기간 미국과 독일의 재배면적은 각각 23.9%, 17.7%, 생산량은 각각 14.1%, 11.2% 감소한 것으로 나타났다. 방글라데시는 세계 10대 감자생산국 가운데 가장 큰 생산량 증가를 보였는데 2000년 대비 2019년 재배면적과 생산량이 각각 105.5%, 248.3% 증가한 것으로 나타났다. 그 외에 세계 10대 감자생산국에는 폴란드, 네덜란드, 프랑스가 있으며 한국은 2019년 생산량이 69만 톤으로 세계 53위에 포함되고 있다.

총생산량은 재배면적과 단위면적의 생산성, 즉 수량으로 산출된다. [그림 4-3]의 수량은 2016~'19년 4년 기간의 나라별 감자 수량을 평균한 수치이다. 국가별 단수는 큰 차이가 있는 것을 알 수 있다. 단수가 높은 상위 그룹에는 주로 유럽 국가들과 미국이 포함되어 있으며 생산성이 낮은 그룹에는 세계 최대 생산국인 중국과 인도, 파키스탄 등 아시아 국가들이 포함되어 있다.

감자 재배면적이 9,500ha로 많지 않은 뉴질랜드의 단수는 세계 평균의 약 2.5배인 50,020kg/ha로 최고 생산성을 보였다. 미국과 여러 유럽 국가들은 세계 평균의 두 배 수준인 40톤/ha 내외를 보였다. 세계 최대 생산국인 중국의 생산성은 세계 평균보다 낮은 18,336kg/ha이며 한국은 24,411kg/ha로 세계 평균 수량보다는 높았다.

[그림 4-3] 세계 주요 감자생산국의 4년 평균 수량(2016~2019)

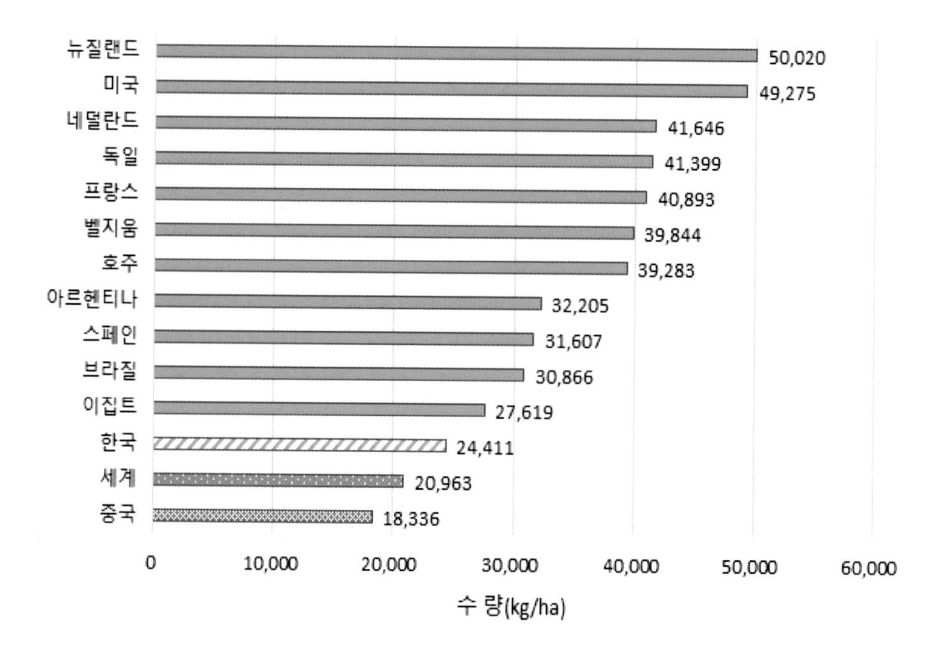

자료: FAOSTAT

2 중국의 서류 재배와 생산

2-1 서류(薯類)의 생산

중국에서 재배되는 서류는 감자, 고구마, 카사바(cassava, 木薯)의 세 종류가 대표적이다. 감자의 생산이 가장 많고 고구마는 감자보다 적지만 카사바보다는 훨씬 우세하다. 미국과 캐나다에서는 밤고구마(firm sweet potato)를 고구마로, 자색 껍질의 속이 주황색 고구마(soft sweet potato)를 얌(yam)으로 부르고 있다. 실제로 얌은 아프리카와 아시아가 원산지이고 아프리카에서는 식용으로 많이 이용한다.

〈표 4-2〉는 2000년 이후 중국 서류생산의 재배면적, 수량, 생산량의 변화추이를 나타낸다. 감자와 카사바의 재배면적은 2000년에 비하여 각각 26.9%, 19.0% 늘었고 생산량에서도 각각 33.1%, 21.6%가 증가하였다. 고구마의 경우에는 2000년에 비하여 면적은 42.1%나 줄었고 수량은 개선되었으나 감소한 면적을 상쇄할 만큼 높지 않아 생산량은 크게 늘지는 않았다.

고구마는 열대작물이다. 2019년 FAO 통계는 고구마의 세계 재배면적은 2,365천 ha, 총생산량은 5,139만 톤으로 집계하고 있어 감자 세계 총생산량의 15% 이하이다. 기후에 따라 재배면적이 제한되고 있기 때문이다. 15~35℃ 범위에서는 온도가 높을수록 생육이 왕성하다. 따라서 열대지방으로부터 온대지역에 걸쳐서 재배되며 여름 온도가 높을 때를 이용하여 상당히 북쪽까지도 재배할 수 있다. 재배의 북쪽 한계는 미국에서는 북위 40°, 동북 3성 지역에서는 북위 43° 정도이며 고지대에서의 재배한계는 해발 700m 전후로 알려져 있다.

〈표 4-2〉 중국 서류의 연도별 재배면적. 수량, 생산량의 추이(2000~2019)

구분	연도	재배면적(천 ha)	수량(kg/ha)	생산량(만 톤)
감자	2000 2010 2015 2019	4,273 5,205 5,518 4,912	14,032 15,664 17,190 18,692	6,627 8,153 9,486 9,282
고구마	2000 2010 2015 2019	5,815 3,545 3,321 2,365	20,289 20,925 21,420 21,897	11,798 7,417 7,112 5,139
카사바	2000 2010 2015 2019	238 278 289 299	15,966 16,367 16,473 16,629	380 455 477 498

자료: FAOSTAT

고구마 재배지역은 주로 아프리카로 전 세계 재배면적의 51%를 차지하며 생산량은 세계의 25%를 생산하고 있다. 아시아지역이 43%의 면적에 고구마를 재배하며 세계 생산량의 70%를 점유하고 있다. 아시아 최대 고구마 생산국은 중국으로 전 세계 재배면적의 36.5%를 차지하고 있다. 아시아지역에서 중국이 차지하는 비율은 재배면적은 84.6%, 생산량은 90.2%를 차지하고 있다. 중국의 고구마 재배면적은

2000년 5,815천 ha에서 2019년 2,365천 ha로 감소추세를 보였다.

아프리카의 고구마 주요 생산국은 나이지리아(162만 ha), 탄자니아(80.0만 ha), 우간다(39.2만 ha)였으며 아시아지역에선 중국이 3,363 천 ha로 압도적이며, 인도(128천 ha), 인도네시아(113천 ha), 베트남(121천 ha)등이 많이 재배하나 단위당 수량이 매우 낮아 생산량 또한 저조하였다. 고구마의 주요 생산국들은 주로 개발도상국들이며 현재 재배되고 있는 고구마는 자국 내 보조식량이나 사료 등으로 이용되고 있다.

카사바는 열대작물로 우리나라는 재배 적지가 아니어서 우리에게 익숙하지 않다. 그러나 소주(燒酒)를 만드는 원료, 바이오 에탄올, 사료, 제지, 식용, 제약(베이스로 이용) 등으로 그 이용은 매우 넓다. 남미 원주민들이 먹던 작물이 아프리카를 거쳐 동남아로 전파되었으며 사하라 이남 아프리카에서는 주민들의 주식으로 정착했다.

카사바 뿌리에서 추출한 녹말이 '타피오카'이다. 우리나라는 태국과 베트남에서 수입하고 있다. 한국의 소주를 만드는 기업들은 과거 고구마 전분을 발효시켜 에탄올을 만들고 증류했었다. 오늘날에는 수입 타피오카를 원료로 주정을 만든다.

중국의 카사바 생산지역은 광시(廣西), 광둥(廣東), 하이난(海南) 등 여러 성에서 재배되나, 대부분 북위도 22~24°에 있는 광시 장족 자치구 사이의 국경을 따라 언덕이 많은 지역에 집중적으로 재배된다. 지난 수십 년, 광시, 푸젠(福建), 장시(江西), 윈난(雲南)성의 카사바 생산량은 증가한 반면, 광둥성에서는 눈에 띄게 감소해 왔다. 중국은 부족한 카사바를 태국, 인도네시아, 캄보디아로부터 수입하고 카사바 전분은 인도네시아와 태국으로부터 들여오고 있다. 2018년 중국이 해외에서 수입한 카사바(매니옥 HS071410)는 1,131백만 달러어치를 수입하였다.

〈표 4-3〉 한국과 중국의 감자 재배면적, 생산량, 수량의 비교(1990~2019)

연도	중국			한국			비고
	재배면적 (만 ha)	생산량 (만 톤)	수량(a) (톤/ha)	재배면적 (만 ha)	생산량 (만 톤)	수량(b) (톤/ha)	a/b(%)
1990	286.5	3,242.0	11.3	2.1	37.1	17.7	64.1
1995	343.4	4,572.0	13.3	2.5	59.2	23.7	56.2
2000	472.3	6,627.5	14.0	2.9	70.5	24.3	57.7
2005	488.0	7,084.0	14.5	3.3	89.4	27.1	53.6
2010	520.5	8,153.5	15.7	2.5	61.7	24.7	63.5
2015	551.8	9,486.0	17.2	2.0	53.8	26.6	64.5
2019	491.2	9,282.0	18.7	2.2	63.0	28.6	65.4

자료: FAOSTAT

〈표 4-3〉은 한국과 중국의 감자 재배면적, 생산량과 수량을 비교한 시계열 자료이다. 재배면적과 생산량은 코끼리와 강아지에 비견되지만 두 나라의 수량을 비교하면 한국이 우세하다. 중국의 생산성은 우리나라의 약 55~65% 정도에 그친다. 1990년 한국의 64.1%에서 1995년 56.2%로 떨어졌다가 2019년까지 상승세를 이어 가고 65.4%까지 높아졌다.

중국의 감자 재배면적은 1990년 286.5만 ha에서 2019년 491.2만 ha로 연평균 2.7%로 증가하였고 생산량은 같은 기간 3,242만 톤에서 9,282.0만 톤으로 연평균 4.3%씩 증가하였다. 단위면적 ha당 수량은 1990년 11.3톤 수준에서 2019년 18.7톤 수준으로 증가하였으나 국제 평균 수량과는 아직 큰 차이가 있다. 우리나라의 수량 28.6톤의 65.4%로서 개선의 여지가 많이 남아 있다.

〈표 4-4〉는 1995년 이후 2019년 25년 동안의 식량작물 재배면적

의 변화추이를 보여 준다. 1995년 기준 서류의 경작면적은 9,519ha에서 2019년 7,142ha로 감소했으나 감자면적은 식량작물 재배면적에서 지속적으로 증가세를 유지하며 2019년 4.2%를 보였다.

〈표 4-4〉 중국 식량작물 재배면적의 변화추이(1995~2019)

단위: 천 ha

구분	1995	2000	2005	2010	2015	2019
식량작물(a)	110,061	108,462	104,688	110,877	112,203	116,064
곡물	89,310	85,264	81,874	89,851	94,394	97,847
두류	11,232	12,660	12,901	12,276	8,868	11,075
서류	9,519	10,538	9,903	8,750	8,941	7,142
(감자)(b)	3,434	4,723	4,880	5,205	5,518	4,912
%(a/b)	3.8	4.3	4.8	4.7	4.9	4.2

자료: 『중국농촌통계연감』 각 연도
주: 2019년 감자 재배면적은 fao 자료임.

2-2 | 감자재배 지대 구분

감자는 중국의 전 지역에 심을 수 있는 작물이다. 기후조건 및 재배시기에 따라 4개의 주요 재배지역으로 나눌 수 있다. [그림 4-4]는 재배 유형에 따라 중국 전 지역을 구분하고 [그림 4-5]는 지역에 따른 감자의 파종과 수확의 시기를 나타내고 있다.

첫째, 중국 북부의 단작지역으로 헤이룽장(黑龍江), 지린(吉林), 랴오닝(遼寧), 네이멍구(內蒙古), 허베이(河北), 산시(陝西:Shănxī), 산시(山西:Shānxī), 닝샤(寧夏), 간쑤(甘肅), 칭하이(青海) 및 신짱(新疆)과 같은 지역의 전체 또는 일부를 포함하는 광범위한 면적이다. 이 지역이 전체 재배면적의 약 49%를 차지한다. 이 지역에서 생산되는 감자는 씨감자, 직접소비 또는 가공용으로 이용된다. 이 지역에서는 4월 하순에서 5월 초순까지 파종하며 9~10월에 수확하는 단작 재배이다. 무상기간은 90~130일로 중생 및 중만생 품종이 재배되고 있다.

둘째, 윈난(雲南), 구이저우(貴州), 쓰촨(四川), 충칭(重慶), 시짱(西藏), 후베이(湖北), 후난(湖南)성 지역의 전체 또는 일부를 포함하는 중국 남서부의 혼작(混作) 재배지역으로 전체 재배면적의 39%를 차지한다. 이모작이 가능한 지역이다. 이 지역에서는 9~11월 긴 기간에 걸쳐 파종하며 수확은 다음 해 2~4월 수확한다. 감자생산이 가장 많은 지역이며 신선 감자로 소비되고 있다. 무상기간이 길고 해발 1,200m 이하에서는 봄과 가을 2기작 재배가 이루어지고 감자재배기간에 강수량이 풍부하다.

셋째, 후베이, 후난, 허난, 산둥, 장쑤(江蘇), 저장(浙江), 안후이(安徽), 장시(江西)성 지역의 전체 또는 일부를 포함하는 중부지역의 이모작(二毛作)지역으로 두 번 재배할 수 있으며 전체 재배면적의 약 5%를 점유한다. 봄 감자는 2~3월에 파종하고 5~6월에 수확하며 가을 감자는 7~8월에 심고 10~11월에 걸쳐 거둔다. 이 지역의 감자는 수출과 직접소비가 주를 이룬다. 감자재배에서 바이러스병, 청고병 등과 때로는 서리 피해 등이 문제되기도 한다.

넷째, 중국 남부의 월동지역으로 광시, 광둥, 하이난, 푸젠성을 포함하며 전체 재배면적의 약 7%를 차지한다. 여기에서는 10~11월에 파종하며 다음 해 2~3월에 수확한다. 이 지역의 감자는 주로 수출과 직접소비로 이어진다.

[그림 4-4] 감자의 재배 지대 구분

출처: www.potatopro.com

[그림 4-5] 지대별 감자의 파종과 수확

<table>
<tr><th>Jan</th><th>Feb</th><th>Mar</th><th>Apr</th><th>May</th><th>Jun</th><th>Jul</th><th>Aug</th><th>Sep</th><th>Oct</th><th>Nov</th><th>Dec</th></tr>
<tr><td></td><td></td><td></td><td>파종</td><td></td><td></td><td></td><td></td><td colspan="2">수확</td><td></td><td>북부단작지대</td></tr>
<tr><td></td><td colspan="3">수확</td><td></td><td></td><td></td><td></td><td colspan="3">파종</td><td>남서부혼작지대</td></tr>
<tr><td></td><td colspan="2">수확</td><td></td><td colspan="2">파종</td><td colspan="2">수확</td><td></td><td colspan="2">파종</td><td>중부이모작지대</td></tr>
<tr><td></td><td colspan="2">수확</td><td></td><td></td><td></td><td></td><td></td><td></td><td colspan="2">파종</td><td>남부월동지대</td></tr>
</table>

출처: www.potatopro.com

<표 4-5>는 2017년 각 성(省)별 감자재배의 면적(10만 이상), 생산량 그리고 수량을 순위로 정리한 것이다. 구이저우, 쓰촨, 간쑤, 윈난, 네이멍구 자치구 5개 성이 40~70만 ha의 재배면적으로 대부분 남서

부지역이었으며 생산량에서 이들 5개 성이 가장 많았다. 이들 5개 성이 전체 감자면적의 58.7%를 차지하였다. 생산량에서는 상위 5개 성이 전체 생산량의 55.9%를 점유할 정도로 우세하여 집중도가 높았다. 중국을 6개 농업지대[1]로 나누어 보면 감자생산은 주로 남서내륙지역에 집중되어 있다.

20~40만 ha의 재배면적은 충칭, 산시, 후베이성, 10~20만 ha의 면적은 산시, 헤이룽장, 허베이, 닝샤회족자치구였다. 10만 ha 미만은 14개 성이었고 통계에 면적이 나타나지 않는 지역은 베이징, 샹하이, 장수, 산둥, 하이난성 5개 지역이었다.

생산량은 면적과 수량의 종속변수이다. 대개 면적에 비례하나 수량에서 지역마다 크게 달라지면 순위는 달라진다. 수량이 7,000kg 이상으로 가장 높은 곳은 신장 위구르 자치구로 7,034kg(식량 환산 중량임), 6,000kg 이상 지역은 지린, 허베이, 랴오닝성 4,000~5,000kg의 수량을 나타내는 지역은 안후이, 시짱, 장시 등 10개 성이었다.

중국의 감자 수량은 세계평균 ha당 약 20톤에 비하여 약 18톤 정도로 92위에 있어 앞으로 생산성을 높일 수 여지가 많다고 할 수 있다.

1) 東北(遼寧, 吉林, 黑龍江)지방: 밭농사 지대 화북(河北, 河南, 山東)평야-비옥하나 황토지대, 밭농사 지대(잡곡) 華中(江蘇, 浙江, 安徽, 湖北 등)평야-세계적인 벼농사 지역(이모작, 쌀의 총생산량이 가장 많음) 華南(福建, 江西, 湖南, 廣東, 廣西, 海南 등)평야-2기작 벼농사(단위면적당 생산량이 가장 많음) 西北(新疆, 陝西, 內蒙古, 寧夏, 青海, 甘肅省 등)내륙-유목과 관개농업 西南(四川, 重慶, 貴州, 雲南, 西藏 등)내륙-축산, 잡곡, 감자, 유채

〈표 4-5〉 감자 생산지역의 면적, 생산량, 수량의 순위(2017)

지역	면적 (천 ha)	지역	생산량 (만 톤)	지역	수량 (kg/ha)
구이저우(貴州)	699.8	四川	283.8	신장(新疆)	7,034
쓰촨(四川)	684.1	貴州	231.7	지린(吉林)	6,944
간쑤(甘肅)	565.3	甘肅	191.4	허베이(河北)	6,308
윈난(雲南)	471.0	雲南	145.4	랴오닝(遼寧)	6,220
네이멍구(內蒙古)	432.1	內蒙古	137.5	안후이(安徽)	5,846
충칭(重慶)	335.0	重慶	117.6	시짱(西藏)	5,585
산시(陝西)	311.0	河北	102.7	장시(江西)	5,219
후베이(湖北)	203.8	黑龍江	80.0	광둥(廣東)	4,881
산시(山西)	168.1	陝西	79.6	헤이룽장(黑龍江)	4,877
헤이룽장(黑龍江)	164.1	湖北	64.9	후난(湖南)	4,162
허베이(河北)	162.8	吉林	41.7	저장(浙江)	4,148
닝샤(寧夏)	118.7	山西	40.9	쓰촨(四川)	4,148

자료: 『중국농업통계자료』(2017), 37쪽
주: 감자의 생산량은 식량으로 환산된 수치이며 신선 감자의 20%임.

2-3 | 감자의 소비

감자가 주 식량으로 올라서려면 축·수산물 식품이 곁들여져야 한다. 전분과 무기물 함량이 풍부하다고 하지만 단백질과 지방 성분은 불균형을 이루고 있기 때문이다. 따라서 육류와 함께 드는 감자와의 식사는 훌륭한 정찬이 될 수 있다. 독일을 비롯한 동유럽과 스칸디나비아의 나라들은 감자를 주요 식량원으로 가장 많이 소비한다.

[그림 4-6]은 2017년 기준, 중국 전체 감자소비량의 62%는 가정에서 신선 감자 상태로 소비되었고 사료용으로 19%, 가공용 9%, 종자용 4%, 수출용 1%이며 나머지 5%는 손실분으로 나타났다. 가공식품은

주로 감자녹말(50만 톤), 국수(30만 톤), 감자칩(30만 톤) 및 프렌치프라이(16만 톤) 등의 형태로 이용하고 있다. 감자칩, 프렌치프라이는 식생활의 서구화에 따라 소비량이 큰 폭으로 증가가 예상된다. 인구의 도시 집중화에 따라 부식·간식으로서 감자의 소비가 증가하고 경제 발전에 따라 가공품의 소비가 높아질 것으로 전망하고 있다.

[그림 4-6] 감자소비 형태별 구성비(2017)

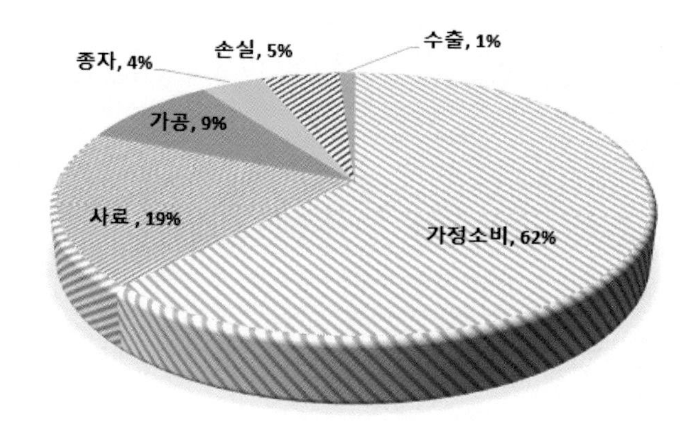

자료: 세계 감자산업 동향, 『세계농업』 2019.7

1600년대만 해도 중국엔 감자가 없었고 들어온 뒤에도 주식이 아닌 채소로 인식돼 반찬에 머물렀다. 쌀이 농경문화의 중심이었고 밀가루로 만든 만두나 국수가 보통 또는 그 이상의 부를 상징했다. 반면 감자는 '빈자들의 음식', '사료용 작물' 정도로 치부되었기 때문이어서 열등재로 취급되었다. 이 때문에 중국은 세계 최대 감자생산국이면서도 생산량 중 상당량을 사료용으로 수출했다. 미국이 감자생산량의 80%를 국내에서 소비하는 것과 비교된다. 중국의 1인당 연간 감자소비량은 41kg인 반면 유럽은 80kg 이상이다. 그러나 중국의 감자소비에도 변수가 생겼다. 중국인들의 입맛이 서구화되고 프렌치 프라이·감자칩 등을 즐기게 되면서 식생활에 파고들 여지가 생긴 것이다.

감자는 중국의 식량안보 유지를 위한 핵심 작물이 되어 가고 있다. 세계 최대 인구 대국인 중국의 고민은 14억 명을 굶기지 않는 것이다. 기후변화나 가뭄 등 기상이변이 속출하면서 안정적인 식량 확보가 어려워지고 있기 때문이다.

FAO가 2005년 조사한 결과에 따르면 벨라루스(Belarus)가 연간 1인당 감자소비량이 181kg으로 세계에서 가장 많이 먹는 것으로 나타났고 2위는 키르기스스탄으로 143kg, 3위는 136kg의 우크라이나가 차지하였다.

프랑스의 감자 전파와 소비는 '감자의 아버지'로 불리는 앙투안 오귀스탱 파르망티에(Antoine-Augustin Parmentier, 1737~1813)의 노력이 있었다. 약사이자 농학자인 그는 감자 보급을 위해 평생을 바쳤다. 7년 전쟁 시기 포로로 프로이센(독일) 감옥에서 감자만을 먹고 연명했다. 귀국 후 그는 전쟁을 위해 식량 증산을 하려면 감자재배를 해야 한다고 왕실에 청원했다. 받아들이지 않자, 그는 감자로만 이루어진 왕실 연회 코스 요리를 만든다. 이때 튀김 감자가 처음 나왔다. 미국인들이 감자튀김을 맛보고 미국에 가서 'French Fries'라는 명칭이 생겼다. 그것이 고유명사가 되어 오늘에 이르렀고 그를 기념하는 전철역과 거리 이름이 파리에 있다.

2-4 | 씨감자 생산

5,000여 품종의 감자가 전 세계적으로 재배되고 있다. 이 중 3,000여 개는 안데스 지역(페루, 볼리비아, 에콰도르, 칠레, 콜롬비아)에서만 발견되는 품종이다. 그 외에도 200개의 야생 품종이 있으며 이들은 재배되고 있는 품종과 교배되기도 한다. 교배를 통한 새로운 품종 개발뿐 아니라 종자 기업에서는 옥수수와 대두처럼 감자의 이용 효율 증대를 위해 다양한 품종을 이용해 GM감자를 개발하기도 했다.

감자는 그 식물 자체가 씨앗(종자)이 되는 작물이다. 하지만 대다수의 감자는 밭에서 재배될 때 진딧물에 물려 바이러스에 걸리게 된다. 이런 감자를 먹으면 인체에는 무해하지만, 종자로 심으면 수확량이 3분의 1로 떨어진다. 따라서 감자 수량은 낮을 수밖에 없다. 바이러스에 감염되지 않은 우량무병 씨감자를 매년 확보하는 것이 감자 농사의 기본 요건이다. 선진국에서 '무병 씨감자' 생산연구가 활발한 이유이다.

현재 중국 우량 씨감자 공급률은 25% 미만이며, 새알 씨감자(minituber) 생산에 치중하고 있다. 종자산업 육성정책에 따라 2020년까지 무병 씨감자 공급률을 40%까지 달성하는 것을 목표로 삼고 있다. 이러한 보급종 씨감자를 생산하기 위한 채종포 면적은 연간 20~30만 ha가 필요하다는 것이다. 중국의 보증된 씨감자 보급은 25% 수준이며, 농가들은 새로운 씨감자를 구입할 때까지 수년간 반복해서 씨감자를 이용하고 있다. 감자 보관 설비가 충분하지 않아 북부지방에서 씨감자를 생산하여 수천 킬로미터 먼 남쪽으로 수송하는 실정이다.

중국은 감자 재배면적이 넓고 생산 시기도 다양하나 씨감자 생산 기술 수준이 낮아 생산성이 떨어진다. 씨감자 생산성은 성별로 큰 차이가 있으며, 대략 7.3~38.2톤/ha 수준이다. 신장(新疆), 허베이(河北), 랴오닝(遼寧), 안후이(安徽), 지린(吉林)성 등은 생산성이 높으며, 산시(山西)성, 닝샤(寧夏)회족자치구, 산시(陝西)성 등은 낮다. 씨감자 재배면적과 생산량이 꾸준히 증가되고 있으나 단위면적당 수량은 15톤/ha 미만으로 우량 품종 및 씨감자의 수요가 지속적으로 증가하고 있다. 연간 씨감자 소요량은 연간 762만 톤 정도이나 생산량은 290만 톤으로 38% 정도이다.

중국은 세계에서 가장 큰 감자생산과 소비 국가이다. 무병 씨감자가 100% 가까이 보급된 미국의 경우 ha당 4.9톤의 감자를 수확하나 중국은 18.3톤에 불과하다. 중국 정부가 무병씨감자 생산업체의 현지 진출에 전폭적인 지원을 하겠다고 나서는 배경이 여기에 있다. 중국에서 가장 문제가 되는 감자 병해는 역병(late blight), 둘레썩음병(ring rot), 풋마름병(bacterial wilt), 바이러스병(potato viruses) 등으로 알려지고 있다.

한국의 이그린글로벌(E-Green Global, EGG)은 2009년도에 설립한 신생 기업이다. 무병 씨감자 생산기술을 보유하고 있는 농업벤처 회사이다. 2012년 EGG는 중국의 감자전분 전문업체인 충텐(崇天)과 함께 '이농서업회사'를 설립하고 하얼빈에 초기 씨감자를 생산하는 식물공장을 만들었다. 여기에서 만든 씨감자는 헤이룽장성 2개 현에서 무병 씨감자를 생산하고 이 씨감자를 공급하는 것이다. 또한 2015년 최대 농기업 베이다황그룹(北大荒集團)과도 씨감자 공급을 위해 합작법인 '흑토지유한공사'를 설립했다.

2-5 | 유기농 감자생산

중국의 감자생산 대부분은 도시에서 멀리 떨어진 대형 공장이 없는 한계 지역에서 재배되고 있다. 중국에는 592개의 빈곤한 현(縣)이 있으며 이 중 429개 현에서 감자가 재배된다. 이들 429개 현의 감자 총 재배면적은 중국 전체 재배면적의 58.1%를 차지하고 나머지 900개 현의 감자 재배지역은 41.9%를 차지한다. 어려운 경제 상황으로 인해 농부들은 비료와 살충제를 거의 사용하지 않는다.

오랜 역사를 가진 농업의 전통을 가지고 재래적인 농업생산에 유기농 비료를 사용하는 것이다. 유기 비료는 20세기 전에 중국의 농업생산을 지배했다. 지금까지 농민들은 여전히 중국 일부 지역의 감자생산에 유기농 비료를 사용하고 있으며, 유기 비료는 화학 비료보다 더 많이 사용되고 있다.

유기농 감자생산은 생산자에게 더 높은 소득을 줄 수 있다. 유기농 감자의 가격은 일반 감자보다 3배 이상 높다. 슈퍼마켓에서 일반 감자의 가격은 약 2.5元/kg인 반면 유기농 감자의 가격은 약 8元/kg이다(알리바바 상품 유기농 감자가격 300~400달러/톤). 유기농 감자 생산비용은 일반 감자보다 높고 생산량도 적지만 시장가격이 이를 보상해주고 있다.

유기농 식품의 개발은 유기농 감자의 생산을 촉발하게 한다. 감자

생산에는 윤작이 필요하며 유기농 감자는 밀, 옥수수(중국 북부) 및 벼(겨울 감자)와 같은 다른 유기농 작물과 함께 윤작으로 재배하는 것이다. 유기농 쌀 생산과 결합하여 중국 남부의 논에서 유기농 감자생산이 일반화되고 있다.

중국의 감자생산에는 세 가지 주요 제약 조건이 있다. 종자, 역병 및 가뭄이다. 감자 생산지역의 대부분은 역병과 가뭄으로 고통받고 있다. 역병을 통제하는 화학 살충제는 유기농 감자생산에서 엄격히 금지되며 역병 내성이 강한 품종이 이 상황에서 최선의 선택이 될 수 있다. 신선한 공기, 건강한 토양, 그러나 비가 적은 주변 및 건조한 지역에서는 가뭄에 강한 품종이 제일 좋은 선택이 될 수 있다.

경제 발전은 유기농 식품의 소비를 자극할 것이다. 지난 10년 동안 중국은 연간 9% 전후의 성장률로 빠른 경제 발전을 경험했다. 소득의 증가는 유기농 감자를 포함하여 더 비싼 유기농 식품의 소비가 늘어날 것이다.

유기농 감자생산의 가능성은 크지만, 재배에 영향을 미치는 몇 가지 제약도 있다. 식량안보를 위해서는 음식의 양이 음식의 질보다 중요하다. 이것은 국가 인구의 지속적인 성장과 경작지의 감소 때문이다. 적잖은 사람들이 가격이 높아 유기농 감자를 구입할 여유가 없을 수도 있다. 소규모 농업은 유기농 감자생산에 대한 또 다른 제약이다.

3 감자 주식화 전략

3-1 | 감자 주식화의 배경

중국은 세계 농경지의 7%를 점유하고 세계 인구의 약 20%를 부양해야 하는 부담이 있다. 인구 증가와 경제 발전으로 식생활 패턴이 바뀌어 가면서 옥수수, 밀 등 주요 곡물과 대두 수입량이 증가하며 세계 곡물 교역 시장을 흔드는 '큰손'으로 등장한 것이다. 특히 대두의 경우 세계교역의 64%를 중국이 수입하고 있다. 이 때문에 세계 곡물가격에 지배적 영향을 주는 국가가 되었다.

〈표 4-6〉은 중국의 농수산물 수출입 연도별 시계열 자료를 보여준다. 쌀 수출은 1998년 375만 톤(표에는 없음)이 정점으로 해마다 감소를 이어 왔고 2012년 28만 톤에 그쳤으나 2019년 275만 톤으로 회복되었다. 가장 수출이 두드러진 것은 원예 농산물 수출의 증가세이다. 물량으로 채소는 1990년에 비해 9배 이상, 과일은 약 16배, 수산물 12배가 증가하였다.

모든 곡물의 수입량에서 해에 따라 변이가 매우 크다. 밀 수입량은 1990년 1,253만 톤을 정점으로 매년 감소하였으나 2012년 이후 계속 증가세를 유지하며 2019년 349만 톤을 수입하였다. 옥수수도 1995년

518만 톤을 수입했으며 2010년 157만 톤까지 감소했다가 2019년 479만 톤으로 증가세를 나타냈다. 특히 대두의 경우 2000년 수입자유화를 실시한 이후 중국의 대두 도입은 해마다 폭발적으로 증가했다. 국내 소비량의 80%를 수입에 의존하는 대두 수입은 2017년 9,553만 톤으로 국제 대두 교역의 60% 이상을 중국이 수입했다. 2019년 8,851만 톤으로 수입은 감소했으나 국내 수요에는 충족하지 못하는 양이다. 착유와 두부 제조 그리고 대두박은 주요 단백질원으로 사료에 이용되기 때문이다. 이에 따라 중국의 전체 곡물 수입량도 해마다 가파른 오름세를 타고 곡물 수출은 큰 폭으로 줄어드는 추세이다.

〈표 4-6〉 연도별 농산물 수출입 변화추이(2000~2019)

연도	수출(만 톤)					수입(만 톤)				
	쌀	면화	채소	과일	수산물	밀	옥수수	대두	면화	식용유
1990	33	17.0	98	23	36	1,253	37	0	42	112
1995	5	2.0	158	40	61	1,159	518	29	74	213
2000	295	29.2	245	82	120	88	-	1,042	5	179
2005	69	0.5	520	200	176	354	-	2,659	257	621
2010	62	0.6	655	300	243	123	157	5,480	284	687
2012	28	1.8	741	604	368	370	521	5,838	513	845
2015	28.7	2.9	833	287	391	301	473	8,169	147	676
2019	275	5.2	948	361	419	349	479	8,851	158	629

자료: 『중국농촌통계연감』(2019), 『중국농업 통계자료(1949~2019)』(2020)
주: 2019년의 채소 수출량과 식용유 수입량은 2018년 통계량임.

식량 수출국이던 중국이 2007년 이후 곡물을 많이 수입하기 시작하면서 국제 곡물가를 끌어올려 애그플레이션(agflation)을 부추기는 등 세계 식량위기의 주범이 될 수 있다고 지적한다. 중국은 왜 이처럼 식량 수입량이 늘어나게 되었는가? 크게 세 가지 이유를 들 수 있다.

우선 경제 발전으로 소득 수준이 높아져 중국인들의 식생활 패턴이 바뀌면서 곡물 수요가 급증하고 있기 때문이다. 특히 소득 증가는 식생활의 서구화를 가져와 유제품과 육류소비가 늘고 있다. 중국인은 특별히 돼지고기를 선호하는 것으로 알려졌으나 오늘날 소고기 양고기 소비가 크게 늘고 있다. 1인당 평균 육류(돼지, 소, 양고기)소비는 2019년 도시에서 28.7kg, 농촌에서 24.7kg으로 육류소비의 성장은 2018년보다 도시와 농촌 모두 역성장을 보였다. 이는 돼지열병으로 인한 돈육시장의 파동으로 인하여 소비가 줄었기 때문이다. 도시와 농촌에서 각각 돼지고기 8.0%, 12.2%가 감소한 반면 소고기와 양고기는 예년과 비슷한 소비 수준을 보였다. 우유소비는 연간 도시에서 16.7kg, 농촌에서는 7.3kg으로 큰 차이를 보였다. 이 같은 단백질 소비 증가는 육류 사육에 필요한 사료용 곡물 수요 증가로 이어져 자연이 옥수수 등의 수입량이 증가로 연계되고 있다.

둘째, 자연재해에 따른 곡물 자급률 하락도 주요 원인이다. 최근 기후 악화로 중국의 최대 밀 생산지인 산둥(山東)과 저장(浙江)성의 수확량이 절반 가까이 감소했다. 여기에다 중국 동북지역의 해충과 자연재해로 곡물 생산에 큰 어려움을 겪고 있다. 중국 정부가 콩, 쌀, 밀에 대한 자급 비율을 높이기 위해 농업 분야 투자를 큰 폭으로 늘리며 안간힘을 쓰지만, 주요 곡물 자급률 95% 달성은 사실상 쉽지 않은 실정이다.

셋째, 수확 농산물 관리 부실과 낭비적 식생활 습관도 식량 수급의 악재로 작용하고 있다. 중국 농업부에 따르면 수확 후 손실률은 연간 곡물 7~11%, 감자·과일 15~20%, 채소 20~25%로 집계하고 있다. 이에 따른 직접적인 경제 손실 규모도 3,000억 위안(약 52조 원)을 넘는 것으로 추정한다.

중국은 접대나 결혼식, 파티 등 모임에서 대개 다 먹을 수 없을 정도로 많은 양을 준비하는 문화가 있다. 그들이 이처럼 많은 음식을 준비하는 것은 친분의 상징이자 예의이고 그들의 체면으로 여긴다. 음식이 남아야 제대로 접대한 것으로 여기는 것이다. 대부분 식사 후의 자리를 보면 적지 않은 음식이 남아 있다. 식탁에서 낭비되는 음식을 금액으로 환산하면 연간 2천억 위안(35조 원)에 달하며 이는 2억 인구가 1년 동안 먹을 수 있는 음식의 양과 맞먹는다는 것이다. 한국도 하루에 생기는 음식쓰레기 발생량은 15,680톤으로 조사된 바 있고 이를 가격으로 환산하면 수조 원에 달할 것이 분명하다.

중국의 식량 공급 측면에서 보면 경지면적의 제한, 수자원 부족, 식량 작물의 수익성이 하락하였다. 농민공의 도시로의 이주와 도시화율이 높아지면서 농업노동력 부족과 노동의 노령화, 부녀화로 인한 노동의 질 저하가 있다. 농업재해와 환경규제 강화로 인해 식량증산의 여력이 크지 않은 것이다. 그러나 식용 및 사료용 식량의 수요는 지속적으로 증가하는 추세여서 식량의 안정적 공급문제, 즉 식량안보는 중국 농정에서 최우선 순위를 차지하는 정책 목표이다.

3-2 | 주식화를 위한 지원과 목표

중국 지도부는 미래의 식량안보를 보장해 줄 카드로 감자의 전략적 중요성을 새롭게 인식하게 됐다. 현재의 주식인 쌀, 밀, 옥수수는 재배 가능 토지의 외연적 확대가 점점 기대하기 어려운 상황이다.

감자는 내한성과 내건조성(耐乾燥性)이 강하고 지역 적응성이 우수하여 남부지역에서부터 북지역까지, 고산지대로부터 평야 지대까지 재배할 수 있다. 물, 토지, 비료, 농약, 일손까지 절약 효과가 뛰어나다고 평가하는 것이다. 한마디로 '효자 작물'로 보는 것이다. 한편 농업의 지속적 발전과 농작물의 작부체계 조정에도 적합한 대체작물로 간주한다. 감자 주식 메뉴 및 가공기술 개발, 품종 육성 및 관련 기술의 발전으로 감자 주식화 실현에 필요한 여러 조건을 갖추고 있다고 평가하는 것이다.

특히 중국은 수자원 부족 현상이 점차 커지고 있어 식량 생산을 어렵게 하는 상황이다. 그러나 감자는 강수량이 부족하여 곡물재배가 어려운 지역에서도 재배가 상대적으로 쉽다. 역사적으로 대표적인 구황작물로서 기능하였고 이미 유럽과 미국 등 주요 선진국이 이미 감자를 주식화하고 있는 현실을 본 것이다.

농업부는 "감자산업 발전을 통해 '샤오캉(小康) 사회(의식주 걱정이 없는 안락한 중산층 사회)'를 이루겠다"고 밝혔다. 중국 정부는 감자생산을 장려하기 위해 재배 농가에는 1무(畝)당(666.7㎡≒200평) 100위안(18,000원)의 보조금을, 기업에는 1무당 500위안을 지원키로 했다. 농가가 씨감자를 구입할 때에도 톤당 700위안을 지원 대여한다(씨감자 시세 3,500위안/톤). 그 외에도 4~5세대 파종용 씨감자 증식을 위한 생산과 관련된 시설(냉장시설 창고), 관수, 농약, 비료 등의 비용도 지원한다.

2015년 '감자 주식화 발전전략 세미나'에서는 ① 감자를 이용해 중국인의 소비 습관에 맞는 만두, 국수, 쌀가루 등 주식제품의 소비를 확대하여 감자를 부식(副食) 소비에서 주식 소비로 전환하고 ② 원료 농산물 생산에서 완제품 생산으로 전환하며, ③ 굶주림을 해결하기 위해 배를 채우던 생존형 소비에서 영양·건강형 소비 전환으로 중국의 3대 주식인 쌀 밀 옥수수에 이어 감자를 제4의 주식 작물화하는 것이라고 정의하였다.

중국은 향후 감자 생산면적을 2016년 기준 554.3만 ha에서 약 1,005만 ha 수준으로 확대하고 연간 신선감자 생산량을 현재의 9,565만 톤에서 2억 5,000톤 수준으로 끌어올려 식량안보 수준을 획기적으로 높인다는 목표를 제시한 바 있다.

수천 년 동안 쌀, 만두, 국수에 익숙해진 중국인들의 식생활 습관이 일시적으로 변화되는 것을 기대하기는 쉽지 않아 보인다. 중국에는 기후와 농산물 생산의 종류에 따라 남미북면(南米北麵)의 식생활 유형이 그대로 잠재되어 있다. 감자를 일상의 주식으로 소비하는 지역은 주로 목축업이 발전한 나라들이다. 중국민의 소득 증가로 1인당 육류소비가 크게 높아졌으나 서구의 식탁에서 보는 육류를 공급하기에는 좀 더 소득이 높아지는 시간이 필요하다.

감자 주식화의 성패는 소비자들이 감자 주식화 제품을 얼마나 소비하느냐가 관건이다. 중국은 앞으로 감자의 재배면적, 수량, 생산량 증대에 주력할 것이다. 한편 품종의 선택, 재배지역의 특화, 생산의 기계화, 경영을 산업화하여 감자제품을 장려할 것이다. 감자 주식화

제품의 소비가 전체 식품 소비량에서 차지하는 비중을 높이는 데 주력할 것이다.

예로서 내몽고 자치구 우란차부(乌兰察布)시에는 감자 무균 조직배양실 1.18ha, 표준화 온실 22무(畝, 약 1.45ha) 그리고 원종 밭 1.5만 무(약 991.7ha)를 만들어 조직 배양, 온실 재배, 원종 번식을 위한 1, 2급의 감자 종자 생산의 완전한 체계를 만들었다.

4 맺는말

감자는 우리에게 익숙하고 가까이 접할 수 있는 작물이지만 대개 주식으로 사용되지 않고 가공용, 부식, 간식으로 이용되고 있다. 감자가 유럽으로 처음 도입된 것은 1570년대이었으나 200여 년 이상 '찬밥신세'였다. '악마의 뿌리', '만병의 원인' 등의 확인되지도 않은 누명을 붙였다.

소설 저작의 문장 속에서도 감자는 '천한 음식'으로 묘사했다. 영국의 의회법 학자인 리처드 코브던(Richard Cobden, 1804~1865)은 "감자를 먹는 사람은 어떤 직업에서도 역량을 발휘하지 못할 것"이라고 기술했다. 이런 오명이 벗겨진 것은 1750년 간행된 '식물지'에서였다. 저자인 영국 식물학자 존 힐(John Hill, 1716~1775)은 "감자에 독(毒)이 없다"는 사실을 처음으로 밝혔다. 역사적으로 대부분 지배층의 관심 밖에 있었다.

반면 일찌감치 감자의 가치에 주목한 학자들도 있다. 1664년 존 포스터는 『대량 감자재배로 증가한 영국의 행복』이라 책을 냈다. 당시 재정이 어려웠던 왕, 찰스 2세에게 "감자가 식량난 해결의 확실한 열쇠"라며 "영국(England)과 웨일스(Wales)지역에 대량 재배하면 식량 기적을 일으킬 것"이라고 제안했다. 맬서스(Thomas Malthus,

1766~1834) 역시 『인구론』에서 감자가 기근을 해결할 유용한 대책이라고 주장했다. 이처럼 감자는 긴 세기 동안 논란과 시련 속의 작물이었다.

FAO는 2019년 세계 감자 재배면적은 17,341천 ha이며 생산량은 3억 7,044만 톤으로 추정하고 있다. 감자를 재배하는 나라는 159개국이다. 7대 감자생산국은 중국(24.8%), 인도(13.5%), 러시아(6.0%), 우크라이나(5.5%), 미국(5.2%), 독일(2.9%), 방글라데시(2.6%)가 포함된다. 2019년 100만 톤 이상 생산하는 나라는 44개국, 10~100만 톤 생산국은 58개국, 1~10만 톤 29개국, 1만 톤 이하를 생산하는 나라도 28국이다. 생산량으로는 옥수수, 벼, 밀 다음으로 4위, 재배면적으로는 8위를 차지하는 주요 작물이다. 한국의 생산은 53순위(0.2%)에 있다.

감자는 역사적으로 허기를 달래 준 구황(救荒)작물이었다. 유럽에서는 19세기 중반까지만 해도 농민층 사이에서 비싼 빵을 대신해 허기를 달래 준 유일한 작물이었다. 영국의 압제하에 있던 아일랜드는 1845년 감자잎 마름병이 번지며 감자밭은 쑥대밭이 됐고 세기적인 대기근(Great Famine, 1846~1852)이 유발되었다. 이 기근으로 100만 명 이상이 굶어 죽었다. 굶주림에 지쳐 대서양을 건너간 아일랜드 후손들은 존 케네디, 지미 카터, 로널드 레이건 등 10여 명의 미국 대통령을 배출하였고 오늘날 영국보다 부유한 유럽의 경제 강국이 되었다.

중국은 2015년부터 감자 주식화 정책을 본격화하기 시작하였다. 감자를 앞세워 농업발전을 이루고 이를 통해 식량안보의 불안에서 벗어나려는 전략이다. 식량안보는 줄곧 최우선 순위의 정책 목표였다는 점에서 이 정책은 식량 증산을 실현할 수 있는 유력한 방안이다. 그러나 문제는 무병 우량 씨감자 생산과 감자 주식화 제품을 얼마나 소비하느냐가 문제이다. 제품의 개발과 소비에서도 유럽 선진국에 상대적으로 뒤떨어진 상태여서 증산 잠재력은 매우 큰 것이다.

감자의 주식화는 우리나라에서도 1970년대 식량부족 상황에서 쌀과 보리에 이어 제3의 주식화를 추진했던 경험이 있다. 북한도 식량난 해결 차원에서 1990년대부터 '감자농사혁명'이라는 구호 아래 감자의 주식화를 목표로 재배면적 확대와 생산 증대를 정책적으로 추진하였다.

중국 농업부는 "감자산업 발전을 통해 '샤오캉(小康) 사회'를 이루겠다"고 밝혔다. 중국의 감자 재배면적은 2019년 전 세계 총면적의 약 30% 정도이며 생산량은 전 세계의 25.5%에 달한다. 하지만 단위면적당 수량은 전 세계평균 수량 20.963kg/ha에 미치지 못한다. 18.3톤/ha로 92위에 그쳤다. 이는 무균 우량 감자품종의 부족 때문이라고 할 수 있다. 선진국의 90% 이상의 면적에 무균 씨감자가 보급되는 반면 중국은 25% 미만에 그친다. 따라서 무균 우량감자 품종의 보급으로 생산성을 높이는 것이 핵심이다. 감자생산 면적과 생산량에서는 세계 1위이지만 재배기술과 감자 제품생산, 소비촉진 등에서는 먼 갈 길이 남아 있다.

참고 문헌

01. 김준영, "중국, 14억 인구 먹여 살리려면", 원광대 '한중관계 브리핑-중국식량환경의 변화와 식량안보 전략', 원광대학교 한중관계연구원, 2018.
02. 노수현, 『카사바재배(표준영농교본)』, 해외농업기술센터(KOPIA), 농촌진흥청, 2014.
03. 서완수, 『북방농업의 이해(중국의 농업)』. 북랩, 2018.
04. 임학태, 「우량 무병씨감자 대량생산을 위한 새알 씨감자 급속 대량생산방법」, 강원대학교 생명공학부(특허청 10-2006- 0095248), 2006.
05. 윤선희, 「세계 감자산업 동향」, 『세계농업』 2019.7, 한국농촌경제연구원, 2019.
06. 장대희, 「세계 카사바산업 동향」, 『세계농업』 2012.9, 한국농촌경제연구원, 2012.
07. Adam Prakash, Cassava Market Developments and Outlook; Food Outlook on Global Food Market, FAO, 2018.
08. Charles C. Mann, Nov. How the Potato Changed the World, Smithsonian Magazine, 2011.
09. Potato production in China to rebound this marketing year, www.potato.com.
10. Potato production in China(Wikipedia).
11. 中國農林科技网, "中國馬鈴薯主食産業化發展與展望"(www.zgnlkjw.com).
12. 中国马铃薯信息网(www.chinapotato.org).
13. 中国马铃薯网(www.potato.agri.cn).
14. www.potatopro.com
15. www.faostat.fao.or

중국의 발전과 농업문제

중국 식량안보의 제약요인과 소득 불평등

식량과 에너지의 자급은 국력을 강건하게 하는 기초이다. 이들이 자급되지 않으면 구입 능력이 있어야 하며 이는 국제간의 교역을 통하여 이루어진다. 세계적으로 식량을 자국에서 100% 생산하는 나라는 그리 많지 않다. 이론적으로 자급이 가능한 나라들도 의외로 100% 자급이 그렇게 유리한 선택이 아닐 수 있기 때문이다. 호주, 프랑스, 아르헨티나, 브라질, 미국, 캐나다, 터키가 식량자급이 가능한 나라에 속한다.

중국의 농업생산량은 개방개혁 이후 인민공사의 해체와 농지제도의 개선으로 놀랄 만한 증가를 가져왔다. 1978년 개방개혁 당시 식량생산량은 3억 톤을 조금 넘는 수준이었고 1987년 4억 톤, 1996년 5억 톤을 넘어섰으나, 2003년 4억 3,070만 톤까지 감소하였다. 감소의 주원인은 1990년대 후반 곡물 생산의 증가로 가격이 하락하고, 수익성이 저하되었기 때문이었다. 따라서 2000년부터 생산 부진 시기에 돌입했다. 특히 2대 작물인 쌀과 밀 생산은 급속히 침체되어 2000년부터 2003년 사이의 벼와 밀의 생산량 감소율은 각각 15%, 13%를 기록했던 것이다.

식량생산량이 6억 톤을 넘어선 것은 2012년이었다. 2004~2019년 연속의 풍년을 이루었고 이 기간에 6억 톤 이하로 내려가지 않았다. 어떻게 이처럼 연속적인 증가로 이어졌는가? 복합적인 요인의 결과이지만 단위면적의 수량 증가와 시장에서 곡물 거래가 자유로워 농민의 소득과 연결될 수 있기 때문이었다. 더구나 곡물 재배면적은 감소하고 있음에도 그러하였다. 국가통계국은 식량작물의 파종면적 감소는 재배농작물이 벼, 밀, 옥수수 등에서 잡곡과 콩류로 재배면적이 변화하였고 땅콩, 채소, 약재 등 경제작물의 재배면적이 대폭 증가한 것을 원인으로 분석하고 있다. 중국에서 곡물은 벼, 밀, 옥수수이며 양식(糧食)이란 두류와 서류를 포함한 것이다.

1949년 신중국 건설 이후 토지개혁은 '사유제 폐지, 토지와 모든 생산수단 몰수, 사회소유로 귀속'이란 방침을 고수해 왔다. 오늘에 이르기까지 농지의 경영에 많은 변화를 가져왔더라도 '토지의 국유화와 집체(集體)소유'에 대한 핵심은 그대로 견지하고 있다. 중국은 식량정책을 국가의 최우선 과제로 추진하고 2004년부터 2021년까지 18년간 연속 중국공산당 중앙위원회의 '1호 문건'에는 모두 농업문제가 포함되어 있었고 2014년에는 '식량안전보장 시스템 확보'가 추가되었다. 중국 정부가 농촌, 농업, 농민을 합한 이른바 '삼농(三農)'문제를 얼마나 중요하게 보는지 상징적으로 보여 주는 사례다. 2020년 코로나19 감염과 대홍수 등으로 주요 곡물 수급에 차질을 빚은 중국은 올해 8대 경제 과제 중 하나를 종자·경작지문제 해결로 제시하는 등 식량 자급률 향상에 역량을 집중하고 있다. 이러한 내용으로 보아 중국이 얼마나 식량의 중요성을 치국(治國)의 기본으로 삼고 있는지 엿볼 수 있다.

신중국 설립 이전 마오쩌둥의 홍군(紅軍) 8만여 명은 장제스의 국민당 군대에 쫓기어 1934년 10월 15일부터 1935년 10월 20일까지 1년 여간의 행군(長征)을 통해 이동하였다. 장시(江西)성 루이진(瑞金)부터 서부의 산시(陝西)성 옌안(延安)까지 무려 12,500km에 이르는 긴 행로였다. 이 기간을 통해 홍군은 공산주의 혁명의 이념을 농촌지역에 전파할 수 있었다. 또한, 대부분이 농민 출신인 홍군은 민폐를 끼치지 않았기 때문에 긴 여정은 중국공산당이 농민들의 지지를 받게 한 중요한 기회가 되었다고 평가한다.

민심을 잡은 홍군은 1945년부터 1949년까지 이어진 국공내전에서 승리할 수 있었고 가난한 농민의 대표자로서 중국 정권을 담당하는 세력이 될 수 있었다. 이후 농촌은 전쟁을 수행하는 혁명기지였고 사회주의 '신중국'의 희망이고 근거지라고 홍보해 왔다. 도시는 부패 관료의 거주지이고 부정과 타락의 온상으로 부정적이었다. 이러한 역사적 배경을 가진 중국이 농민, 농업, 농촌을 소홀히 할 수 없는 이유이다. 그러나 개혁개방 이후 경제의 발전으로 도농 격차가 벌어지며 중국의 삼농문제는 아킬레스건이 된 것이다. 중앙 1호 문건은 현재 삼농문제 중시의 대명사로 되어있다.

여기에서는 중국의 식량 생산을 제약하는 요인들과 지역 간, 도시와 농촌의 불평등, 빈곤발생율, 환경이 다른 3개 성(省)의 농가 소득 구성을 정리하였다.

1 식량 생산의 제약 요인들

1-1 | 인구와 식량

2019년 통계상으로 중국의 인구는 14억 5만 명으로 집계하고 있다. 이는 대륙에 거주하는 인구만을 조사하여 발표한 것으로 홍콩, 마카오는 포함하지 않은 인구이다. 1979년부터 산아제한 정책으로 '한 가구 한 자녀 정책'을 시행하였다.

문화혁명 시기에는 대가족을 장려하면서 당이 오히려 모성애의 미덕을 극찬하고 산아제한을 비난했던 것이어서 극적인 반전이라 할 수 있다. 도시에서부터 시작하여 전국적으로 확산되었고 소수 민족에게는 적용되지 않았다. 부부가 모두 외동인 경우에도 이 정책은 예외적이었다. 한 집에 한 명씩 태어난 아이들은 '왕자' 또는 '공주'로 부모의 사랑만이 아니라 전 가족의 응석받이로 키워지는 경향이 일반적이었다. 과잉보호와 애정 공세를 받으며 성장한 이들은 자기중심적이어서 훈육이 필요하다는 평가를 받기도 하였다.

2013년 제18기 전회(全會)에서 부부 중 한 명이 독자이면 두 자녀 출산을 허용하는 '제한적인 두 자녀 정책'을 정식 시행하였고, 2015년 제18기 5중 전회에서는 기존의 정책을 보다 개방하여 "전면적 두 자녀정책(全面二孩)"의 시행을 발표했다. 2016년 이후 적극적으로 인구 고령화 문제에 대비하고 출산율을 높여 내수시장을 확장시키는 것이 주요 골자인 것이다.

한 자녀 정책을 수행하며 호적에 등록되지 않은 흑해자(黑孩子)란 아이들이 생겨났다. 대부분 한 자녀 정책을 위반해 태어난 아이들이지만 미혼모의 2세도 있다. 둘째나 셋째를 낳았을 경우 호적에 올리면 벌금을 내야 했으므로 농촌지역에 많다. 호적에 등재되지 않았으니 아무런 국민의 혜택을 받지 못하며 이들을 흑호(黑户)라고 부르고 있다. 중국 정부는 약 1,300만 명 정도라고 하나 실제로는 그 이상 수천만 명으로 추정된다. 여기에다가 홍콩 7.1백만 명, 마카오는 5.5백만 명 정도만 감안해도 14억 명이 훌쩍 넘는 것이 실제 중국의 인구이다. 엄격한 산아제한 정책의 실시 중에도 경제호황이 이어지면서 부자가 된 사람들은 징수되는 벌금을 감수하고 출산을 감행하였다.

[그림 5-1]은 중국의 1960년 이후 인구 추세를 보여 주고 있다. 15세 미만의 인구 비중은 1960년 39.6%에서 17.7%로 뚜렷한 감소세를 보이는 반면 15~65세 인구와 65세 이상의 인구 구성은 각각 56.7%에서 72.2%, 3.7%에서 10.1%로 증가되었다. 특히 65세 이상 고령 인구의 증가는 앞으로 부양해야 할 인구가 증가함을 의미한다.

2016년 두 자녀 정책이 전면 시행됐음에도 인구 감소에 따른 위기론을 제기하는 학자들이 있다. 정부 통계와 달리 빠르면 2021년부터 중국 인구 감소가 시작될 것으로 내다보는 것이다. 인구 노령화에 따른 노동인구 감소, 노인 부양 등의 사회적 문제가 점점 심각해질 것이라는 지적이다. 두 자녀 정책을 시행하고도 출생률이 늘지 않는다면, 중국 인구는 급격히 줄어들 수밖에 없다고 주장한다. 한편에서는

2021년부터 중국 인구는 마이너스 성장으로 접어든다는 주장이 있는 반면 다른 인구학자들은 중국이 2021~2030년 사이에 인구 피크에 다다른 후 마이너스 성장을 보일 것으로 예상한다.

식량소비량은 인구의 종속함수이다. 인구가 많으면 당연히 많은 식량이 필요하다. 국토가 넓기는 하지만 경지면적은 적어 많은 인구를 부양하려면 식량증산이 필수적이다.

[그림 5-1] 연도별 연령별 인구 구성비(1960~2019)

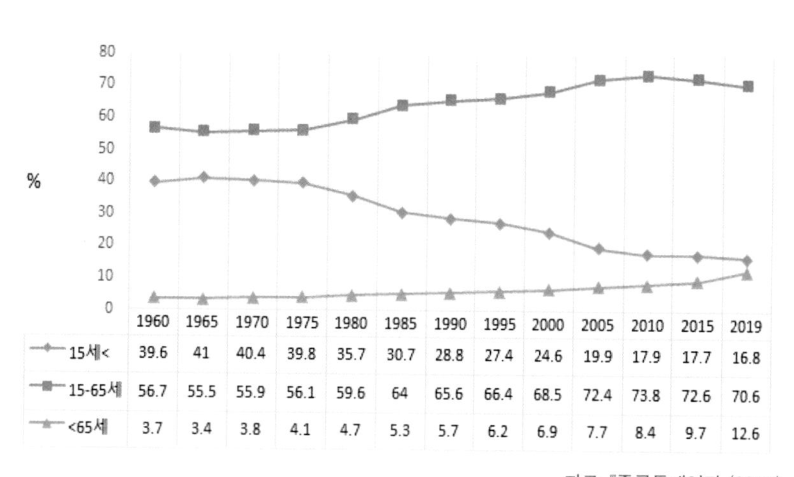

	1960	1965	1970	1975	1980	1985	1990	1995	2000	2005	2010	2015	2019
15세<	39.6	41	40.4	39.8	35.7	30.7	28.8	27.4	24.6	19.9	17.9	17.7	16.8
15-65세	56.7	55.5	55.9	56.1	59.6	64	65.6	66.4	68.5	72.4	73.8	72.6	70.6
<65세	3.7	3.4	3.8	4.1	4.7	5.3	5.7	6.2	6.9	7.7	8.4	9.7	12.6

자료: 『중국통계연감』(2020)

중국의 태평성대는 요순(堯舜)시대로 전쟁이 없고 식량이 풍부하여 배불리 먹고 백성은 임금이 누구인지 알지 못할 정도로 평온과 풍요가 있었던 전설적인 시대였다. 그러나 역대 왕조를 통해 이런 시대를 이룬 시기는 많지 않았으며 대부분 가뭄과 전쟁으로 인한 식량부족으로 백성들은 늘 곤궁하였다. 조정은 농업생산을 위한 치산치수(治山治水)가 가장 중요한 정책의 덕목이었다.

1-2 | 산업화·도시화에 따른 경작지 감소

산업화, 도시화, 인구 증가로 한정된 농지가 다른 용도로 전환됨에 따라 1인당 경지면적이 계속 줄고 있다. 세계에서 1인당 경지면적이 가장 적은 나라는 한국, 일본, 스위스, 중국, 방글라데시, 네덜란드, 이집트 등이다. 산업화로 인한 도시 인구의 증가로 주택용지, 도로의 개설, 산업용지의 증가 등으로 경지면적은 어느 나라에서나 지속적으로 감소하여 왔다.

중국은 넓은 영토에 비해 경작 가능 토지가 적은 편이다. 2019년 중국의 경작 가능 토지는 영토(960만 ㎢)의 14%인 134만 9,000㎢이다. 이를 총인구로 나눈 1인당 경작 가능 토지는 0.1ha 미만으로 프랑스의 4분의 1 수준이며, 세계 평균인 0.24ha의 절반에도 못 미친다.

특히 1990년대에 말부터 10여 년 동안 경작 가능 토지가 크게 줄었다. 그 이유는 지반 침하로 약화된 농지를 초지나 삼림 지역으로 전환하는 대대적인 녹지화 프로그램을 진행하였다. 이 같은 퇴경환림(退耕還林)정책으로 심각한 지력 감퇴 문제를 해결하고자 도입되었던 것이다. 그러나 이 정책을 시행하면서 약 900만 ha 이상의 경작지가 사라졌다. 이 시기에 도시화와 산업화도 경작지 감소를 크게 재촉했다.

실제로 1997~2008년 도시화와 산업화로 사라진 농지는 약 250만 ha에 이른다. 일반적으로 도시 주변의 토지가 비옥하다는 점을 감안하면 이렇게 사라진 토지는 중국으로선 참으로 아쉬운 일로 치부할 수밖에 없는 일이다. 실제로 해마다 1~1.5천만 명의 중국인들이 도시로 이주함에 따라 도시공원용지 및 도로·철도, 기타 건축물이 확대되면서 농경지가 사라졌다.

사회주의 나라에서는 국가가 토지를 소유하고 토지의 경영을 집단으로 운영하고 있다. 시장경제에서처럼 개인이나 기업의 소유가 아니라 토지 이용자는 국가로부터 사용권을 허가받아 운용하는 것이다. 중국의 토지는 국가의 소유로 개인은 다만 이용권만을 가지고 있을 뿐이다.

토지사용권제도는 토지의 소유권으로부터 사용권을 분리하여 '유상'과 '유기한'으로 수요자에게 대여하고 국가는 빌려준 대가를 받으며 이를 법률상의 권리로 인정하는 것이다. 이 사용권을 타인에게 양도하는 것도 인정되고 있다.

정부의 계획에 따라 토지를 수용하기 위해서는 종종 토지 강제수용과 다를 바 없는 결과를 가져왔고 토지를 수용당한 농민은 낮은 액수의 보상금에 만족해야 했다. 이는 또한 주기적으로 중국농촌을 뒤흔드는 농민 폭동의 원인이기도 하였다. 중국 정부는 강력한 도시화 압력에도 경작지 면적을 1억 2천만 ha 이상으로 유지하려 노력한다. 공식적으로 1억 2천만ha는 정부가 식량안보를 위해 반드시 지켜야 하는 마지노선이다.

2019년 중국 농용지의 구성비를 보면 산림과 목초지가 73%, 경지는 21% 과수원은 2%이다. 농용지와 건설용지를 합친 전 국토면적에 대한 경지비율은 14% 이하로 집계되고 있다. 건설용지는 대부분 주택과 산업용지로 81%를 점유하고 도로 등의 운수용지 10% 그리고 강·호수 등의 수리시설이 9%를 차지하였다.

2017년 전국의 경지면적은 건설, 재해 훼손, 생태 퇴경, 농용지 조정으로 감소한 면적은 32.04만 ha이며 토지정리와 농용지 편입 등의 조정으로 증가된 경지면적은 25.95만 ha로 순 경지감소 면적은 6.09만 ha로 발표하였다.

경작지의 감소와 병행하여 최근 몇 년 동안 경작지의 질이 저하하면서 당국의 걱정을 사고 있다. 사실 상당한 규모의 토지가 과도한 비료 사용과 산업화·도시화로 인한 오염 때문에 지력이 쇠퇴하였다. 공개된 한 공식보고서에 따르면, 중국 영토의 16%와 경작지의 19%가 카드뮴, 니켈, 비소에 대한 정부의 환경오염 기준치를 넘어섰다고 발표하였다. 이 보고서는 새로운 토지 오염 주범으로 동물 배설물을 지적했는데, 농업 관련 질소 폐기물의 40%와 황 폐기물의 60%가 동물 배설물에서 나온 것이라는 것이다. 특히 보고서는 동물 배설물로 인한 토지 오염 현상에 대규모 농장의 책임이 크다고 지적했다.

1-3 | 수자원의 부족과 환경오염

중국은 경작지 감소의 문제 외에 심각한 수자원의 문제가 존재한다. 농업은 물을 가장 많이 이용하는 산업이다. 중국은 세계에서 다섯 번째로 수자원이 풍부한 나라지만 1인당 연간 물 소비량은 세계 평균의 3분의 1에 그친다. 물 부족이 심각하고 환경오염으로 수자원의 질도 나빠지면서 중국의 농업생산성이 떨어지고 있다. 특히 수자원 분포가 지리적으로 고르지 못하다는 것이 문제이다. 양쯔강 이남으로는 1,000㎜ 이상의 강수량이 오지만 이북 쪽으로는 대부분 600~700㎜ 정도로 충분한 비가 오지 않는다. 특히 서북쪽으로 갈수록 강우량은 빈약하다.

양쯔강 이북 지역에 경작 가능 토지의 3분의 2가 몰려 있고 인구의 40%가 거주하며, 이 지역에서 중국 국내총생산(GDP)의 50%를 생산한다. 그러나 이 지역 수자원은 전체 수자원량의 20%에 불과하다. 현재 이 지역 지하수층은 고갈되어 가고, 장차 강수량도 기후 온난화 여파로 줄어들 것으로 예상되어 상황은 더 나빠질 것이란 전망이다. 또한 한정된 수자원의 이용을 둘러싸고 부문 간 경쟁이 발생할 수밖에 없다. 1949년 97%에 이르던 농업의 수자원 점유율이 63%까지 떨어지긴 했지만, 여전히 물을 가장 많이 사용하는 분야는 농업부문이다. 이런 가운데 제조업과 가정의 물 사용량은 1970년대 말 이후 4배 이상 늘었다. 또 다른 문제는 수자원의 질이 나빠지고 있다는 점이다.

2014년 중국 당국의 조사에 따르면 오염 때문에 이용이 제한되는 지하수가 전체 지하수 부존량의 60%를 넘어섰다. 그리고 관개 농지의 6%에 이르는 400만 ha 이상 토지가 오염된 물을 공급받고 있다. 이 토지의 3분의 2는 북부 지방에 집중돼 있다. 오염된 물로 관개를 하면 수확량이 줄고 토지도 오염된다. 수자원 오염에는 도시와 산업도 책임이 있지만 살충제와 비료를 대량으로 사용하는 농업도 책임을 면할 수 없다. 중국은 농약과 비료 소비량이 세계 1위다.

조사 결과에 따르면 전 국토의 16.1%가 오염되었다. 농지로 한정할 경우 오염 면적은 전체의 5분의 1 수준인 19.4%이나 된다. 각종 유해물질로 오염된 농지가 대략 25만 ㎢로 이는 멕시코의 전체 경작지 규모와 맞먹는다. 더욱이 오염된 토양 40%에서는 발암성 물질인 카드뮴과 비소가 검출됐다. 중국 33개 성(省)·시(市) 가운데 가장 토양오염이 심각한 곳은 후난성으로 조사됐다. 후난(湖南)성은 중국 제일의 곡창지대이다.

뎬츠(滇池)호수는 중국 윈난성(雲南省) 최대의 담수호로 양쯔강 물줄기에 속한다. 오랜 역사와 문화를 가진 호수이며, 주위에 많은 명승

고적이 있고 주변의 산수가 빼어나, 고원명주(高原明珠)라는 칭호가 있다. 그러나 1970년대 이래, 쿤밍(昆明) 등 주변 도시의 공업발전과 경작지 개발로 호수의 물이 오염되어 부영양화가 심각하게 진행되었고, 대량의 남조류가 성장해 수질의 심각한 문제를 가져왔다. 필자가 방문했을 때 이 호수는 마치 녹색의 물감을 풀어 놓은 듯 보였다. 호수의 수질은 농업용수와 공업용수에도 부적합한 5등급을 기록하였다는 것이다. 톈진(天津)이나 베이징, 허베이성에서 방문한 시골이나 어느 시가지에서도 맑은 물이 흐르고 물고기가 노는 것을 발견할 수 없었다.

현재 중국 농업은 점점 더 심화되는 수자원의 제약으로 발전의 한계를 경험하고 있다. 곡물과 기타 작물의 70%가 관개 농지에서 경작되고 있다. 2019년 관개(灌漑) 농지 규모는 68,678.6천 ha로 중국 총경지면적(134,881.2천 ha)의 절반을 넘었다.

영국 경제주간지 《이코노미스트》는 환경오염으로 몸살을 앓고 있는 중국에서 가장 심각한 것은 대기오염도 수질오염도 아닌 토양오염이라고 전했다. 경제 발전 과정에서 쏟아져 나온 화학물질과 중금속을 무더기로 매립하고, 소출을 늘리기 위해 맹독성 살충제와 화학비료를 무분별하게 남용한 결과라는 것이다. 이외에도 중국 곳곳에서 자주 일어나는 화학 사고와 이에 따른 관개 수로 오염 등도 토양오염을 가속화된 원인으로 지목되고 있다.

가장 큰 문제는 오염된 땅에서 자라는 곡물이 중국은 물론 세계인의 건강을 위협할 수 있다는 점이다. 중국은 세계에서 가장 큰 식량 생산국이기 때문이다. 오염지는 광활하다. 중국 정부가 2014년 발표한 토양오염 실태 조사 결과에 따르면 전 국토의 16.1%가 오염된 것으로 나타났다. 농지로 한정할 경우 오염 면적은 전체의 20%에 가깝다. 각종 오염물질로 범벅이 된 농지가 대략 25만 km^2에 육박하는데, 이는 국토 면적이 세계 14위권인 멕시코의 전체 경작지 규모와 맞먹는다. 더구나 오염된 토양 40%에서는 발암성 물질인 카드뮴(cadmium)과 비소가 검출됐다. 중국 33개 성시(省市) 가운데 가장 토양오염이 심각한 곳은 제일의 곡창지대 후난(湖南)성으로 조사됐다.

1-4 | 곡물생산의 수익성 악화

곡물재배의 단위 면적당 수익성은 다른 작물에 비해 낮다. 채소, 과일, 유지작물에 비해 상대적으로 떨어진다. 〈표 5-1〉은 곡물 수익성의 시계열 자료와 다른 작물과의 수익성을 비교한 것이다. 곡물의 무(666.6m^2≈200평)당 생산비는 1985년에 비해 약 15배 증가하였다. 화학비료와 농자재 그리고 임금, 토지용역 비용이 지속적으로 상승하고 있기 때문이다. 그러나 순수입은 해에 따라 매우 유동적인 변이를 보이고 있다. 곡물 중 벼의 수익성이 가장 안정적이지만 옥수수와 밀은 2016년의 경우 무당 299.7위안과 82.2위안의 적자에 이어 2018년에도 밀은 적자 폭이 커진 반면 옥수수는 감소한 수치를 나타내고 있다. 전반적으로 곡물의 수익성이 저하되고 있음을 보여 주고 있다.

〈표 5-1〉 곡물 무당(畝當) 생산비와 순수입 추세(1985~2018)

연도	생산비(위안)				순수입(위안)			
	평균	벼	밀	옥수수	평균	벼	밀	옥수수
1985	73.7	88.3	68.0	64.6	40.8	57.0	26.6	38.8
1990	106.1	169.3	128.4	131.0	56.3	95.2	26.9	46.6
1995	142.9	391.4	281.7	292.2	223.9	311.1	130.5	230.1
2000	356.2	401.7	352.5	330.6	-3.2	50.1	-28.8	-6.9
2004	395.5	454.6	355.9	375.7	196.5	285.1	169.6	134.9
2008	562.4	665.1	498.6	523.5	186.4	235.6	164.5	159.2
2010	672.7	766.6	618.6	632.6	227.2	309.8	132.2	239.7
2012	936.4	1,055.1	830.4	924.2	168.4	285.7	21.3	197.7
2014	1,068.6	1,176.6	965.1	1,063.9	124.8	204.8	87.8	81.8
2016	1,093.6	1,201.8	1,012.5	1,065.6	-80.3	142.0	-82.2	-299.7
2018	1,093.8	1,223,6	1,012.9	1,044.8	-85.6	65.9	-159.4	-163.3

자료: 『전국농산품성본수익자료회집』 각 연도
주: 무(畝)=666.67㎡=약 200평

〈표 5-2〉는 2018년 곡물과 다른 작물의 수익성을 비교한 것이다. 사과는 2,614위안이며 곡물 중 벼 이외에는 모두 적자를 보인다. 면화와 옥수수 대두의 수익성이 크게 악화되었다. 왜 이처럼 곡물의 수익성이 악화되는가? 농가의 농지는 주어진 변수로 보고 수익성이 좌우되는 것은 시장가격, 단위면적의 수량, 생산비용에 달려 있다. 농산물의 시장가격은 생산자가 조정할 수 있는 영역 안에 있지 않다. 수량에서도 품종의 선택, 비배 관리, 관수 등 여러 요인에 좌우된다. 생산비용은 시장에서 주어진 여건과 자가노동 그리고 생산요소의 자급 수준에 따라 달라질 수 있다.

생산비를 구성하는 핵심은 물질비용, 임금, 토지용역비 등이다. 2004년 이후 곡물 생산비는 꾸준히 증가하여 2018년 2.8배가 올랐다. 물질

비용은 2004년에 비하여 11.3% 내려간 반면 임금은 2018년 3.1배로 높아졌다. 토지용역비도 꾸준히 올라 2018년에 비하여 4.1배로 증가하여 임금과 토지용역비가 곡물생산비의 60.7%를 구성하고 있었다.

〈표 5-2〉 주요 작물의 무당 평균(畝當平均) 수익성의 비교(2018)

구분	수량(kg)	조수입(위안)	물질비용(위안)	노임(위안)	순수입(위안)
벼	7,027	1,290	515	72	66
밀	5,417	854	450	14	-159
옥수수	6,104	882	384	22	-163
대두	1,898	474	204	31	-192
면화	1,819	1,814	756	232	-461
사과	1,646	7,516	1,513	1,027	2,614

자료: 『전국농산품성본수익자료회집』(2019)
주: 1무(畝)=666.67㎡=약 200평

1-5 | 생산기술적인 한계

많은 인구에 비해 좁은 경지면적에서 높은 생산을 올리기 위해서는 많은 양의 투입 방식이 채용될 수밖에 없다. 비료의 경우 중국의 단위면적당 비료 투입량은 세계 평균 수준의 4배 정도이다. 그러나 단위면적당 비료 사용량을 조사해 보면 순위가 달라진다. 가장 많은 비료를 사용하는 나라는 아일랜드로 헥타르당 594kg의 비료를 사용하고 2위는 490kg의 비료를 사용하는 네덜란드, 3위는 이집트로 헥타르당 385kg의 비료를 사용하고 있다.

1헥타르당 비료 투입은 중국 255kg, 한국 166kg, 일본 95kg, 미국은

79kg 정도여서 중국이 어느 나라보다 비료 총사용량이 많은 것이다. 또한 병충해 방제를 위한 농약사용량도 많아 환경에 부정적인 영향을 초래할 수 있다. 투입감소 역시 다수확에 영향을 미칠 수 있는 것으로 기술적인 한계를 치닫고 있는 것이다.

이제 관건은 중국이 현재 천연자원, 부존자원을 감안할 때 식량수입을 높이지 않고도 국내 식량 수요를 충족시킬 수 있느냐는 것이다. 지금까지 중국이 추진해 온 농업정책은 수단과 방법을 가리지 않고 곡물의 생산량을 늘리는 것이 핵심이었다. 특히 쌀과 밀, 그리고 이 두 작물보다 중요도가 다소 떨어지긴 하지만 옥수수가 전략 작물로 당국의 집중 관리 대상이었다. 그러나 오늘날 중국의 생산력 지상주의는 엄청난 어려움에 직면하고 있다.

근본 문제는 중국의 농업모델 자체가 현재의 어려움을 가중시키고 있다는 것이다. 사실 중국 농업의 생산 잠재력은 한계에 부딪힌 상황이다. 이유는 두 가지다. 첫째는 중국의 자원(농지와 수자원)이 양적으로 부족하다는 것이고, 둘째는 중국의 현 농업 생산방식이 자원의 질을 떨어뜨린다는 것이다.

1-6 | 식품 소비의 다양화

중국은 2000년대 중반까지만 해도 빈곤선(중위소득의 50%) 아래에 사는 인구의 비율을 줄이면서도 세계에서 가장 많은 인구를 먹여 살리는 것이 가능하였다. 그러면서도 세계의 농업 균형에 큰 부담을 주지 않았다. 그러나 최근 10여 년 동안 나타난 대규모 이농현상과 고도성장은 중국인의 식생활과 농업생산 양식에 큰 영향을 미쳤다. 특히 곳곳에 도시가 생겨나고 가계(家計)의 구매력 향상에 힘입어 육류, 유제품, 달걀 같은 동물성 단백질 수요가 급속도로 늘었다.

소비구조가 변한 후로는 2003년부터 중국의 농산물 수입이 폭발적으로 증가했는데 그중에서도 사료 수입이 크게 늘었다. 이후부터 중국은 농산물 및 식료품 순 수입국이 되었고, 세계시장에서 거래되는 농산물의 양과 가격에 점점 더 큰 영향을 미치게 되었다. 국민 1인당 연평균 소득이 크게 향상됨에 따라 식품 소비가 선진국 형태로 바뀌어 가는 것이다.

[그림 5-2]는 2013년과 2019년 주민 1인당 주요 식품 소비량의 변화를 나타낸 것이다. 곡물의 경우 138.9kg에서 2019년 117.9kg으로 감소하였다. 반면 가금육, 수산물, 가금란과 유제품은 증가세를 나타냈다. 특히 과일의 경우 2013년 37.8kg에서 36%의 소비량 증가로 51.4kg을 보였다. 최근에는 품질과 안전성에 대한 관심이 증가하고 있어 양적인 만족에서 품질과 안전을 중시하는 방향으로 전환되고 있다. 도시와 농촌의 1인당 단백질 육류소비는 도시 주민의 60% 수준에 그치고 있어 도농 격차가 있다.

도시건 농촌이건 연간 육류소비 중에서 돼지고기가 가장 큰 비중으로 많이 소비되었고 수산물의 소비는 도시에서 16.7kg, 농촌에서는 9.6kg의 소비에 그쳤다. 특히 유제품의 소비는 16.7kg과 7.3kg으로 도시와 농촌 간에 큰 차이를 보였다. 소고기나 양고기의 소비량은 아직 낮은 수준이고 수산물과 함께 돼지고기나 가금육보다는 우등재로서 농촌시장의 kg당 육류가격은 양고기 가격이 가장 높았다.

[그림 5-2] 주민 1인당 연간 식품 소비의 변화

단위: kg

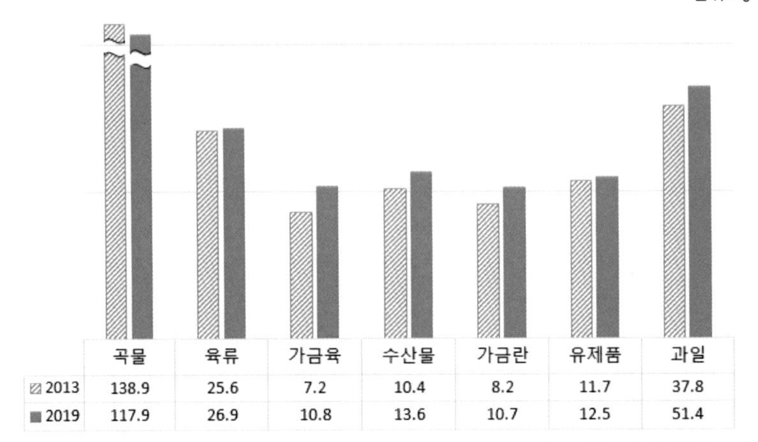

	곡물	육류	가금육	수산물	가금란	유제품	과일
2013	138.9	25.6	7.2	10.4	8.2	11.7	37.8
2019	117.9	26.9	10.8	13.6	10.7	12.5	51.4

자료: 『중국통계연감』(2020)

육류소비의 증가는 축산물 생산을 위한 대량의 사료 요구량을 발생시키고, 특히 소고기·양고기 등의 우등재화 생산을 유발시키게 된다. 사료곡물 수입으로 인한 농산물 무역 수지는 커질 수밖에 없는 구조로 이행하게 될 것이다.

1-7 | 자연재해

중국은 역사적으로 농업 중심 국가여서 역대의 모든 왕조가 농업의 중요성을 강조해 왔으나 주로 '하늘'에 의지해 왔다. 광활한 중국 땅에는 가뭄과 수재(水災)가 없었던 해가 거의 없었다. 따라서 '수재(水災)'와 '가뭄'은 중국인들에게 매우 익숙하였다.

유엔재해위험감소전략기구(UNISDR)가 발표한 통계자료에 의하면,

최근 300년간 전 세계적으로 사망자가 10만 명이 넘는 50차례의 자연재해로 1억 5,100만 명이 사망했다. 이러한 50차례의 자연재해 중 유럽은 3차례에 불과했다. 1812년 겨울의 동해(凍害)로 프랑스인 40만 명, 1845~1846년 사이의 아일랜드의 기근으로 150만 명, 1908년 이탈리아의 지진으로 11만 명이 각각 사망했다.

그러나 중국 땅에서는 26차례나 일어났고, 누적 사망자도 1억 3백만 명으로, 전체 사망자의 68%에 해당한다는 것이다. 유엔재해위험감소전략기구(UNISDR)는 "중국은 세계적으로 자연재해가 가장 심각한 국가 가운데 하나이다. 대륙에서 일어나는 지진의 빈도와 강도의 측면에서, 중국이 세계의 1위로 전 모든 지진의 1/10 이상이 중국에서 발생했다. 중국에서는 태풍의 상륙 빈도도 매년 평균 7차례가 넘는다. 인류가 기록을 한 이래로 매년 중국에서는 가뭄과 수재, 산지재해, 해안선에서의 재해가 발생하고 있다"고 발표했다. 더 나아가 이 보고서에서는 역사상 기록된 지진의 횟수가 8,000번 이상이며, 그 가운데 중국에서 발생한 리히터 규모 진도 6 이상의 지진만 1,000회 이상이었다. 특히 20세기 초부터 현재까지 전 세계 지진으로 인한 사망률 비율 중 중국인이 50% 이상이다.

〈표 5-3〉은 중국의 역대 주요 기근의 시기와 지역 그리고 추정 사망자 수를 보이고 있다. 전반적으로 기상이변에 따른 가뭄과 내란으로 인한 흉년이 대부분을 차지한다. 중국의 지형적인 특성상 자연재해가 특별히 많다. 서양에 비해 상대적으로 많은 것이다. 광활하고 지형이 복잡하기 때문이다. 따라서 수천 년간 수재, 가뭄, 지진, 곤충의 습격, 전염병 등 각종 재난으로 점철되었다. 따라서 중국의 역사는 다른 측면에서 보면 '재난 극복과 항쟁의 역사'이다.

〈표 5-3〉 중국의 시기별 역대 주요 기근연표

시기	지역	원인	추정 사망자 수
875~884	중국 전체	기근에 따른 농민반란	
1333~1337	전국	기근	400만
1630~1631	서북부 일대	한발	1644년 명나라 붕괴
1810, 1811, 1846, 1849	전국	가뭄	4,500만
1850~1864	전국(강소, 절강, 안휘, 호북이 무대)	태평(太平)천국의 반란과 가뭄	6,000만
1876~1879	북부중국	한발	950~1,300만
1896~1897	북부중국	폭력적 반외세 및 반기독교 봉기	청조의 약화
1907, 1911	동부·중부지역	중국	2,500만
1920~1921	하남, 산동, 섬서, 산서, 남부 하북성	가뭄	50만
1928~1930	북부 중국	가뭄	300만
1936~1937	사천, 감숙	가뭄	500만
1942~1943	하남	중일전쟁	200~300만
1958~1962	전국	대약진운동과 가뭄	2,300~4,300만

자료: Wikipedia

기록으로 보면 기원전 602년부터 1938년까지 2,540년 동안 황하(黃河)가 범람한 것이 1,590차례, 물길을 크게 바꾼 것이 26차례였다. 결국 평균 3년에 두 번 정도 홍수가 발생되었고 백 년에 한 번씩은 물길을 바꾸었다는 의미다.

〈표 5-4〉는 1990년 이후 연도별 원인별 농작물 재해면적을 보여준다. 전체적으로 재해면적은 감소추세를 보인다. 홍수, 태풍, 우박, 냉해의 피해면적은 해에 따라 변이를 나타내고 있다. 가뭄에 의한 피해면적은 줄어드는 양상을 보이고 있다. 재해의 피해는 작물 수확의

감소는 물론 수확을 전혀 할 수 없을 정도로 피해를 주며 재난지역으로 선포될 만큼 인명 살상과 이재민을 양산하기도 한다.

〈표 5-4〉 연도별 원인별 자연재해 면적(1990~2019)

단위: 천 ha

연도	면적 계	가뭄	홍수·태풍	우박	냉해
1990	38,474	18,175	11,804	6,354	2,141
1995	45,821	23,455	12,731	4,476	3,574
2000	54,688	40,541	12,549	2,307	2,795
2004	37,106	17,253	8,005	5,797	3,711
2008	39,990	12,137	8,787	4,180	14,696
2012	24,962	9,340	11,221	2,781	1,618
2016	26,221	9,873	10,555	2,908	2,885
2018	20,814	7,712	7,283	2,407	3,413
2019	19,257	7,838	8,605	2,228	586

자료: 『중국농촌통계연감』 각 연도

2019년 기준으로 재해면적은 19,257천 ha이며 농작물 수확을 할 수 없는 피해면적(絶收)은 2,675천 ha이었다. 수재민 137,590만 명과 사망·실종 909명의 인명피해 그리고 3,270.9억 위안(한화 약 55조 6천억 원)의 경제손실을 보였다. 자연의 재해 중 가뭄은 댐이나 호수를 이용하여 상당한 정도로 극복되어 전 경지의 50% 이상을 관개지역으로 개선되었다.

2 소득의 불평등과 빈곤

2-1 | 빈곤과 빈부 측정

자유민주주의 시장경제 체제건 사회주의 체제건 어느 국가에서나 빈부의 격차는 얼마나 큰 것인가의 문제이며 차이는 어디에서나 상존한다고 볼 수 있다. 스칸디나비아 3국과 핀란드가 빈부의 차이가 다른 나라에 비하여 상대적으로 적다고 알려져 있다. 그러나 이들 나라의 노동자 급여 50%가 각종 세금으로 공제되어서 복지재원이 마련된다는 사실은 간과되고 그 성과만 크게 부각되고 있다.

사전적인 의미로 빈곤(貧困)이란 "기본적 욕구가 충족되지 않은 상태"를 말한다. 기본적인 욕구는 배고픔이다. 흔히 절대적 빈곤과 상대적 빈곤으로 나뉘어서 사용되고 있다. 생활필수품의 여러 가지의 부족으로 말미암아 건강을 해치고, 결국에는 생명 그 자체를 잃을 수 있게 되는 위험스러운 상황을 말한다. 이것은 단순히 육체적 상황뿐 아니라 도시에서의 빈곤은 음식물·의복·주거의 결여를 의미할 뿐만 아니라 정신적 황폐까지도 의미하는 것이다.

절대적 빈곤은 한 개인이나 가구의 소득 또는 지출이 최저생활을 하는 데 필요한 생계비에 미달될 때에 이들을 빈민 혹은 빈민가구로 보는 것이다. 이러한 빈곤은 바로 생존과 관련되어 있어서 절대 빈곤층을 파악하기 위해서는 최저생계비를 산출하게 되고 이를 기준으로 빈곤선을 설정하는 것이 보통이다.

절대적 빈곤이란 개념을 적용한 대표적인 학자는 라운트리(Rowntree, B. S)로서 그는 신체적 건강과 노동능력을 유지하는 데 필요한 기본적인 필수품인 음식, 주택, 의복, 연료비 등이 해결되지 않은 수준을 1차적 빈곤이라고 하고, 신체적 욕구에 사회 문화적 욕구를 고려한 빈곤을 2차적 빈곤이라고 하였다.

절대적 빈곤의 측정은 부스(Booth)와 라운트리(Rowntree)의 연구로부터 처음 사용된 빈곤 개념으로 사람이 생활하는 데 필요한 최소한의 의식주라는 기본적인 관점에서 최저생계비(빈곤선)를 정하는 것이다.

첫째, 라운트리 방식(마켓 바스켓 방식)으로 전체 수입이 육체적 효율성의 유지에만 필요한 최저 수준을 유지하기에 불충분한 가구를 제1차적인 빈곤으로 정의하고 이를 음식물, 옷, 연료비 기타 잡다한 지출과 주택임대료로 포함하여 계산한다. 이 방식은 최저한의 생계에 필요한 물품의 목록과 양(마켓 바스킷)을 결정하고, 그것을 구매하는 데 필요한 시장가격을 곱해서 최저생계비를 계측하는 방식으로 현재 우리나라에서 최저생계비를 계측하는 방식이다.

현재 최저생계비 계측조사에는 식료품비, 주거비, 광열수도비, 가구집기, 가사용품, 피복 신발, 보건의료비, 교육비, 교양오락비, 교통통신비, 기타 소비, 비소비 지출(조세 및 사회보험료) 등 11개 품목을 조사하고 있다.

둘째, 오르샨스키 방식(반물량 방식)으로 생필품의 목록을 모두 구하기가 어렵기 때문에 가장 합의가 쉬운 기본적인 적정 표준 영양량을 구하여 이것을 섭취할 수 있는 식품량과 이것의 최소구입가격에 의하여 최저식품비를 구하고 여기에 엥겔지수의 역을 곱하여 전체 최저생계비를 추정하는 방식으로 미국에서 사용하고 있다.

유럽 국가의 대부분은 상대적 빈곤을 중요시하여 특정 사회의 전반적인 생활 수준과 밀접한 관련 하에 상대적 박탈과 불평등의 개념을 반영하고 있다. 빈곤은 절대적인 것이 아니라 다른 사람들과의 비교를 통해 심리적으로 박탈감과 빈곤감을 느끼게 되는 것이 중요하다고 보고 유럽 국가의 대부분은 상대적 빈곤 개념을 주로 채택하고 있다. OECD는 중위 가구의 소득, EU는 평균 가구소득의 40, 50, 60%를 채택하는 것 등이다.

2-2 | 소득불평등의 측정문제

시장경제하에서 소득의 분배는 첫째, 각 생산요소(토지, 노동, 자본, 기술)가 부가가치를 생산하는 데 기여한 정도에 따라 소득의 불평등이 결정된다. 그러나 사람이 타고난 능력이 제각기 다르고 자기능력을 개발해 나갈 교육과 훈련의 기회도 모두 다르다. 그러므로 자유시장경제의 체제에서는 개인소득은 다를 수밖에 없는 속성을 가지고 있다.

둘째, 불평등의 소지는 대물림되는 재산의 상속과 관련이 있다. 자본주의 체제에서 부유층은 상당한 상속세를 내고 자신의 친족에게 재산을 상속하는 것이 일반적이고 또한 당연하게 받아들여지고 있다. 이렇게 되면 부유층의 친족들은 상대적으로 적은 노력을 들이고 부를 가지게 되며, 노력을 더 많이 한 빈곤층들이 부를 얻을 기회의 진입을 방해한다.

소득의 격차가 지나치게 크면 국가를 경영해 나가는 데 심각한 문제를 일으킬 수 있다. 분배의 정의가 바람직한 방향으로 실현되지 못하면 자유경제 체제는 물론 민주주의 정치체제의 불만 요인 그리고 지나치면 붕괴 요인으로 작용할 수 있다는 점이다. 다른 하나는 상대적으로 평등한 분배가 최저빈곤층의 절대빈곤 수준을 향상시켜 사회 전체의 후생을 증대시킨다는 점이다.

소득분배 불평등의 측정 방법으로 널리 활용되고 있는 것은 로렌츠곡선(Lorenz curve), 지니계수(Gini coefficient), 10분위 지수이다. 소득불평등의 정도를 시각적으로 가장 잘 나타내는 것은 로렌츠곡선이고, 지수로 널리 사용되는 것은 지니계수와 10분위 지수이다.

지니계수는 0과 1(0≦G≦1) 사이의 값이며, 그 값이 작을수록 소득분배가 평등한 것이다. 문제는 전 계층의 소득분배상태를 하나의 숫자로 나타내므로 특정 소득계층의 소득분포상태를 나타내지 못한다는 점이다.

지니계수와 함께 널리 사용되는 또 다른 소득불평등 측정지표는 10분위 지수(十分位指數)이다. 표본으로 추출되어 조사된 개별 가구 단위의 소득총계자료를 소득의 크기에 따라 순서대로 나열한 다음에 이를 십 등분한다. 이때 등분된 하나, 하나를 10분위라고 한다. 제일 낮은 계층의 소득을 제1십분위, 제일 높은 계층의 소득을 제10분위라고 한다. 10분위 지수는 소득이 낮은 제1, 2, 3, 4십분위의 소득의 합계와 소득이 높은 제9 및 10십분위의 소득의 합계의 비율이다.

십분위 지수=하위 40%의 소득/상위 20%의 소득

즉, 십분위 지수는 저소득층이라고 할 수 있는 하위 40%의 소득과 고소득층인 상위 20%의 소득의 비율이다. 십분위 지수는 이론적으로 0보다 크고 2보다는 작다. 십분위 지수가 커지면 소득불평등은 개선되는 것이다. 이 지수는 소득불평등을 측정하기가 단순하고, 소득분배정책의 대상이 되는 하위 40% 계층의 소득분포상태를 직접 보여 주면서 상위 20% 계층과 대비된다는 점에서 널리 사용되고 있다. 소득 불균형이 증가하는 현상이 경제 양극화이며 여기에는 빈곤층과 부유층 간의 물질적인 격차를 포함한다.

2-3 | 지역별 및 도농 간의 불평등

중국은 남한의 98배 정도의 넓은 땅이며 전 세계 인구의 약 18%를 차지한다. 동부지역에 인구가 집중되어 있고, 서부지역은 전체 중국 면적의 71.5%를 차지하나 인구는 상대적으로 많지 않은 편이다. <표 5-5>는 중국의 2019년 지역별 경제기초와 경제의 주요 지표와 농산물 생산을 보여 주고 있다. 우선 토지면적의 규모에서 동부, 중부, 동북지역은 각각 전 국토의 10% 전후를 점유하지만 서부지역은 71.5%로 압도적 우세를 보인다. 인구의 거주 실태는 전인구의 3분의 1 이상(38.6%)이 동부 해안지역에 살고 추운 지역인 동북지역에는 상대적으로 그리 많지 않아 7.7%가 거주한다.

동부지역과 서부지역 그리고 동북지역의 산업 구조가 확연하게 구분되는 것은 산업별 취업인구가 설명해 주고 있다. 동부지역이 전체 GDP의 53.7%로 절반 이상을 차지하며 2, 3차 산업 취업인구가 중국 전체 취업인구의 50%를 넘고 중부와 서부는 각각 19.6%, 20.7%이며 동북부는 6.0%를 점유하였다. 이는 중국 정부가 개혁개방 이후 경진익(京津冀)의 환발해권, 장강삼각주, 화남지역의 주강(珠江)삼각주를 먼저 집중 개발하고 투자하였기 때문이다.

〈표 5-5〉 중국의 지역별 경제기초와 발전현황(2019)

구분	전국	동부	(%)	중부	(%)	서부	(%)	동북부	(%)
토지면적(만 ㎢)	960.0	91.6	9.5	102.8	10.7	686.7	71.5	78.8	8.2
총인구(만 명)	140,005	54,165	38.6	37,246	26.5	38180	27.2	10,794	7.7
취업인구(만 명)	34,107	18,322	53.7	6,670	19.6	7,071	20.7	2,044	6.0
GRDP (10억 위안)	99,087	51,116	51.9	21,874	21.2	20,519	20.8	5,025	7.7
1차 산업(")	7,047	2,346	33.3	1,789	25.4	2,247	31.9	665	9.4
2차 산업(")	38,617	19,896	61.6	9,138	23.7	7,780	20.2	1,728	4.5
3차 산업(")	53,423	28,875	54.5	10,947	20.7	10,492	19.8	2,632	5.0
1인당 GRDP(元)	70,892	101,791	-	58,115	-	53,568	-	45,416	-
도시가처분소득	42,359	50,145	-	36,608	-	36,041	-	35,130	-
농민가처분소득	16,021	19,987	-	15,291	-	13,035	-	15,357	-
곡물(만 톤)	61,368	14,917	24.3	19,229	31.3	14,425	23.5	12,798	20.9
목화	589	47	7.9	38	6.4	505	85.7	0.0	0.0
유료작물	3,493	677	19.4	1,495	42.8	1130	32.4	191	5.6
무역량(억 위안)	315,627	253,848	80.4	21,740	6.9	27,779	8.8	12,261	3.9
- 수출	172,374	140,187	81.3	13,898	8.1	13,682	7.9	4,596	2.7
- 수입	143,254	113,661	79.3	7,842	5.5	14,087	9.8	7,664	5.4

주: 1. 전국 통계는 지역생산의 합계. 2. 도시·농민 가처분소득은 1인당 연간소득임.
자료: 『중국통계연감』(2020)

1차 산업부문 생산총액은 동부지역이 제일 높았다. 이는 동부지역의 수산물 생산액과 1차 산업부문의 일자리와 관련되어 있기 때문으로 추정된다. 2019년 중국 1인당 연간 GDP는 70,892위안(약 1,205만 원)이다. 동부지역이 평균 101,791위안이며 중부와 서부지역은 각각 58,115위안, 53,558위안으로 동부지역의 50% 조금 넘는 차이를 보이며 동북지역은 45,416위안으로 동부지역의 45% 정도에 그치고 있어 큰 차이를 보인다.

전국에서 1인당 지역총생산(GRDP)가 가장 높은 곳은 직할시로 베이징 164,220위안(약 2,791만 원), 상하이 157,279위안, 천진 90,371위안이며 가장 낮은 곳은 서부지역의 간쑤성으로 32,995위안으로 베이징의 약 20% 수준에 그쳤다. 동부해안의 장쑤성과 저장성은 각각 123,607위안과 107,624위안으로 1인당 가장 높은 생산치를 나타냈다.

지역에서 도시와 농민의 연간 1인당 가처분소득에서도 동부해안의 소득과 다른 지역의 그것과는 큰 차이가 있었다. 전국의 도시민 연간 가처분소득은 42,359위안(약 720만 원)이었고 농민의 그것은 16,021위안(약 272만 원)으로 농민은 도시민의 37%에 그쳤다. 도시민과 농민의 가처분소득에서 중, 서, 동북지역 간에서는 큰 편차를 보이지 않으나 동부지역 가처분소득(19,987위안)과는 큰 차이를 보였다.

지역 간의 곡물생산량은 중부지역의 31.3%로 가장 우세하다. 중부는 중국의 대표적인 중원 곡창지대를 대표하는 곳이다. 중국의 식량 생산은 인민공사 체제하에서 1960년대에도 굶어 죽는 아사자가 대량으로 발생할 정도로 식량 생산이 부족하였다. 1980년 3억 톤을 약간 상회하던 생산량은 1990년 4억 톤을 넘어섰고 2007년도 5억 톤, 2012년 6억 1,223만 톤을 거둔 이래 2019년까지 6억 톤 아래로 내려간 일이 없다. 곡물의 생산은 중원의 곡창지대인 중부지역(31.3%)이 가장 높고 동부지역이 24.3%, 서부지역 23.5%, 동북부는 20.9%를 나타냈다.

지역별 무역총액은 더욱 격차가 컸다. 중국 교역액의 80.4%를 동부지역이 담당하고 다른 지역의 그것은 한 자리 수치에 그친다. 특히 동북지역의 교역은 전체 무역량의 3.9%로 가장 낮았다. 이러한 불균형의 발전은 인구의 이동, 자원의 분배, 지역의 균형발전, 소득 불균형 등 많은 문제점을 일으킬 수 있다. 서부 개발정책은 이러한 배경을 두고 세운 것이다. 2000년대에 이르러 서부 개발에 힘입어 도시 근로자 간의 소득불균형은 다소 개선되는 것으로 나타나지만 그 격차는 여전히 크다.

이와 같은 지역적인 불균형과 함께 농촌과 도시 가구 1인당 소득불균형 문제는 좀 더 심각하다. 첫째, 농민과 도시 주민 간의 소득격차가 좁혀지지 않고 있다. 중국 농민의 가처분소득 증가율보다 도시 근로자의 가처분소득 증가율이 높기 때문이다. 더욱 심각한 것은 농민의 순수입 증가율이 매년 둔화되고 있다는 점이다. 농산물 가격이 소득을 뒷받침하지 못하기 때문이다.

둘째, 농촌 지역의 인구문제이다. 2019년 중국의 향촌인구는 5억 5,162만 명으로 이 중 농촌의 취업인구는 3억 3,224만 명이다. 1차 산업 고용 취업인은 1억 9,445만 명으로 58.5%를 점유한다. 1, 2차 산업 부문의 취업인구는 서서히 감소추세를 보이는 반면 서비스산업의 취업인구가 크게 증가하는 추세이다. 또한 도시지역 취업인구는 증가하는 추세이지만 농촌지역 취업인구는 감소하는 추세를 보인다.

[그림 5-3]은 농촌과 도시 주민의 연도별 가처분소득을 비교한 것이다. 도시에 사느냐, 농촌에 사느냐에 따라 소득차이가 크다. 개방 이후 명목상 소득의 증가는 도시와 농촌에서 모두 100배 이상 늘어났다.

2019년 농촌 주민의 가처분소득은 도시 주민의 약 37.8% 수준이다. 도농 간의 소득격차는 어느 나라에서나 존재하는 것이지만 중국 정부는 농촌에 대한 각별한 관심으로 연초마다 발표되는 중앙문건 1호에 삼농(三農)과 관련된 계획을 발표하여 농업문제 중시를 다루고 있다.

1978년 도시민의 연간 실소득은 343위안, 농촌 주민은 134위안이었다. 격차는 210위안 정도였다. 2019년 도시민의 평균 가처분소득은 42,359위안(약 420만 원)으로 늘었지만, 농촌 주민은 16,021위안(약 204만 원)으로 그 차이는 좁혀지지 않고 도시민이 농촌 주민보다 2.64배 더 많다. 그림에서 표시되지 않았으나 연간 가계비지출 중 식료품 비중을 나타내는 엥겔계수는 도시나 농촌에서 다 같이 해마다 빠른 속도로 하향추세를 보여 2019년 도시는 20% 미만으로, 농촌은 25%로 낮아졌다.

[그림 5-3] 도시와 농촌 가구 1인당 가처분소득(1978~2019)

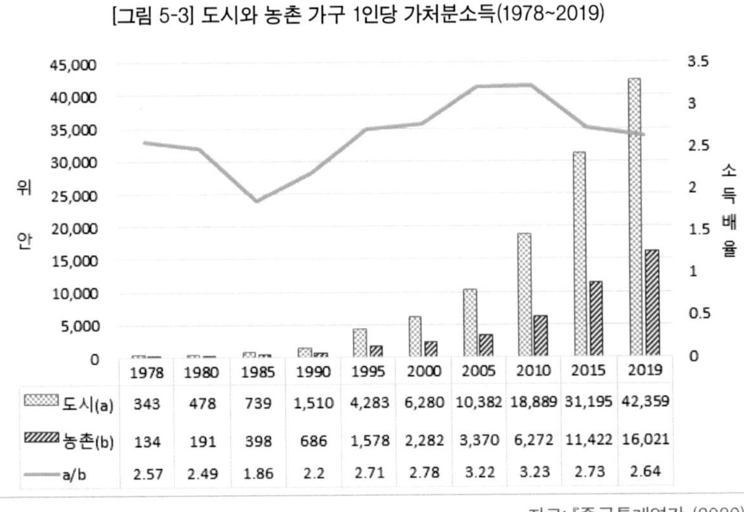

	1978	1980	1985	1990	1995	2000	2005	2010	2015	2019
도시(a)	343	478	739	1,510	4,283	6,280	10,382	18,889	31,195	42,359
농촌(b)	134	191	398	686	1,578	2,282	3,370	6,272	11,422	16,021
a/b	2.57	2.49	1.86	2.2	2.71	2.78	3.22	3.23	2.73	2.64

자료: 『중국통계연감』(2020)

중국 정부가 2019년 7월 1일 중국공산당 창당 기념일을 맞이해 발표한 '민족부흥의 영광-신중국 70년의 발전(民族复兴铸辉煌-新中国成立70周年经济社会发展成就系列报告之, 중국 국가통계국)'에서 보면 1952년 중국의 총생산 규모(GDP)는 679억 위안에 불과했다. 그런데 2019 중국 총생산은 99조 위안으로, 세계 경제에서 약 16%를 차지할 만큼 성장했다. 2000년 10조 위안을 돌파하며 이탈리아를 제치고 세계 6대 경제 대국이 됐고, 2010년에는 일본마저 제치고 세계 2위로 올라섰다. 이런 성장을 바탕으로 2019년 14억 중국의 1인당 국민 소득은 10,262달러(약 1,151만 원)로 올라섰다(세계은행). 성장에 대한 자신감은 중국 국가통계국 발표 자료 곳곳에 묻어난다. 그런데 중국 정부 통계에는 있는 그대로의 중국 모습이 담겨 있지 않다. 대표적인 것이 1인당 GDP 9,795달러(1달러≃6.6위안)의 진실이다.

〈표 5-6〉은 중국 국민을 소득 구간을 차례로 나눠 오 등분하였을 때 2019년 기준으로 최고소득 20% 평균소득은 76,401위안(1,299만 원)에 이른다. 그러나 최저소득 20% 평균소득은 7,380위안(125만 원)으로 최고소득의 10% 미만에 그치고 있다. 10배가 넘는 소득의 격차이고 2013년과 비교하여 격차는 더 커지고 있다. 개혁개방 이전의 소득보다 빈부의 격차는 벌어진 것이다.

〈표 5-6〉 주민 5분위 가처분소득 변화추이(2013~2019)

단위 : 위안

구분	2013	2014	2015	2016	2017	2018	2019
최저소득(20%)	4,402	4,747	5,221	5,529	5,958	6,441	7,380
저소득(20%)	9,654	10,887	11,894	12,899	13,843	14,361	15,777
중등 소득(20%)	15,698	17,631	19,320	20,924	22,495	23,189	25,035
고소득(20%)	24,361	26,937	29,438	31,990	34,547	36,471	39,231
최고소득(20%)	47,457	50,968	54,544	59,260	64,934	70,640	76,401

자료: 『중국통계연감』(2020)

〈표 5-7〉은 지역별로 가처분소득을 비교한 것이다. 소득의 순위는 해마다 동부, 동북, 중부, 서북지역의 순으로 변동이 없었다. 2019년 동부는 39,439위안(약 670만 원)이며 서부는 23,986위안(약 408만 원)으로 동부지역의 60% 정도로 차이를 보였다. 소득성장은 서북지역이 가장 높아 약 11%, 동북지역은 7.5%로 상대적으로 낮았으며 동부와 중부지역은 각각 9.0%와 9.3%를 나타냈다.

〈표 5-7〉 중국 주민의 지역별 가처분소득 변화추이(2013~2019)

단위 : 위안

지구	2013	2014	2015	2016	2017	2018	2019
동부지역	23,658	25,954	28,223	30,655	33,414	36,298	39,439
중부지역	15,264	16,868	18,442	20,006	21,834	23,798	26,025
서부지역	13,919	15,376	16,868	18,407	20,130	21,936	23,986
동북지역	17,893	19,604	21,008	22,352	23,901	25,543	27,371

자료: 『중국통계연감』(2020)

[그림 5-4]는 중국의 지니계수를 연도별로 나타낸 것이다. 국제표준에 따르면 지니계수가 0.4 이상이면 소득불균형이 심각하며 0.6 이상은 대단히 극심한 것으로 사회폭동을 유발할 수 있는 정도로 여겨지고 있다. 자유시장경제의 국가와 마찬가지로 중국의 부는 가진 자가 압도적으로 더 많이 갖고 있고, 지역적으로는 도시에 집중돼 있다. 부(富)의 불평등한 분배는 지니계수에서도 드러난다. 지니계수 수치는 0~1 사이로 0은 소득의 완전한 평등을 의미한다. 반대로 1은 소득의 100%를 한 사람이 독점하고 있다는 것이다. 유엔에서는 통상 0.4를 빈부격차의 경계선으로 삼고, 이보다 크면 사회문제가 발생할 위험이 있다고 진단한다.

[그림 5-4] 연도별 지니계수의 변화(1995~2018)

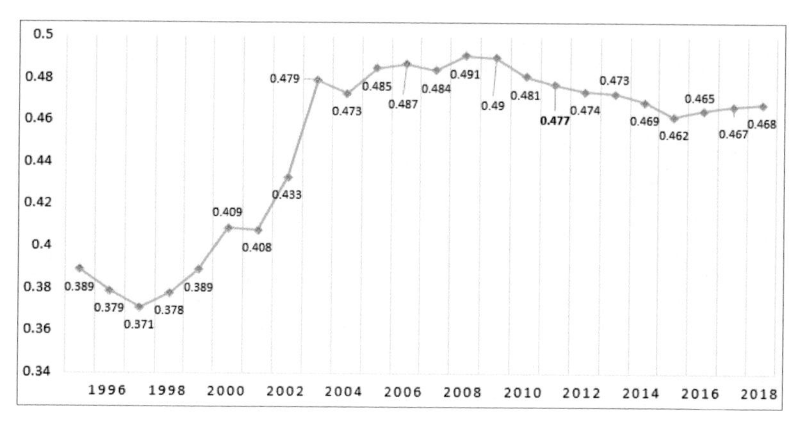

자료: 쑤닝(蘇寧)금융연구원

중국 지니계수는 2000년 이후 0.4를 밑돈 적이 없다. 2008년 0.491을 기록한 뒤 완만한 하강 국면에 접어들었고 2015년 0.462에서 다시 상승 추세를 보인다. 2018년에는 0.468까지 올라갔다. 국가통계국이 발표한 지니계수가 지금까지 다른 기관에서 발표한 수치와 차이가 있는 만큼 이 수치를 얼마나 신뢰할 수 있는지에 대하여는 논란의 여지가 많다. 왜냐하면 실제로 사천성 청두(成都)재경대학 연구팀이 중국 전역 25개 도시와 80개 현(縣)의 소득자료를 바탕으로 계산한 지니계수는 0.61로 집계되었다. 세계은행 보고서 역시 중국의 지니계수가 0.5를 넘어선 것으로 추정하고 있기 때문이다.

중국이 1949년 중화인민공화국을 수립하고 1978년 개혁개방 이후 기적 같은 고속 성장으로 세계를 놀라게 했지만 그 대가도 만만치 않다. 빈부격차는 갈수록 심해져 사회주의 강국을 세운다는 명분을 무색하게 했다. 1989년 톈안먼(天安門)광장 유혈진압 이후 민주화의 시계는 거꾸로 갔으며 특히 시진핑의 집권 이후 통제는 더 강화하고 있다. 최근에는 홍콩의 반(反)중국 시위 장기화와 대만 독립세력의 득세로 수십 년간 고수해 온 '하나의 중국' 원칙도 흔들리고 있다.

중국은 사회주의 국가를 지향하여 부의 평등을 내세우지만 지니계수는 지난해까지 3년 연속 높아졌다. 글로벌 데이터회사 CEIC는 "중국의 지니계수는 2008년 0.491로 정점에 올랐다가 2015년 0.462까지 떨어졌다. 하지만 다시 오름세로 돌아서 2018년 0.468까지 높아졌다. 이 같은 빈부격차는 사회 안정을 위협한다"고 지적하였다. 아울러 부진한 투자 대신 소비를 경제성장의 새로운 동력으로 삼으려던 정부의 계획에도 차질 요소가 된다는 것이다.

『21세기 자본』으로 유명한 프랑스 경제학자 토마 피케티(Thomas Piketty)는 연구에서 "중국의 소득불평등이 빠르게 높아져 미국의 불평등과 비슷한 수준이 됐다"고 하였다. 21세기 자본은 자산수익률이 경제성장보다 커지면서 소득불평등 역시 점점 심화된다는 내용을 담고 있다. 빈부격차가 커지는 주요 원인 가운데 하나는 지난 몇 년간 더 심해진 중국의 부동산 거품이다. 부동산 주택 가격 상승의 혜택은 집을 소유한 상위층에 돌아갔다는 것이다.

인민이 평등한 부를 추구하는 사회주의를 표방하면서도 정부 조사건 해외기관 조사든 중국이 대표적인 부의 불평등 국가라는 점은 달라질 게 없다. 일방적인 부의 편재는 빈곤층의 저항에 그치는 것이 아니다. 일부가 부를 독점한 상황에서 다수 대중이 지금의 삶이 과거보다 나아졌다는 믿음이 깨지는 순간, 문제는 다른 곳으로 흘러갈 수 있다. 이 때문에 국제통화기금(IMF)은 일찍이 중국에 대하여 '빈부격차' 문제 해소를 권고한 바 있다. 고소득자 세금 범위 확대, 개인소득세 부과 확대, 임금 세금 축소 등을 제안하였다. 한마디로 가진 자에게서 더 많이 거둬, 없는 자에게 나눠 주라는 것이다. 중국 정부도 문제의 심각성은 알고 있지만 다만 그것이 실제 정책으로 집행될 수 있을지는 미지수다.

<표 5-8>은 직종에 따른 연봉 수준을 나타내고 있다. 직종에 따라 또는 회사 유형에 따라 노동자가 받는 급여에서도 큰 차이를 보였다. 2019년에 전 직종의 평균 수준은 90,501위안이며 가장 높은 분야는 통신·전산과 금융 분야로 각각 161,352위안, 131,405위안이었다. 반면 연봉은 농림수산, 축목 분야가 가장 낮아 전국 평균의 2분의 1에도 미치지 못하는 39,340위안이었다.

〈표 5-8〉 선택 연도별 직종별 1인당 연봉 수준

단위: 위안

연도	평균	농수산	제조업	건축	도소 매업	통신전산 분야	교통 운수	금융
2004	15,920	7,497	14,251	12,578	13,012	33,449	18,071	24,299
2006	20,856	9,269	18,225	16,164	17,796	43,435	24,111	35,495
2008	28,898	12,560	24,404	21,223	25,818	54,906	32,041	53,897
2010	36,539	16,717	30,916	27,529	33,635	64,436	40,466	70,146
2015	62,029	31,947	55,324	48,886	60,328	112,042	68,822	114,777
2018	82,413	36,466	72,088	60,501	80,551	147,678	88,508	129,837
2019	90,501	39,340	78,147	65,580	89,047	161,352	97,050	131,405

자료: 『중국통계연감』 각 연도

세계은행에 따르면 중국의 1인당 GDP(2019)는 10,262달러로 세계 68위이며, 빈곤층 인구는 약 3억 명에 이르고 그중 극빈층(1일 소득 2달러 이하)은 1억 명이 넘는 것으로 조사되고 있다. 1978년 개혁개방 이전 '한솥밥(大鍋飯)'으로 대표되는 절대적 평등주의는 사회계층과 지역의 구분 없이 빈곤의 평준화와 일반화로 나타났었다.

2012년 말 집권한 후 시진핑 주석은 빈곤퇴치를 핵심 국정과제로 제시하였으며, 2020년까지 '샤오캉(小康) 사회'를 건설하겠다는 야심찬 목표를 설정하였다. 이에 중국 중앙정부와 각 지역 정부는 막대한 자원을 투입해 빈곤퇴치 사업을 추진하였다. 중국 정부는 연간소득이 6천 위안(약 102만 원)을 넘어서면 빈곤층에서 탈피한 것으로 본다.

중국의 빈곤층 기준은 하루 소득으로 따져 1.9달러(약 2,200원)에 불과하며, 만약 이를 3.2달러(약 3,700원)로 올릴 경우 3천만 명 이상이 빈곤층으로 재분류될 것이라고 한 전문가는 지적했다. 중국 중앙정부가 2018년 빈곤퇴치 사업에 투입한 예산은 1,261억 위안(약 21조 원)에 이르며, 이는 5억 6,400여만 명이 거주하는 농촌지역에 주로 배정되었다. 중국 정부는 이러한 노력의 결과 빈곤층의 수가 2018년 말 1,660만 명으로 줄었으며, 2019년에는 이 가운데 천만 명이 빈곤에서 벗어났다고 밝혔다. 일부에서는 1인당 GDP가 1만 달러를 넘어서 세계은행에 의해 '중간소득 국가'로 분류되는 중국의 빈곤층 기준이 너무 낮다는 지적도 나왔다.

개혁개방의 사상·정책적 근거가 된 '선부론'이 갖는 최대의 의미는 "사회주의는 가난한 것이 아니"라는 것을 실천으로 증명했으나, 효율과 공평이 균형을 상실한 'GDP 우선주의'로 변질되었다.

〈표 5-9〉는 호구조사에서 집계된 연도별 도시·읍 주민 소득 5분위의 1인당 평균소득의 변화추이를 보이고 있다. 1985년 최저소득 가구의 1인당 소득(483위안)과 최고소득(1,384) 가구의 소득 차는 2.86배이었다. 2010년의 간극은 8.4배로 커졌고 2019년에는 줄어들어 5.9배로 나타나 여전히 도시 주민의 소득에 있어서도 간격이 있음을 보였다.

〈표 5-9〉 연도별 도시·읍 주민 1인당 가처분소득

단위: 위안/년

구분	1985	1990	2000	2010	2015	2017	2018	2019
최저 소득	483	860	2,267	6,704	12,231	13,723	14,387	15,549
저소득	599	1,077	3,659	10,247	21,446	24,550	24,857	26,784
중등 소득	805	1,489	5,904	18,921	29,105	33,781	35,196	37,876
고소득	1,098	2,072	9,485	34,255	38,572	45,163	49,174	52,907
최고 소득	1,384	2,676	13,391	56,435	65,082	77,097	84,907	91,683

자료: 『중국통계연감』(2020)

〈표 5-10〉은 호구조사에서 집계된 연도별 농촌 주민 소득 5분위의 1인당 평균소득의 변화추이를 보이고 있다. 자료에서 2000~2010년 기간은 농가당 순수입 자료이고 2013~2019년은 농가의 가처분소득 자료이다. 명칭을 바꾼 이유는 알 수 없지만 해석에는 같은 범주의 자료로 간주하여 이어서 정리하였다. 2000년 최저 순수입의 평균은 최상위 순수입의 15%였지만 2019년 최하위 가처분 평균소득은 4,263위안으로 최고가처분소득 36,049위안의 11.8%에 그친다. 이는 최하위 소득 그룹과 최상위 그룹의 소득격차가 커진 것으로 해석된다.

〈표 5-10〉 연도별 농촌 주민 1인당 가처분소득(2000~2018)

단위: 위안/년

구분	2000	2005	2010	2013	2016	2017	2018	2019
최저소득	802	1,067	1,870	2,878	3,007	3,302	3,666	4,263
저소득	1,440	2,018	3,621	5,966	7,823	8,349	8,509	9,754
중등소득	2,004	2,851	5,222	8,438	11,159	11,978	12,530	13,984
고소득	2,767	4,003	7,441	11,816	15,727	16,944	18,052	19,732
최고소득	5,190	7,747	14,050	21,324	28,448	31,299	34,043	36,049

자료: 『중국통계연감』(2020), 『중국주호조사연감』(2019)

2-4 | 농촌의 빈곤 조사

시진핑 주석이 '빈곤을 퇴치하자'는 운동에 나선 것은 지난 2013년이었다. 2020년까지 '샤오캉(小康) 사회'를 건설하겠다는 목표를 내세우고 '빈곤 근절'을 약속하였다. 2020년에는 국내총생산(GDP)을 2010년의 2배로 늘리고 빈곤퇴치를 통해 농촌 빈곤 문제를 완전히 해결하겠다는 것이었다.

그러나 빈곤의 기준을 어떻게 정하느냐에 따라 빈곤층은 많아지기도 적어지기도 한다. 2010년 중국은 1인당 연간소득 2,300위안(약 414,000원) 이하를 빈곤 기준으로 삼아 왔다. 세계은행(WB)은 빈곤 기준을 1인당 하루 1.25달러(약 1,482원)로 잡았으나 2015년 10월 1.9달러로 상향 조정했다. 중국은 하루 수입이 11위안(약 1,885원)이 안 되는 극심한 농촌 빈곤 인구수는 2015년 5,575만 명에서 2019년 550만 명으로 크게 줄었다고 발표하였다.

'빈곤퇴치' 작업은 어떻게 이뤄졌을까? 공무원 77만 5000여 명을 전역에 파견해 농촌지역의 빈곤 실태를 확인했다. 이후 도시와의 '결연'을 통해 농촌을 지원하고, 의료 종사자들이 시골을 방문해 빈곤층의 건강 상태를 주기적으로 체크하도록 했다. 민간기업들도 여러 방면에서 참여했다. 무엇보다 도로를 포장하고 고립된 마을에 길을 내는 등 기초적인 인프라 건설에 집중하였다. 우리나라 초기의 새마을운동과 크게 다르지 않았다. 빈곤층을 위한 새로운 거주지를 따로 짓기도 했다. 직접적인 보조금도 제공됐다. 그간 쓴 돈만 610억 달러(약 67조 8,015억 원)가 넘었다.

[그림 5-5]에서 보이는 바와 같이 2015년 5,575만 명에 달하던 농촌

극빈층은 2019년 550만 명으로 크게 줄어 빈곤 발생률은 0.4%이었다. 이처럼 발표되고 있는 통계를 보면 성공한 셈이다. 그러나 '진짜 현실'은 각종 통계의 이면에 있다.

우선 빈곤에 대한 중국 정부의 기준이 국제사회의 기준과 너무 다르다는 것이 전문가들의 공통된 목소리다. 중국 정부는 농촌의 극빈층에만 초점을 맞추고 있다. 중국의 빈곤 인구 기준은 경제협력개발기구(OECD)가 지정한 기준에선 크게 벗어난다는 것이다. OECD는 저소득의 절반 이하를 모두 빈곤으로 친다. 이 계산으로 보면 중국의 빈곤 인구는 연간소득이 7,000위안 이하인 사람들이다. 1인당 연간소득 4,000위안(약 678,000원) 이하인 가구만 다루고 있다는 점이다.

미 외교협회 Foreign Affairs는 "OECD 국가들이나 선진국의 기준에 따른다면 여전히 많은 중국농촌 주민들은 극도로 빈곤한 처지에 있다"는 평가를 하고 있다. 리커창 총리가 "중국인 6억 명은 여전히 월 소득 1,000위안(약 17만 원)으로 살고 있다"고 한탄한 이유도 여기에 있다.

가장 큰 문제는 지속가능성이다. 지금은 정부에서 강력하게 빈곤퇴치 운동을 벌이고 있지만, 이 캠페인이 끝난 이후에 어떻게 할 것인가에 대해서는 누구도 답을 하지 못하고 있다. 극심한 빈곤 문제를 근절하기 위해 노력해 왔고 실질적인 성과도 거뒀지만, '지속가능성'은 또 다른 문제이다. 농촌과 도시 사이의 뿌리 깊은 불평등은 대부분의 나라에서 다루기 힘든 난제로 꼽힌다. 중국 정부는 곧 "샤오캉 사회의 꿈을 이뤘다"고 발표할 것으로 보이지만, 사실 빈곤퇴치는 이제 시작일 뿐이란 이야기다.

[그림 5-5]는 2010년 빈곤선을 기준, 빈곤 인구수와 발생률을 보

여 주고 있다. 이 기준에 따르면 1995년 이전까지는 빈곤 발생률이 60.5%로 전 인민 100명 중 60명이 빈곤선에 있었다. 2000년이 지나면서 빈곤 발생률은 빠른 속도로 감소했고 2018년 빈곤 발생률은 1.6%이며 빈곤 인구는 1,660만 명이고 2019년 550만 명으로 빈곤 인구 발생률은 0.4%에 그친다.

중국농촌 빈곤 감측 보고에 따르면 빈곤 발생률은 서부지역에서 60%, 중부지역에서 30%를 차지하며 농촌의 빈곤 인구가 많은 것으로 보고되고 있다. 절대 빈곤 인구의 대부분이 농촌지역에 거주하고 특히 서부내륙지역의 빈곤 문제가 존재한다.

[그림 5-5] 농촌 빈곤 인구 발생률(1978~2019)

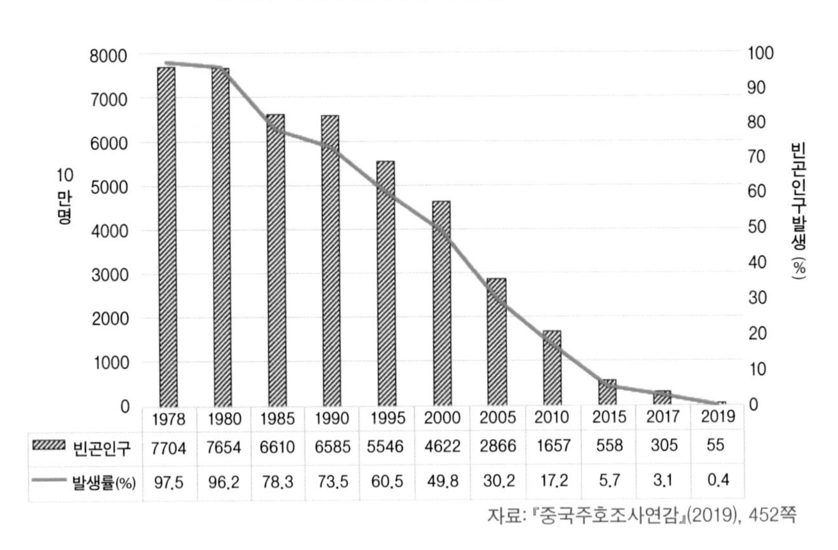

	1978	1980	1985	1990	1995	2000	2005	2010	2015	2017	2019
빈곤인구	7704	7654	6610	6585	5546	4622	2866	1657	558	305	55
발생률(%)	97.5	96.2	78.3	73.5	60.5	49.8	30.2	17.2	5.7	3.1	0.4

자료: 『중국주호조사연감』(2019), 452쪽

2020년 5월 리커창(李克强) 중국 총리가 “아직 중국 인구 14억 명 중 6억 명의 월 소득은 1,000위안에 불과한 저소득”이라고 언급하였다. 리 총리의 발언 직후 중국 다수 경제전문가는 비슷한 분석을 잇달아 내놨다. 탕민(湯敏) 중국 국무원 참사는 2020. 6월 "중국 11억 인구의 소득은 낮은 편"이라며 "10억 명이 아직 비행기를 타 보지 못했고, 5억 명이 양변기를 사용해 보지 못했다"고 밝혔다.

중국은 세계 2위의 경제 대국이면서도 부의 극심한 편중으로 인해 심각한 빈부 격차를 나타내고 있다. 소득 불균형이 발생하는 이유로 교육 수준의 격차를 지적하고 있다. 농촌에서는 가장의 건강 문제로 인한 근로 능력 상실과 의료비 과다지출, 낮은 사회보장 수준이 빈곤 가정을 양산해 소득 불균형을 낳는다고 해석한다.

거시적으로는 공룡화한 국유기업이 국가 전체의 부가가치를 빨아들이면서 중소기업과 사기업이 부진을 면치 못하고 있고 경제성장과 물가상승 추이를 근로자 임금이 따라가지 못할뿐더러 부패문제로 부의 편중이 심화된 때문이라는 지적이 많다. 소득 불균형은 이미 중국 사회의 아킬레스건이 되고 있다. 중국의 농업, 농촌, 농민의 삼농문제는 빈부 격차와 지역 간 경제 발전 격차의 문제점을 의미하는 것으로 귀결된다.

3 농가 소득의 구성

농가의 조수입은 농업수입과 농외수입으로 구성되고 농업의 조수입은 당해 연도의 농업경영결과로 얻은 총수입으로 농산물 판매수입, 현물지출평가액(지대, 노임 등), 자가 생산 농산물의 소비평가액, 대동식물 증식액 및 미처분 농산물 재고 증감액을 합계한 총액이다. 또한 농외수입은 다시 겸업소득과 겸업 외의 소득으로 나누어진다. 겸업소득에는 농업 관련 사업 수입, 일반 서비스 수입, 기타 1차 산업 수입으로 구성되고, 겸업 이외 수입으로는 노임, 사례금, 임대료, 이자, 가족구성원의 급료 등으로 나누어 볼 수 있다.

3-1 | 저장성(浙江省), 허난성(河南省), 산시성(陕西省)의 비교

저장성은 장강(長江)의 삼각주 해안지역에 위치한다. 기후, 강우량, 고도가 높지 않고 평야가 발달한 지역이 많아 농업에 알맞다. 이 지역이 상대적으로 인구밀도가 높은 것은 농산물 생산과 수송 등이 편리하기 때문이다. 성 소재지는 항주(杭州)이며 지형은 산지와 구릉이 많아 약 70%를 차지한다. 기후는 사계절의 구별이 확실하고 온난하고 습기가 많다. 농작물은 1년 3작으로 쌀이 주이며, 보리류·콩류·황마·유채·목화의 생산이 많고 항자후평원(杭嘉湖平原)이 농업의 중심이다. 허난성은 중부의 지평선을 이루는 평야지대이며 역사적으로는 황하문명의 발생지이어서 하(夏)나라 이후 20여 개의 수많은 왕조가 흥망을 거듭하였고 교통의 요충지이다.

산시성은 서부지역의 실크로드의 출발지이며 1,200년간의 수도였던 시안(西安)이 위치하고 서부개발의 요충지로 삼성전자가 이곳에 투자하고 있다. 우리나라 삼성전자는 2012년부터 중국 시안 하이테크기술 산업개발구(西安高新技术产业开发区)에 70억 달러(약 7조 8,078억 원)를 투자하여 10나노급 낸드플래시 공장을 건설하였다. 2014년 양산체제에 들어갔고 고용 규모는 2,000명이며 협력업체까지 합치면 13,000명 이상으로 알려져 있다.

여기에서는 동부, 중부, 서부의 대표적인 이들 성(省)을 택하여 경제적인 기초와 농가 수입이 어떻게 구성되어 있는가를 살펴보려는 것이다. 〈표 5-11〉은 3개 성 지역의 경제적 기초자료를 제공한다. 저장성은 면적이나 인구에 있어 한국과 비슷한 크기를 가지고 있다. 식량 생산은 벼농사가 80%를 차지하며 밀, 옥수수, 두류 등 기타 작물은 상대적으로 많지 않았다.

3개 성 중에서 저장성은 경지면적, 인구, 식량 생산 등이 가장 적음에도 지역 GDP와 1인당 GDP는 다른 어느 성보다 높은 수준을 보여 중국 전체에서 가장 높았다. 그 핵심은 2, 3차 산업의 생산액 때문이다. 지역 GDP 중 제2차 산업은 41.8%, 제3차 산업은 54.7%를, 그리고 제1차 산업은 3.5%이다. 제1차 산업의 GDP에서 농업 이외에 저장성은 어업, 허난성에서는 목축업이 큰 비중을 차지하였다. 허난성은 곡창지대로 대부분 지역이 평원으로 밀, 옥수수의 주산지이다. 따라서 제1차 산업 생산액은 절강이나 산시성에 비하여 우세하였다.

〈표 5-11〉 3개 중요 지역의 경제적 기초와 농업생산량(2018)

항목	중국전체	저장(浙江)성	허난(河南)성	산시(陝西)성
전체면적(만 ㎢) 경지면적(만 ha)	960 13,490	10.2 212.5	16.7 811.0	20.5 399.2
인구(만 명) - 농촌 인구 - 1차 산업 종사자	139,538 57,661 20,258	5,737 1810 634	9,605 4764 2,712	3,864 1657 856
경지면적(무/호)	2.30	0.53	1.53	1.52
농업생산(만 톤) 곡물	65,789.2 61,003.6	599.1 535.7	6,648.9 6,483.4	1,226.0 1,103.1
관개면적(만ha)	6,827.1	144.1	528.9	127.5
GDP(억 위안) - 1차 - 2차 - 3차	900,310 64,734 366,001 469,575	56,197(100) 1,967(3.5) 23,506(41.8) 30,724(54.7)	48,056(100) 4,289(8.9) 22,035(45.9) 21,731(45.2)	24,438(100) 1,830(7.5) 12,157(49.7) 10,451(42.8)
GDP(위안/인)	64,644	98,643	50,152	63,477

주: 1무(畝)는 약 667㎡(약 200평)
자료: 『중국통계연감』(2019), 『각성 통계연감』(2019)

산시성은 중국의 대표적인 과일 산지(사과, 배, 포도, 감귤, 감)의 하나로 2018년 전국 과일 생산의 약 9.0%를 차지하며, 이를 기반으로 식품 가공업이 발달하였다. 한국은 산시성의 5위의 수출대상국이며 7위의 수입 교역대상국이다. 주요 수입품은 식용과일과 넛트류를 수입하였다. 산시성은 중국 석탄 생산의 4.3%, 석유 생산의 8.7%, 천연가스 생산의 18%를 차지하는 중요한 에너지 공급 기지이기도 하다.

3-2 | 농촌의 가처분소득

<표 5-12>는 연도별 지역별로 농민의 1인당 가처분소득을 나타내고 있다. 가처분소득의 개념은 국민 소득 통계상의 용어이나 중국의 '주호(主戶)조사'에서 쓰인 용어를 그대로 쓰기로 한다. 개인소득 중 소비와 저축을 자유롭게 할 수 있고 세금과 세금 외에 이자 지급 등 비소비지출을 빼고 이전소득(사회보장, 연금 등)을 합친 것이다.

〈표 5-12〉 연도별 지역별 1인당 가처분소득의 수입(2013~2018)

연도	구분	계	임금수입	경영수입	재산성 수입	이전수입
2013	전국	9,430	3,653	3,935	195	1,948
	저장	17,494	10,416	4,935	457	1,686
	허난	8,969	2,856	3,928	126	2,059
	산시	7,092	2,887	2,530	90	1,585
2015	전국	11,422	4,600	4,504	252	2,066
	저장	21,125	13,087	5,364	608	2,066
	허난	10,853	3,728	4,462	157	2,505
	산시	8,689	3,548	2,909	152	2,080
2018	전국	14,617	5,996	5,358	342	2,921
	저장	27,302	16,898	6,677	784	2,943
	허난	13,831	5,336	4,791	221	3,483
	산시	11,213	4,621	3,508	197	2,888

자료: 『중국주호조사연감』(2019)

주호조사에서 집계한 가처분소득은 경영, 임금, 재산성 그리고 이전수입의 합계이다. 2018년 전국의 1인당 가처분소득은 14,617위안으로 연간 248만 원(1위안=170원으로 환산)을 조금 넘는 금액이다. 저장성의 경우 27,302위안으로 전국 평균보다 훨씬 높으며 허난성보다는 두 배 가까이 되며 산시성의 2.4배를 넘고 있었다. 저장성은 어떻게 다른 곳의 두 배에 가까운 것인가? 농가에서 가처분소득은 농업경영 외에 임금수입, 재산성 수입과 이전수입을 합한 금액이다.

2018년의 가처분소득 구성은 경영수입과 임금수입이 90% 전후를 차지하고 있지만 임금수입이 얼마나 큰 비중을 차지하는가에 따라 가처분소득에 가장 큰 영향을 주었다. 저장성은 62%, 허난성은 38.5%, 그리고 산시성은 41.2%를 임금급여가 차지하였다.

경영수입은 농·림·축·어업에서 발생한 소득이다. 2013~2015년 허난성이 40% 이상을 점유했으나 2018년에는 34.6%로 감소하였다. 저장성의 경영소득은 2013~2018 기간 모두 24~28%에 그친 반면 산시성은 31.3~35.6%였다. 저장(折江)성의 임금수입은 경영수입보다 더 많았다.

이처럼 저장성에서 현격한 차이를 보인 것은 지형적 위치와 외국인 직접투자는 제조업에 집중되어 있으며 특히 통신설비, 방직, 의류, 일반설비, 전기기계제조 그리고 향진기업의 발전에 의한 것이라고 해석된다.

저장성 해안지역 도시(抗州, 嘉興, 寧波, 溫州, 義烏)들을 중심으로 개혁개방 이후부터 다른 지역에 비해 공업과 상업이 발달하였으며, 현재도 지속적으로 공업화, 서비스산업화가 심화되고 있는 데 기인한 것으로 판단된다.

저장성은 또한 공업수입이 다른 지역에 비하여 압도적으로 높다. 3차 산업의 경우에는 교통운수와 판매업, 음식업, 숙박업종의 경영수입이 다른 성과 비교하여 훨씬 더 많았다. 농촌지역에서 공업이나 서비스 업종은 '향진기업'으로 대량생산이 아니라 가내수공업 수준의 소량생산이다. 향진기업은 집체소유제를 말하고 우리의 읍·면에 해당하는 향·진 소속 주민들이 중소기업을 형성, 경영·생산 및 판매를 자율적으로 결정하는 방식이다. 이 향진기업은 전민소유제 공업에 비해 4배 이상의 생산성을 보이고 있어서 이는 기업 운영 결과에 따른 이익금을 주민들이 분배하기 때문이다. 따라서 이 제도는 부분적으로 자본주의 경영체제를 도입한 것이다. 중국이 성공적으로 평가하고 있는 향진기업은 생산성을 제고와 주민 생활 수준 향상이라는 점이다.

[그림 5-6]은 2018년 도시와 농촌의 1인당 연간 가처분소득의 구성비를 나타낸다. 도시의 1인당 가처분소득은 23,671위안(약 426만 원), 농촌의 그것은 16,417위안(약 263만 원)으로 도시 가처분소득의 62% 정도이었다. 도시건 농촌이건 임금 수입 비중이 가장 많아 각각 65%와 41%이며 경영수입은 도시는 13%, 농촌은 37%로 더 높았다.

〈표 5-13〉은 농가의 가처분소득의 구성을 보여 준다. 경영수입의 구성에서 기타는 임업과 어업을 합친 내용이다. 경영수입은 1, 2, 3차 산업의 업종이 다 들어 있다. 2012년까지는 성별로 농가의 경영부문 조사가 이루어졌으나 조사의 편제가 바뀌어 최근의 성별(省別) 간의 비교는 할 수 없게 되었다.

그림 5-6. 도시와 농촌의 1인당 가처분소득의 구성(2018)

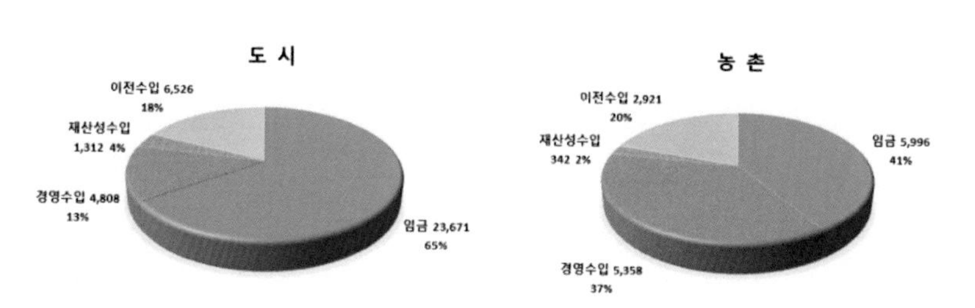

자료: 『중국주호조사연감』(2019)

기존의 조사 결과에서 보면 농업부문에서는 허난성이 우위를 보이나 목축업을 보면 자장성이 오히려 더 높은 소득을 창출하였다. 이는 저장성이 가축두수나 육류의 생산이 많아서가 아니라 축산물의 가공과 유통부문에서 얻고 있는 수입이 다른 성에서보다 훨씬 많은 것으로 추정된다. 일반적으로 임금수입이 높아짐에 따라 농산부문의 가처분소득 비중이 상대적으로 낮아지고 서비스업종의 수입이 증가하는 추세를 나타내고 있었다. 농촌의 사회보장과 농업보조, 연금등 정부정책이 많아짐에 따라 이전수입의 비중도 증가하고 있다.

〈표 5-13〉 농가의 가처분소득의 구성(2013~2018)

단위: 위안/인

연도	계	임금	경영수입					재산 수입	이전 수입
			농업	축산	기타	2차	3차		
2013	9,430	3,653	2,160	460	220	253	843	195	1,648
2014	10,489	4,152	2,307	442	249	259	980	222	1,877
2015	11,422	4,600	2,412	489	253	276	1,074	252	2,066
2016	12,363	5,022	2,440	574	256	288	1,184	271	2,328
2017	13,432	5,498	2,514	586	273	319	1,318	303	2,603
2018	14,617	5,996	2,608	575	307	378	1,491	342	2,921

자료: 『중국주호조사연감』(2019)

중국농촌과 도시의 인구 구성을 볼 때, 농촌사회의 안정은 정치적 안정에 필수적이다. 중국이 개혁개방을 하면서 농촌개혁을 우선시하고 그것에 역점을 둔 것도 이러한 정치적인 고려 때문이다. 향진기업의 발전은 농민소득과 소비생활 향상을 통해 농민에게 경제적 혜택뿐만 아니라 호구제도의 운용에 따른 농촌사회의 불만을 완화해 주었다. 따라서 향진기업의 발전은 정권 지지에 긍정적으로 작용한다고 볼 수 있다.

그러나 향진기업이 중국에서 지역 간에 균형적으로 발전한 것은 아니다. 농촌지역 내에서도 그 혜택이 고르게 돌아가지 않았기 때문에 향진기업 발전이 반드시 정권에 대한 지지만을 가져다준 것으로 보기는 어려울 것이다. 그 발전이 덜 이루어진 지역과 수혜를 누리지 못하는 농민들에게 상대적 박탈감을 가져와 정권에 대한 불만을 가져온 것으로 볼 수도 있다. 중국공산당도 이러한 점을 인식하여 향진기업의 발전이 덜 이루어진 서부지역에 대한 정책을 강화해 왔다.

3-3 | 정부의 농촌지원 정책

안정적인 국민경제 발전에 중요한 뒷받침이 되는 농업의 중요성은 말로 설명할 필요는 없다. 백성은 양식을 하늘로 알고 국가는 농업을 중시한다(民以食爲天, 國以農爲重). 중국 정부는 농민의 부담을 덜고 소득을 늘리기 위해 일련의 농업지원 정책을 내놓은 것이 많다. 그 실례로 농업세를 폐지하고 농업 생산요소 종합 보조금, 우량종자 보조금 추가, 농기구 작업 보조금, 곡물 최저수매가격 상향 조정 등이다.

그러나 불행하게도 최근 유류, 전기, 석탄, 물 등 기본재 및 화학비료, 사료 등 농업 생산요소 가격이 폭등하여 농업 생산원가가 대폭 상승했다. 현재 국가정책으로 농민이 누려야 할 혜택이 농업 생산수단 가격 급등으로 거의 상쇄된 실정이다.

농업 생산요소 가격이 계속 오르는 데다가 그 인상률이 곡물 등 농산물 가격을 크게 웃돌아 정부가 농민에게 지급한 각종 보조금을 다깎아 먹고 있다. 이처럼 상황이 악화되면 농민들은 일할 맛이 나지 않는 것이다. 큰 규모로 농사를 짓는 한 대농의 계산에 따르면, 2010년에는 모든 비용을 제하고도 畝(1무=666m²)당 150위안의 이윤을 얻었는데 2017년 이후부터는 원가 상승으로 순수입의 정도는 적자의 방향으로 돌아서 섰다. 이처럼 정부의 농업부문 지원 대책에도 농업 이외 부문의 가격상승으로 농업경영에서 얻어지는 수입은 감소하고 마는 것이다.

4 맺는말

중국의 제1차 산업 명목GDP 비중은 계속 감소하고 있다. 1985년 28.1%에서 2019년 7.1%로 감소하였고 지난 2000년 이후 2·3차 산업의 실질GDP가 500% 이상 증가한 것에 비해 제1차 산업은 82% 증가에 그쳤다. 농림목축업의 총생산액은 매년 증가하나 성장 폭은 감소세를 나타낸다.

농촌에 거주 인구는 2019년 기준 5억 5,162만 명으로 중국 전체 인구의 39.4% 수준이다. 도시 이주 인구가 많아지면서 중국의 농촌 노동력 감소세를 나타낸다.

곡물의 연간 식량 생산은 2019년 기준 6억 6,384만 톤(곡물 6억 1,370만 톤)으로 2012년 이후 연속 6억 톤 이상을 생산하였다. 이는 대두와 서류를 포함한 내용이며 곡물의 생산비중은 옥수수(35%), 쌀(34%), 밀(21%)이 대부분을 차지한다. 어느 나라에서나 농업의 1차 목표는 '식량자급'이다. 중국에서도 식량안보가 최상의 목표임은 매년 다루는 중안 1호 문건이 삼농(三農)문제인 것에서 알 수 있다.

중국의 무역은 WTO 가입 후 날개를 달았지만 농산물은 2004년부터 적자로 돌아섰고 그 적자 규모는 커져 가는 추세이다. 따라서 곡물자급율도 떨어지고 있다. 특히 대두의 수입은 농산물 수입의 34%

를 차지하고 있다. 중국은 식량 생산의 불안전성을 타개하기 위하여 유전자조작농산물(GMO)도 상황 타개책의 하나로 삼고 있다. 2016년 농업 당국은 몇 년 동안 이어진 GMO 도입 논쟁에 종지부를 찍고 마침내 대규모 경작용 GMO의 상업화를 허가했다.

농업생산량을 늘리기 위해 수단과 방법을 가리지 않던 정책이 이젠 식량 위기의 원인을 제공하고 있다. 물 부족이 심각해지고 환경오염으로 수자원의 질도 크게 나빠졌다. 급속하게 도시화가 진행되면서 경작 가능 토지도 크게 줄었다. 2016년 이후 곡물생산의 수익성은 벼를 제외하고 밀, 옥수수, 대두는 적자를 보여 주고 있다. 이 같은 수익성의 악화는 농민의 생산 의욕을 떨어트리게 할 것이다.

비료와 작물보호를 위한 농약의 대량 이용은 환경을 오염시키는 원인으로 작용해 왔다. 이런 상황에서 중국 정부는 생산성 위주의 농업정책에서 벗어나 생산능력 회복을 위한 장기 농업정책 도입을 시도하고 있다. 중국의 식량안보 지수는 높지 않으며 인구대비 낮은 경지면적을 가진다. 중국은 세계 인구의 약 18%이며 세계의 경지면적 중 9%, 그리고 농업기계화율은 약 63%이다.

개혁개방 40년이 지난 지금 중국은 사회주의 체제이면서도 자유주의 시장경제 국가보다도 더 심각한 소득 불균형 문제를 겪고 있다. 빈부의 격차는 지역 내에서 소득격차뿐 아니라 도시와 농촌, 지역 간, 직업 간의 넓은 소득격차가 있다. 중국 정부 당국은 2019년 빈곤 인구의 비율이 0.4%로 극빈자가 550만 명으로 감소한 것을 내세우고 있다. 2019년 도시와 농촌의 소득격차는 많이 줄어 2.64배이나 개방 당시 2.57배와는 차이가 있다.

국가통계국에 따르면 지난해 도시 주민의 1인당 평균 가처분소득과 농촌지역의 1인당 평균 가처분소득은 여전히 큰 차이를 보였다. 급격한 도시화에도 중국의 농촌 인구는 여전히 전체 인구 40%를 점유한다. 부의 불평등을 재생산하는 것은 교육이다. 농촌에서는 교육에 대한 접근이 더욱더 힘들다. 외제 자동차를 자녀에게 사 주는 부모가 있는가 하면 바나나를 아이들에게 사 주지 못하는 부모가 있는, 충격적으로 빈부의 격차가 심각한 나라이다. 중국의 소득분배의 불평등은 어디에서 기인하는가?

우선 첫째로는 불균형성장을 추구해 온 경제정책에 기인한다. 덩샤오핑의 선부론(先富論)에 근거한 순차적 개발정책 때문이다. 생산과 수출이 용이한 남부해안 특구(주강 삼각주)와 상하이(장강 델타지역), 텐진, 북경(환발해권 지역)을 먼저 개발한 결과 이들 동·남부지역은 발전했지만 중서부와 동북부는 상대적으로 낙후해 버렸다.

둘째, 도시와 농촌의 소득격차는 정부 허가 없이 다른 지역에서 살 수 없게 한 호구제도 영향이 크다. 개혁개방 이후 도시민들은 외국 기업의 유치와 수출 증가로 소득이 빠르게 늘었다. 반면 농민들은 호구제도로 인한 거주 이동이 막혀 버려 도시에 합법적으로 정착할 수 없었고, 일자리를 구했어도 임금이 높은 국유기업이나 대기업의 일자리가 아니라 건축이나 운송 등의 3D 업종의 임금이 낮은 농민공(農民工)으로 전락한 것이다. 물론 학력과 기능이 있는 사람은 도시 이동이 가능하여 길이 막혀 있는 것은 아니지만 대부분의 잉여 노동은 단순 노동이었다. 인구의 도시 집중을 막기 위한 조치였으나 현대판 신분제도와 같은 도농 이원화 호적제도는 빈부격차를 만드는 데 일익을 담당하였다.

셋째, 국유기업 소득이 높은 것은 국유여서 당, 관료와 관시(關係)

가 좋은 데다가 독과점 이익도 커서 복리후생, 주택수당 등 간접소득이 훨씬 많기 때문이다. 따라서 누구나 취업 희망자는 국영기업에 가려고 한다. 중국의 국영기업은 전 산업 분야에 걸쳐 있다. 과거 마오쩌둥 공산주의하에서는 모든 공업 관련 기업들이 국가소유였지만, 지금은 국영기업부문이 담당하는 공업생산이 약 40%에 이른다.

소득불평등을 나타내는 지니계수는 2019년 0.468로 통계당국은 발표하고 있으나 민간부문의 재경대학 연구팀이 계산한 지니계수는 0.61이다. 이는 청나라 말기 '태평천국의 난' 당시와 비슷한 수준이라는 것이다. 선진국 중 지니계수가 높은 미국은 0.46이고, 빈부격차로 악명 높은 브라질도 0.53 수준이다. 공산주의를 표방하는 중국의 빈부격차가 세계 최대라는 것은 21세기의 아이러니다. 세계은행 보고서 역시 중국의 지니계수가 0.5를 넘어선 것으로 추정하고 있어 사회주의 체제를 고수하면서도 심각한 소득불평등을 앓고 있는 것은 분명하다.

저장성, 허난성 그리고 산시(陝西)성의 2018년 1인당 가처분소득은 각각 27,302위안, 13,831위안, 11,213위안으로 저장성이 압도적으로 높아 허난성의 약 2배, 산시성의 2.4배 이상이었다. 영세한 농지를 소유하고 있는 중국 농민이 소득을 더 올리는 길은 농업부문뿐만 아니라 저장성에와 같이 농업 외의 노임소득이나 겸업소득을 높이는 것으로 판단된다.

참고 문헌

01. 김교성 외 3인, 「빈곤의 측정과 규모에 관한 연구」, 『한국사회 복지조사연구』 제19권, 2008.
02. 박미선, 「중국 전면적 두 자녀정책 시행배경 및 평가」, 대외경제정책연구원, 2015.
03. 박인성·조성찬, 『중국토지 개혁의 경험 북한토지개혁의 거울』, 한울, 2011.
04. 서완수, 「중국의 경제발전과 농촌지역의 상대적 빈곤화 문제」, 『북방농업연구』, 북방농업연구소, 2008.
05. 임송수, 「중국의 곡물자급률 유지에 관한 논쟁」, 『해외곡물시장』 3권5호, 한국농촌경제연구원, 2018.
06. 임지아, 「중국 농업굴기의 배경과 전망」, LG경제연구원, 2018.
07. 임청룡, 「중국의 식량안보와 식량유통, 해외곡물시장」, 한국농촌경제연구원, 2016.
08. 지성태·유정호, 「중국의 농식품 동향과 시사점」, 한국농촌경제연구원, 2016.
09. 정정길 외, 「중국의 농산물 수급구조 변화와 대한국 수출 확대 가능성 분석」, 한국농촌경제연구원, 2015.
11. 'KIEP 북경사무소 브리핑', 대외경제정책연구원. 2014.11.28.
12. '중국농업브리프 2018.5', 한국농촌경제연구원 중국사무소.
13. 「중국의 식량안보와 농업기술혁신 추진전략」, 과학기술정책연구원, 2015.11.
14. 『中國住戶調查年鑑』, 中國統計出版社, 2019.
15. 『中國農產品價格調查年鑑』, 中國統計出版社, 2019.
16. 『中國農村貧困監測報告』, 中國統計出版社, 2019.
17. 『中國統計年鑑』, 中國統計出版社, 2020.
18. 『中國農村統計年鑑』, 中國統計出版社, 2019.
19. 『中國農業統計資料(1949-2019)』, 中國農業出版社, 2020
20. 魏后凱·黃秉信, 『農村綠皮書(2017-2018)』, 中國農村經濟形勢分析與豫測, 社會科學文獻出版社, 2018.
21. www.kita.net
22. www.kati.net
23. en.wikipedia.org
24. www.kiep.go.kr

중국의 발전과 농업문제

중국 인삼산업의 육성과 유통

인삼은 영년작물로 일반 작물과 달리 어느 곳에서나 자라지 않는 까다로운 재배 방법이 요구된다. 보통의 밭작물과는 판이하게 음지에서 길러야 하므로 해가림시설이 필요하고 추운 곳에서는 동해(凍害)를 피하기 위한 관리를 해 주어야 한다. 경운이나 파종 이외에는 기계화의 어려움으로 대량생산이 쉽지 않고 노동집약적인 생산으로 생산비 상승의 요인이 되기도 한다.

목화나 옥수수처럼 지력을 크게 소진시키는 작물로 인삼은 일반적으로 4년이나 6년 후 수확한 다음 연작이 안 된다. 작물로 키우는 인삼은 밀식으로 재배하게 되므로 땅심은 말라 버리는 것이다. 우리나라 인삼 생산의 큰 위기는 중국이나 북미삼의 시장 침투는 물론 기존 삼밭의 황폐화로 인한 한국 내 인삼밭의 고갈이 더 심각한 문제로 거론되고 있다.

캐나다의 온타리오(Ontario)주를 중심으로 인삼재배는 기계화를 통해 대량생산이 가능해짐으로써 인삼 세계무역의 30% 이상을 점유하게 되었다. 또한 대학을 중심으로 연구와 유통 분야를 집중 연구함으로써 북미삼(화기삼)은 사포닌 함량이 적으면서도 홍콩시장에서 가격경쟁력을 내세우고 약진하고 있는 것이다.

인삼은 병충해에도 약하여 재배하기 까다로운 작물이다. 그러면서도 인삼의 활용은 약용뿐 아니라 건강 보조식품과 함께 다양한 기능성 식품의 개발이 이루어지고 5년 근 이하의 뿌리삼은 식품의 재료로 이용할 수 있도록 하여 수요가 크게 늘게 되었다. 그뿐 아니라 인삼을 이용한 화장품 개발은 우리나라의 독창적인 연구로 인삼 성분을 화장품에 담아내는 데 성공하였다. 피부에 쉽게 흡수되지 않는 사포닌 성분을 피부에 잘 흡수되는 성분으로 전환시키는 독보적인 가공기술을 개발한 것이다. 이는 한국의 화장품을 세계시장에 발돋움하는 데 크게 기여하게 만든 것이다.

인삼을 상업적으로 재배 생산하는 나라는 우리나라를 비롯한 중국, 캐나다, 미국이 세계 생산량의 99%를 생산하는 주산지이고 일본, 프랑스, 독일, 호주, 뉴질랜드 등은 소량생산에 머물러 있다. 그러나 북미삼(Panax quinquefolius L)은 한국 인삼(Panax Ginseng C.A.Meyer)이나 중국의 인삼과는 품종이 다르고 사포닌 성분이나 함량도 고려인삼에 비하여 떨어지지만 캐나다의 뿌리삼의 수출은 가장 앞서고 있다. 인삼을 소비하는 나라는 그 대부분이 유교 문화권으로 한국, 중국, 일본, 대만 및 동남아 등지이며 인삼 가공제품의 최대 소비국은 미국과 덴마크 등 유럽연합이다.

여기에서는 동북 3성을 중심으로 인삼재배의 생산, 인삼제품과 시장, 종자의 관리, 우리나라 인삼재배와의 비교를 다룬다.

1 동북 3성의 농업과 인삼재배 및 생산

동북 3성은 고구려 발원지이자 조선족의 정착지로, 역사적·지리적으로 한반도와 맞닿아 있다. 특히 지린성(吉林省)은 연변 조선족 자치주와 장백조선족 자치현이 북한과 마주한 긴 거리의 압록강과 두만강을 가장 많이 인접하고 있다. 중원(中原)과 함께 식량 생산의 요충지이다. 헤이룽장(黑龍江)성 하얼빈(哈尔滨)에서 지린성의 창춘(長春) 그리고 랴오닝(遼寧省)성의 선양(沈陽)을 빗금으로 이어지는 넓은 땅이 흑토지대로 곡창지대이다.

2019년 랴오닝성 곡물 생산량은 2,376만 톤으로 전국 12위를 차지했으며, 그중 옥수수 생산량은 1,884만 톤, 쌀 435만 톤이었다. 랴오닝성 식량 생산면적은 330.3만 ha로 전년 동기 대비 8천 ha가 감소하였다.

2019년 지린성 곡물 생산량은 3,769만 톤으로 전국 4위를 차지했으며 식량 생산면적 519.4만 ha, 면적(ha)당 7,257kg으로 생산 전국 1위를 기록했다. 지린성에는 특색 농산품이 많다. 옥수수, 벼, 콩, 돼지고기, 소고기, 달걀, 유제품, 인삼 및 녹용(중약제), 채소, 임업특산품이 지린성의 10대 농산물이다. 그중 옥수수는 대표 농작물로서 200개의 품종을 보유하고 있다.

헤이룽장성은 2019년 식량 총생산량은 7,434만 톤으로 중국 전국 식량의 11% 이상을 차지하였다. 2019년 곡물생산량은 6,653만 톤, 식량재배면적 1,408.3만 ha로 식량 생산량 전국 1위를 점유하였다. 대표 농산물은 쌀, 옥수수, 콩으로, 2019년 각각 2,663만 톤, 3,940만 톤, 781만 톤으로 중국 전체의 성에서 최상위를 지켰다. 또한 헤이룽장성은 젖소의 사육이 많아 우유생산량이 465만 톤으로 내몽고(577만 톤) 다음으로 2위를 기록하고 있다. 육류 생산량은 237만 톤, 그중 돼지고기 생산량이 135만 톤이었다. 육우 가축 수는 475만 마리로 전국 6위를 기록하고 있다.

1-1 | 경제적 기초

〈표 6-1〉은 2019년 동북 3성의 경제적 기초자료를 보여 준다. 중국 전체 면적의 8.2%를 차지하고 인구는 7.7% 그리고 GDP는 전국의 2019년 기준 5.1%를 점유한다. 1인당 GDP는 랴오닝성이 57,191위안, 지린성 43,475위안으로 중국 평균 70,892원보다 낮고 헤이룽장성은 36,183위안으로 전국의 1인당 평균의 50%를 좀 넘는 수준에 그치고 있다.

개혁개방의 선부론도 이 지역에는 비껴가 해외투자도 상대적으로 많지 않고 제조업이 빈약하여 경진익(京津翼)지역에 비하여 떨어지고 있다. 중국의 경제 중심축이 동중국해 해안으로 이동하기 전까지만 해도 중국 경제의 중추였다. 현재는 지리적으로 해안 지역에 비해 불리한 것이 사실이다. 인구는 2019년 1억 794만 명으로 한족(95%)이 대부분이지만 소수민족으로는 만주족, 조선족, 몽골족, 회족이 거주하고 있다.

동북 3성에서는 2015년 이후 인구 감소가 일어나고 있다. 2014년 동북 3성은 10,976만 명으로 가장 높았으나 매년 감소 현상이 있다. 산아제한이 엄격하게 시행된 베이징, 상하이 등 주요 대도시지역과 더불어 고령화가 가장 빠르게 진행되고 있으며 인구 증가율이 떨어지고 있다. 이미 1980년대 중반에 출산율 2.1명이 붕괴되었고 1990년대에는 출산율 1.5명대를 기록했으며 2000년대 이후로는 이보다 더욱 낮아져서 인구 1,000명당 출생률은 5명대에 합계 출산율은 0.8명대로 줄었다.

〈표 6-1〉 동북 3성의 경제적 기초(2019)

구분	면적 (만 ㎢)	인구 (만 명)	GDP (억 위안)	GDP/인 (위안)
전국(a)	960	140,005	990,865.1	70,892
지린(吉林)	19.1	2,691	11,726.8	43,475
랴오닝(遼寧)	14.8	4,352	24,909.4	57,191
헤이룽장(黑龍江)	45.3	3,751	13,612.7	36,183
동북 3성 계/평균(b)	79.2	10,794	50,248.9	45,616
b/a(%)	8.2	7.7	5.1	64.3

자료: 『중국통계연보』(2020)

1-2 | 중국의 주요 인삼 재배지역과 생산량

인삼재배는 세계적으로 남·북한을 비롯하여 중국, 미국, 캐나다, 일본에서도 생산되고, 특히 중국 동북 3성 지역에서는 대량으로 재배되고 있다. 수삼 생산량은 중국이 가장 많고 특히 지린성의 인삼 재배면적은 약 3,600여 ha로 중국 전체 인삼 생산량의 80% 이상을 생산하고 있다. 중국의 인삼 재배면적과 생산량은 세계 1위이지만 중국산 인삼은 기술, 품질 등의 이유로 세계시장에서 저가형 인삼으로 평가받고 있는 것도 사실이다.

이에 중국은 인삼산업의 발전 및 경쟁력 강화를 위해 정부 차원의 제도 개선과 기술개발 등에 대한 지원을 확대하고 있다. 최근 지린성의 '장백산인삼야생자원복원 공정(長白山 人蔘野生資源復原 工程)'과 '장백산 인삼(長白山 人蔘)' 상표 등록이 대표적이다. 이런 프로젝트들은 한국 인삼산업계에 관심과 긴장을 주는 요인으로 작용하고 있다. 현재 인삼은 그동안 일반적으로 생각하던 한약재에서 벗어나 인삼을 원료로 한 가공기술이 발전하면서 인삼주, 인삼 요리, 인삼드링크, 인삼차 등 여러 가지로 가공해서 사람들이 기호품으로 즐기고 있다. 과거부터 불로장생약으로 인식되어 왔던 인삼은 그 효능 가치를 이미 과학적으로 검증받은 상태이므로 앞으로도 인삼의 수요는 더욱 많아질 것이다.

세계의 인삼 생산량은 중국과 한국이 90% 이상을 생산하고 캐나다, 미국 등은 큰 비중이라고 하기는 어렵다. 한국이나 중국 그리고 다른 곳에서도 특정 지역에서 집중적으로 생산되고 있다. 한국은 금산, 중국은 지린성, 캐나다는 온타리오주, 미국은 위스콘신(Wisconsin)주가 주산지이다. 이는 인삼이 생장하는 데 필요한 모든 조건이 다른 지역보다도 좋은 환경 및 지형적 요인을 가졌을 뿐 아니라 기술재배의 정보, 판매, 유통 등의 유리한 점이 있기 때문일 것이다.

중국은 세계 어느 나라보다 많은 인삼을 생산하고 소비하면서도 한국의 판매액과 비교하여 뒤떨어지고 재배, 가공, 유통 분야에서도 크게 낮은 수준에 있다는 사실에 분발하고 있다.

인삼의 원산지는 비단 한반도뿐 아니라 중국의 동북지방과 시베리아도 그 범주에 들어간다. 그러면서도 '고려인삼'이 명성을 이어 온 것은 다른 지역의 인삼보다도 한반도 내에서 자란 인삼이 그 질적인 면에서 훨씬 우수하기 때문이다. 진시황이 불로초를 구하러 수천 명의 동남동녀를 배에 태워 한반도 쪽으로 보낸 것에서도 한반도의 인삼이 어느 정도로 효능이 알려져 있었는가를 짐작하게 한다.

원래 인삼은 재배했던 것이 아니고 산에서 야생하던 것을 채집하여 이를 약용으로 이용했던 것이다. 우리는 이것을 '산삼'이라고 했고 과거에는 오늘날보다 많았을지 모르지만 산신령 꿈을 꾸어야만 캔다고 하는 것을 보면 그 희귀성은 분명하였다. 그러나 인삼에 대한 수요는 많아지고 그 수요를 채우기 위해 산삼씨를 채집하여 이를 인공적으로 재배하는 방향으로 진행시켰던 것이다.

이러한 인삼의 재배 기원에 대해서 한국인삼사편찬위원회가 펴낸 『한국인삼사』를 보면 다음과 같다.

> "고려 고종시대(1214~1260)에 비로소 산삼의 씨를 받아 밭에다 재배하기 시작했다. 그러다가 도읍지인 개성에서 박유철(朴有哲)이 인삼재배를 상업적으로 재배하기 시작, 개성이 인삼마을로 되었다. 그리고 이때부터 묘삼양식법(苗蔘養植法)이 시작되었다. 대체로 이들 인삼은 알맞은 지대에 인공적으로 이식해서 종자를 채취하였는데, 야생종이 자라나는 것을 참고하여 재배하는 방법이 보편화되게 되었다. 그러다 주변국과의 무역이 활발해지기 시작한 조선시대에 들어서면서부터 본격적인 인삼재배가 시작되었다."

이렇게 인공적인 재배로 생산량이 많아지자 주변 국가와의 인삼 교역도 아주 활발해지게 되었고, 이에 대자본이 형성되면서 점차 인삼에 대한 재투자가 이루어져 이제 거의 모든 인삼은 한반도에서 주도적으로 공급하게 되었다.

〈표 6-2〉는 1990~2018년 28년간의 동북 3성 지역 인삼 생산량을 나타낸다. 지린성이 생산량의 80% 이상을 출하하여 압도적으로 높았고 랴오닝성과 헤이룽장성은 상대적으로 낮은 생산량을 보였다. 랴오닝성은 1990년 17.0%를 생산했으나 2016년 2.1%대로 크게 떨어졌다가 2018년 3,716톤을 생산 8.2%를 점유하였다.

반면 헤이룽장성은 2000년 5.5%에서 2016년 7,652톤을 생산, 19.2%까지 올라갔으나 2018년 11.8%로 감소하였다. 인삼 생산은 당년작이 아니라 4년 또는 6년근으로 수확량의 변이가 매우 큰 작물이다.

〈표 6-2〉 동북지역의 인삼 생산량(1990~2018)

단위: 톤, %

구분	1990	2000	2010	2012	2014	2016	2018
지 린(吉林)	13,500 (83.0)	16,500 (88.0)	28,170 (81.0)	32,843 (90.0)	28,900 (88.1)	31,434 (78.7)	36,103 (80.0)
랴오닝(遼寧)	2,766 (17.0)	1,218 (6.5)	3,788 (10.9)	1,175 (3.2)	1,494 (4.6)	861 (2.1)	3,716 (8.2)
헤이룽장 (黑龍江)	-	1,030 (5.5)	2,836 (8.1)	2,495 (6.8)	2,393 (7.3)	7,652 (19.2)	5,329 (11.8)
계	16,266	18,748	34,794	36,470	32,787	39,947	45,148

주: ( ) 안의 수치는 당년도 생산량 비중임.
자료: 지린, 랴오닝, 헤이룽장성 『통계연감』, 각 연도

연변이나 백산이 장백산 일대의 고원지대로 인삼재배의 주산지이다. 연변 조선족 자치주에서는 돈화(敦化)시와 안도현(安圖縣)이 인삼재배

의 특산지역이며 백산시에서는 무송현(撫松縣)과 장백 조선족 자치현이 인삼재배 특화지역이다. 이곳 지역은 중국의 전통적인 인삼재배 산지이며 인삼의 집산과 판매, 인삼의 기업, 연구기관 등 관련 업종이 많다. 또한 다른 지역보다 재배기술이 축적되어 있는 곳이기도 하다.

[그림 6-1]은 랴오닝성의 연도별 인삼 생산량을 보인다. 1980년 이후 해에 따라 기복은 대단히 심하였다. 그림에서 1993년 3,720톤이 있었는가 하면 2008년 326톤으로 최하의 기록을 세웠고 2018년 3,716톤을 생산하여 1993년의 정점에 접근하였다. 전체적으로 추세선을 그리며 완만한 상승세를 이어 가고 있다. 이는 인삼의 수확이 4~6년의 기간을 지나야 하므로 수요와 공급을 예측하기 어렵고 수확면적이 연도에 따라 큰 차이를 보이기 때문이다. 또한 성(省)정부의 정책에 따른 재배면적의 변화, 시장가격의 변동에 따른 재배면적의 변동 등이 작용하였기 때문이다.

[그림 6-1] 랴오닝성 연도별 인삼 생산량(1980~2018)

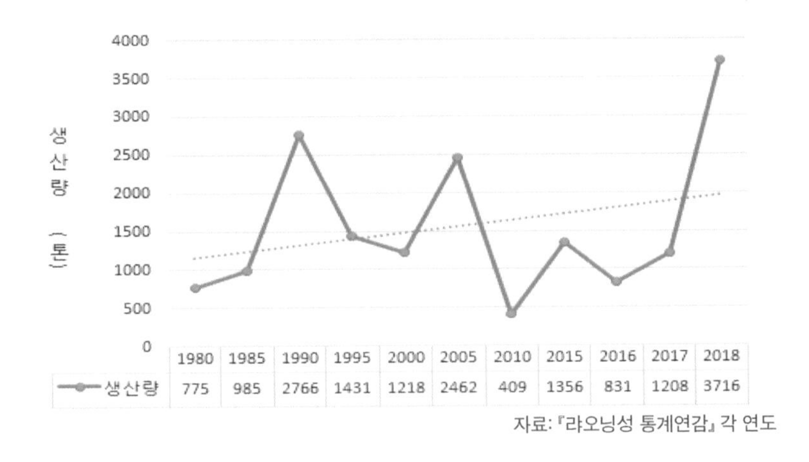

	1980	1985	1990	1995	2000	2005	2010	2015	2016	2017	2018
생산량	775	985	2766	1431	1218	2462	409	1356	831	1208	3716

자료: 『랴오닝성 통계연감』 각 연도

1-3 | 인삼 재배방법의 일반적 관행

중국은 인삼을 가장 많이 생산하는 나라로 전 세계 생산량의 60%를 차지하고 주 생산지는 중국 동북의 지린, 랴오닝, 헤이룽장성이다. 특히 지린성의 생산량은 동북 3성의 총생산량 중 80% 이상을 차지한다. 중국의 인삼재배 방법은 한국의 재배관행과 비교하면 크게 다르다. 재배방법은 크게 보면 세 가지로 나누어 볼 수 있다.

산림을 벌목해 밭을 만들고 산에 재배하는 임지(林地)재배 방식, 일반 밭에 재배하는 방법 그리고 산의 숲속에 인삼씨앗을 뿌려서 재배하는 세 가지 방식이다. 그중 임지재배가 인삼 재배면적의 대부분을 이루고 있다. 이는 산지의 나무를 베어 내고 뿌리를 뽑아 낸 다음 인삼재배를 위한 밭을 조성하는 것이다. 이로 인해 산림파괴를 꺼리는 성(省)정부의 정책에 따라 밭(평지)재배가 권장되고 있다.

첫째, 임지(林地)재배는 인삼 성장의 생태환경을 최대한 유지시켜주며 지금까지 내려온 전통 생산방식이다. 즉, 나무를 베고 나무뿌리를 제거한 다음 잡목과 뿌리를 태우고 1~2년 밭을 조성한 후 인삼을 직파하거나 이식 재배하고 인삼재배 후에는 삼림을 복구하는 방식이다. 산림 복구를 위해 밭고랑에는 어린나무가 식재되어 있는 것이 일반적이다. 임지재배의 경우 해가림시설을 만들고 집중적인 관리하에 인삼을 재배하고 있다. 해가림시설 자재는 낙엽송 목재로 직경 5~6㎝ 정도, 길이 1.5m 정도의 통나무나 각목으로 일정한 간격을 유지하여 고정시키고 나뭇가지를 이용하여 아치형의 모양을 만들고 그 위에 폴리에칠렌(PE) 필름을 씌워 묶고 차광막을 만든다. PE의 색깔로는 노란색, 청색, 담청색 등이 있다. 재배기간은 보통 4~6년이다.

이 같은 임지 인삼재배 기술은 발전되었다 할지라도 삼림을 훼손하면서 재배하는 방식을 포기하지 못하는 상태로 볼 수 있고 아직 전체적으로 인삼재배 GAP(우수농산물관리제도) 관리방식을 실시하지 못하였다. 아직은 우수한 품질, 무공해적이고 규범화된 재배기술 응용률과 규범화 가공기술 보급의 이용률이 낮은 편이다. 현재 삼림자원 보호 때문에 인삼의 재배면적은 감소하고 있으며 해마다 인삼 총생산량이 일정치 못한 실정이다. 이처럼 임지에서 나무를 베어 낸, 해가림시설을 통한 재배가 지린성 인삼 생산의 80%를 점유한다고 추정된다.

둘째, 임하삼(林下蔘)은 산의 숲속에 인삼씨앗을 뿌리거나 묘삼을 이식하고 사람의 손길을 최소화하여 자연 상태에서 10년 이상 재배한 것으로 우리나라의 산양삼(山養蔘)에 해당하는 것이다. 지린성은 장백산 일대에 인삼종자를 비행기로 살포한 바 있다. 산속에서 재배한 고품질 임하삼을 들고 세계의 인삼시장을 장악하려는 의도를 가진 것으로 엿보인다. 인공적인 관리를 최소화하고 비료나 농약을 사용하지 않으며 10년 이상 재배하는 것이다. 정부로부터 산림 이용 허가(이용기간 49년)를 받은 경영자는 재배기간 중 산속에 가건물을 짓고 개를 기르며 추운 겨울을 제외하고 인삼의 성장과 고락을 함께한다.

셋째, 인삼의 평지밭 재배는 한국의 밭 재배와 대등하다고 볼 수 있다. 임지재배가 벌채로 인한 산림훼손으로 이어지는 것을 막기 위해 권장되고 있으나 재배면적의 확장은 그리 높지 않은 것으로 판단된다. 인삼의 수요량 증가에 따라 제약회사들이 대량생산을 위해 평지재배를 시도하고 있다. 그러나 재배기술이 확립되지 않아 초기 2~3년 기간의 재배에서는 문제되지 않으나 3~4년근 이후에는 잎이 마르고 생육이 부진하여 조기 수확하거나 파내는 경우가 빈번하여 평지재배 안전 기술 확립이 선결문제이다.

임지재배방식이 전체 재배의 80%나 되고 있어 가장 주요한 인삼재배방법이라고 할 수 있다. 그러나 이 같은 재배방식은 삼림자원을 크게 파괴하는 방법으로 인식되어 중국 정부는 인삼의 재배를 위한 산림벌채를 금지하기에 이르렀고 25도 이상의 경사지는 재배를 금지하였다. 인삼재배 후 다시 경작을 하지 않는 경우 반드시 산림으로 환원하는 환림퇴경(還林退耕)정책을 실행하고 있다. 이 같은 조치에 따라 인삼경작을 마친 후 산림으로 되돌릴 수 있도록 인삼밭 주위에는 어린나무를 심어 놓은 것을 많이 볼 수 있었다. 따라서 인삼재배의 입지는 대량 감소할 수밖에 없었고, 최근 지린성 정부는 연간 인삼재배 임지를 2010년부터 1,000ha 미만으로 제한하였다.

산림벌채를 방지하고 인삼을 안정적으로 증산하기 위하여 성(省)정부는 평지의 밭 재배를 권장하는 방향으로 기울었다. 작물재배지 중에서 부식토가 많고 배수가 되는 재배적지를 선정하고 인삼을 재배함으로써 산림의 벌목과 산림파괴 문제를 해결하려는 것이다. 따라서 한국의 인삼재배 기술이 이곳 지역에 영향을 미칠 뿐 아니라 향후 이 지역의 인삼재배를 발전시킬 것으로 전망된다. 1989년 지린성 농업당국은 농지 인삼재배 과정을 규범화하기 위해 "농지인삼재배기술규정"을 제정하였으며, 이를 1990년 공표한 바 있다.

숲속의 인삼재배는 지린성의 영역에 속하는 장백산 일대 280만 ㎡에 과거 3년간(2011~2013) 인삼종자 9톤을 살포하는 등 우수 인삼재배를 성정부(省政府)의 주요 정책으로 추진해 왔다. 산속에서 재배한 고품질 인삼으로 세계 인삼시장을 장악할 의도이다. 인삼 생산에 있어 가장 중요한 요소는 토지라고 할 수 있다. 인삼은 특정 기후 조건과 토질 조건을 갖춘 곳에서만 재배가 가능하고, 최소 4~5년 이상의 재배기간을 거쳐야 상품화가 가능한 점, 재배지를 연속하여 사용할 수 없다는 특징을 가지고 있다. 따라서 중국의 인삼 생산량이 급증하면서, 늘어난 시장 수요에 대응하기 위해 인삼의 재배지역은 지린성을 넘어서 점차 동북 3성 전역으로 확산되기에 이르렀다.

농가는 단독으로 인삼을 재배하기도 하지만 인삼기업에 소속되어 농약의 안전성, 재배기술, 유통과 판매에 대한 지도를 받기도 한다. 특히 '우수농산물관리제도(GAP)' 재배방법이 대두되어 인삼재배에도 적용하는 것이다. 이미 4개의 중국 인삼기업이 농산물우수관리인증을 받은 것으로 알려지고 있다. 이는 생산단계에서 판매 단계에 이르기까지 농산식품 안전관리체계를 구축하여 소비자에게 안전한 농산물을 공급하고 농산물의 안전성 확보를 통해 국내 소비자의 신뢰 제고는 물론 국제시장에서의 농산물의 경쟁력 강화하려는 것이다.

친환경농산물과는 어떤 차이가 있는가? 친환경농산물은 농약, 화학비료 및 항생·항균제 등 화학자재를 사용하지 않거나 사용을 최소화하고 농업, 산업·임업 부산물의 재활용 등을 통하여 농업생태계와 환경을 유지·보전하면서 생산된 농산물을 말한다. 여기에는 생산방법과 사용자재 등에 따라 유기농산물, 무농약농산물, 저농약농산물로 분류할 수 있다. 두 제도는 모두 안전하고 신뢰받을 수 있는 먹거리 생산 및 소비를 위한 목적으로 도입된 제도이지만 차이점은 친환경농산물은 환경에, GAP는 안전성에 중점이 있다고 간주할 수 있다.

1-4 | 인삼 재배품종과 분류

가. 인삼의 품종

작물의 생산량은 다른 조건이 같다면 품종의 유전적인 능력에 좌우되는 경우가 대부분이다. 만일 내병·내충성의 능력을 가진 품종이라면 병충해를 넘기고 다수확을 거둘 수 있기 때문이다. 재래종은 일반적으로 퇴화하고 개체가 작거나 병충해에 약하여 수확량이 적은 경우가 많다. 이를 극복하기 위해 품종개량으로 우리가 필요로 하는 열매, 뿌리, 엽채나 과실이 크고 많도록 개량해 왔다.

중국산 인삼이 최근 성(省)정부의 적극적인 지원과 한국 종자의 유입 등에 힘입어 생산량과 품질 면에서 크게 발전하고 있다. 중국산 인삼은 특히 조선족의 최대 집결지인 지린(吉林)성에서 가장 많이 재배되고 있는 것은 위에서 지적되었다.

한국이 중국의 인삼회복 공정에 위협을 느끼는 것은 그들의 정부지원과 막대한 연구와 투자, 제품의 다양화, 홍보활동이 한국의 인삼산업을 뛰어넘으려는 '작전'으로 보이기 때문이다. 그러나 우리가 그들의 핵심적인 품종의 개발과 재배기술 그리고 가공기술 등을 정확하게 관찰할 수 있다면 이에 대비할 수 있을 것이다.

〈표 6-3〉은 한국과 중국이 가지고 있는 인삼의 재래종과 그동안 개발해 온 육성품종의 종류를 열거한 것이다. 일반적으로 곡물에 비해 품종의 종류가 많지 않다. 그 이유는 품종개발의 기간이 장기간 소요되고 품종개발을 본격적으로 시작한 역사도 일천하기 때문이다. 인삼 유자자원이 풍부하지 않을뿐더러 열매를 맺기 위해서는 적어도 3~4년을 기다려야 하는 장기성 그리고 교배 이후 육성계통의 각종

특성 검정기간 역시 길기 때문이다.

〈표 6-3〉 한국과 중국의 주요 인삼품종의 종류

품종	한국	중국
재래종	자경종, 황숙종, 청경종, 등황숙종	大馬牙, 二馬牙, 圓膀圓蘆, 長脖品種
육성 품종	천풍, 연풍, 고풍, 선풍, 금풍, 선운, 서원, 청선, 선향, K-1, 천일, 선일, 지원, 금선, 천량	吉參1호, 黃果人參, 집미, 무흥1호

자료: 1. 농촌진흥청, 『인삼』(2013), 온이퍼브.
2. 『북방농업연구』 37-2권, 북방농업연구소, 2014.

우리나라 일반 농가에서 심고 있는 인삼품종이 아직 재래종이 대부분이라는 사실은 일반 작물과는 사뭇 다른 내용이다. 인삼품종육성이 시작되어 2013년까지 개발된 품종은 15개로 이 중 농가에 보급되고 재배가 일반화된 품종은 얼마 되지 않는다. 중국의 경우 품종의 종류는 우리보다 더 많지 않으며 대부분 재래종을 재배하고 있는 것도 우리와 다르지 않다. 육성한 품종도 길삼1호, 황과인삼 등 네 개 정도이다.

[그림 6-2] 지린성 청하진(淸河鎭)인삼시장에서 판매되고 있는 인삼종자

나. 재배지역에 따른 분류

- **고려인삼**(高麗人蔘, Panax ginseng C.A. Meyer): 한반도에서 생산된 인삼.
- **화기삼**(花旗蔘, 서양삼, 북미삼, Panax quinquefolius L.): 미국, 캐나다 등 북미지역에서 생산된 인삼. 청나라가 미국과의 교역에서 미국을 화기국이라 불렀던 것에서 유래하였음.
- **전칠삼**(田七蔘, 삼칠삼, Panax notoginseng Burkill): 중국에서 생산된 인삼. 중국 운남성과 광서성 남부에서 자생 또는 재배함. 잎새의 모양이 1개의 장엽에 5~7개의 작은 잎이 붙어 있어 붙여진 명칭임. 지혈작용을 하는 약재로 인삼의 일반 기능과 관련이 적음.
- **죽절삼**(竹節蔘, Panax japonicum L.): 일본, 중국 서남부, 네팔 등지에 분포되고 뇌두가 대나무 마디 모양에서 붙여진 명칭임. 고려인삼과 외양이 비슷하나 화기구조(floral structure)에서 많은 차이를 나타냄.
- **가삼**(假蔘, Panax pseudo-ginseng Wall): 중국 서남부, 히말라야, 네팔 등에 야생하는 삼으로 변종도 많고 형태도 다양함. 수려가삼(秀麗假蔘, var. elegantior Burkill),아미삼칠(蛾嵋三七, var. wangianus Hoo & Tseng), 우엽삼칠(羽葉三七, var. bipinatifidus Seem) 등이 있으며 삼의 외형에 따라 붙여진 이름임.

다. 재배방법에 의한 분류

- **재배삼**(栽培蔘): 인삼밭에서 인위적으로 기른 인삼. 중국의 재배삼은 주로 산림을 벌채하고 밭을 조성한 후임지에서 시설재배로 생산한 것임.
- **임하삼**(林下參): 중국명칭. 인삼씨를 산지에 뿌려 10년 이상 재배한 것임. 7~8년이 되어야 채종함.
- **장뇌삼**(長腦蔘): 한국명칭. 인삼씨를 깊은 산중에 뿌려 산삼과 같이 자연 그대로 10년 이상 재배한 인삼.
- **이산삼**(移山參): 중국 명칭. 어린 원삼(圓蔘, 한국의 재배인삼에 해당)을 산에 옮겨 심을 경우 이산삼이라고 함. 한국 사람이 말하는 장뇌삼은 산삼(山蔘) 씨를 받아서 그 씨를 산에다 심어 사람의 정성이 전혀 들어가지 않고 스스로 자라난 인삼을 지칭함. 중국인들이 말하는 장뇌삼은 장뇌삼 씨를 받아서 밭에 파종하고 거름도 주고 물, 농약도 주어 재배한 것임. 이런 삼을 한국 사람들이 산에 심었다고 하여 장뇌삼이라고 함. 따라서 '한국의 장뇌삼=중국의 이산삼=중국 임하삼'이라고 보아야 함.
- **산양삼**(山養蔘): 한국명칭. 인삼씨나 인삼 묘를 산에 파종하거나 옮겨 재배한 것을 말함.

라. 가공 구분에 따른 종류

- **수삼**(水蔘)=**생삼**(生蔘)=**선삼**(鮮蔘)=**원삼**(圓參): 4~6년 근 인삼을 땅에서 캔 그대로의 원형 인삼.
- **백삼**(白蔘): 4~6년 근 생삼을 원료로 하여 껍질을 살짝 벗겨 내고 그대로 햇볕에 말려 건조한 것으로 수분함량이 14% 이하가 되도록 가공한 원형유지 인삼이다. 장기 보관이 가능하고 주로 약재와 차에 사용된다.
- **직삼**(直蔘): 몸체를 구부리지 않고 말린 것.
- **반곡삼**(半曲蔘): 몸체를 반 정도만 구부려서 말린 것.
- **곡삼**(曲蔘): 몸체를 완전히 둥그렇게 구부려서 말린 것.
- **미삼**(尾蔘): 삼을 다듬을 때 떼어 낸 잔뿌리를 건조한 것.
- **홍삼**(紅蔘): 생삼을 수증기로 쪄서 익힌 다음 건조시킨 담적홍갈색의 제품. 품질에 따라 천삼(天蔘), 지삼(地蔘), 양삼(良蔘) 등으로 나누며, 장기 보관 가능. 담적갈색의 인삼으로 증기에 쪄서 건조시키는 동안 유효성분들이 변환을 일으켜 여러 가지 생리활성 성분들이 생성되는 것으로 알려짐.
- **태극삼**(太極蔘): 생삼을 뜨거운 물 속에 일정 기간 담구어 표피로부터 동체의 일부를 호화(糊化)시켜 건조한 것으로 홍삼과 백삼의 중간 제품이라고 할 수 있다. 색상이나 효능은 홍삼과 유사함.

2 인삼종자채취의 관행 및 판매와 유통

2-1 | 농가수준

인삼의 종자채취는 종자생산을 목적으로 하지 않는 한 재배기간 중 한 번만 시행한다. 3~5년 근에서 1회 채취하는 것이 일반적이다. 꽃대가 솟아 나오면 뿌리작물의 수량은 13~19%까지 감소하기 때문에 꽃대를 제거해 주는 것이다. 4년 근 수확을 목적으로 재배하면 3년 근에서, 그리고 5~6년 근을 위해 재배하면 4년 근에서 종자를 채취한다. 일반적으로 3년생에서 종자를 수확하면 수확량이 적고 종자가 작아서 개갑률이 떨어지고 5년생에서 채종하면 종자는 충실하지만 인삼의 뿌리비대발육이 억제되어 뿌리의 조직이 치밀하지 못해 좋은 홍삼제조의 원료가 되지 못한다고 한다. 종자를 수확하지 않으면 인삼의 꽃대를 제거해 주는 이유가 여기에 있다.

중국의 종자채취는 8월 중순에서 9월 중순까지 자의적인 수작업으로 이루어진다. 인삼의 열매는 일시에 익지 않으므로 2~3회에 걸쳐 익는 순서대로 채종하게 된다. 채종한 종자는 과육이 붙어 있는 상태이므로 망사에 넣어 흐르는 물에 하루 동안 담가 두고 불린 다음 손으로 문질러 과육을 제거한다. 좋은 종자를 선별하기 위해 과육이 제거된 후 하루 정도 물에 담갔다가 하루 정도 말린 후 체에 담아 4㎜ 이상의 굵은 종자를 선별하여 개갑(開匣)처리로 진행한다.

임지재배의 경우 3~5년 근에서 수작업으로 1회 수확하고 채종된 종자는 과육을 제거하고 말린 것으로 판매되고 있다. 종자는 개인적인 거래의 비중이 작지 않고 채종농가의 잉여분은 만량(萬良)인삼시장과 청하진(淸河鎭)인삼시장에서 채종시기(8~9월)에 오전 5시 종자거래가 이루어지고 있다. 또한 인삼재배 농가가 인삼시장의 종자판매상에 위탁하여 판매하는 경우도 있으며 판매상이 구입하여 개갑(開匣)한 후 판매하는 경우도 볼 수 있었다. 집안시 청하진시장의 경우 종자판매상은 인삼종자의 가격(2015)은 ㎏당 480위안(81,600원)으로 거래되지만 해에 따라 가격 변동의 기복이 크다고 증언하였다.

재래인삼종자는 저장이 되지 않아 장기보존대책이 필요한 상황에서 농촌진흥청 농업유전자원센터는 우리나라의 대표 약용작물인 인삼종자를 액체질소(영하 196도)에 장기 보존하는 기술을 개발한 바 있다. 인삼종자를 장기 보존하기 위해서는 건조장해와 동결장해를 회피할 수 있도록 적정수분함량으로 건조시키는 것이 관건이다.

2-2 | 종자의 발아처리

인삼종자는 수확기 때 배아(胚芽)가 미숙 상태이고 두꺼운 내과피에 싸여 있는 휴면종자이다. 따라서 발아하기까지 7~8개월간의 후숙기간이 필요하다. 인삼씨는 곡물처럼 당년에 수확하여 다음 해 필요한 시기에 파종할 수 있는 것이 아니다. 인삼열매는 성숙해도 종자안의 씨눈은 성숙되지 않아서 씨눈이 성숙할 수 있도록 인위적인 처리를 해야 하는 것이다. 종자의 씨눈을 성장시키면서 두텁고 단단한 씨껍질이 벌어지게 하는 과정을 거쳐야 하는데 이것을 개갑(開匣)이라고 하는 것이다.

개갑을 하지 않으면 18~24개월이 지나서야 발아하지만 발아율도 매우 저조하다. 개갑처리는 모래와 인삼씨앗을 일정 비율로 섞은 뒤 사람이 일일이 수분을 공급하는 수작업 방식으로 노동력과 시간을 들여야 한다. 중국 인삼종자의 발아처리는 한국과 크게 다르지 않다.

[그림 6-3] 중국의 인삼씨앗 개갑처리 모형도

[그림 6-3]은 중국 인삼종자의 개갑처리를 위한 설치 모형이다. 직경 40㎝와 높이 120㎝ 정도의 나무나 프라스틱 통을 준비하여 예시

된 바와 같이 맨 아래층에 잔자갈층 20㎝, 굵은 모래 15㎝를 넣고 그 위에 가는 모래 10㎝를 붓고 양파를 담는 망사를 이용해 모래직경 1.5~2.0㎜ 정도의 모래 3: 씨앗이 1의 비율로 섞어 50㎝가 넘지 않도록 종자 매장층을 만든다. 그 위에 가는 모래 10㎝를 덮고 다시 잔자갈층을 만들면 개갑시설이 완성된다. 개갑 시기는 8~11월 중이고 물주기는 시기에 따라 개갑 첫 45일간은 1일 2회, 다음 45일은 1일 1회, 마지막 20일간은 2일에 1회를 뿌려 준다.

특이한 것으로는 농가로부터 씨앗을 구매하고 이를 '지베렐린' 처리하여 50~60일에 싹을 틔운 다음 판매하는 종자상회가 있다. 이러한 발아촉진을 위한 처리는 한국에서는 실행하지 않는 관행이나 중국에서는 빠른 개갑처리를 위해 성장호르몬 처리를 하고 있었다.

2-3 | 인삼종자의 유통 과정

농가에서 채종한 인삼씨앗은 과육제거와 건조과정을 거쳐 재배 농가들 간에 거래도 이루어지고 만량진(萬良鎭)인삼시장이나 청하진(淸河鎭)인삼시장에 내다 팔기도 한다. 또는 종자판매상에 위탁하여 팔고 판매된 뒤에 정산하기도 한다. 일반적으로 농가가 종자상회에 위탁하는 경우 농장가격으로 1㎏당 300위안으로서 시장 판매가격 ㎏당 450위안과는 150위안의 차이가 있었다(마진 33%).

[그림 6-4]에서 보이는 바와 같이 종자의 생산은 농가와 종자생산 기지 두 곳이었다. 그러나 종자생산 기지는 인삼종자만의 생산인지 다른 작물의 씨앗 생산인지 파악되지 않으며 공급량을 알 수 없었다.

농가의 인삼종자 생산은 주로 임지재배가 80%나 되고 있어 종자공급의 주 통로이고 임하삼이나 평지재배(밭)는 각각 10%로 상대적으로 낮은 위치에 있다. 임하삼은 인삼씨를 산에 뿌려 놓고 10년 이상 재배하며 재배기간 중 1회 정도 종자를 수확한다. 또한 평지재배는 큰 제약회사나 기업들이 대량공급을 위해 밭에 인삼재배를 시도하고 있으나 아직은 재배기술의 미확립으로 초기 2~3년 근에서는 문제되지 않으나 3~4년 근 이후에는 잎이 마르고 생육이 부진한 것으로 알려졌다.

[그림 6-4] 중국의 인삼종자의 채종과 유통 과정

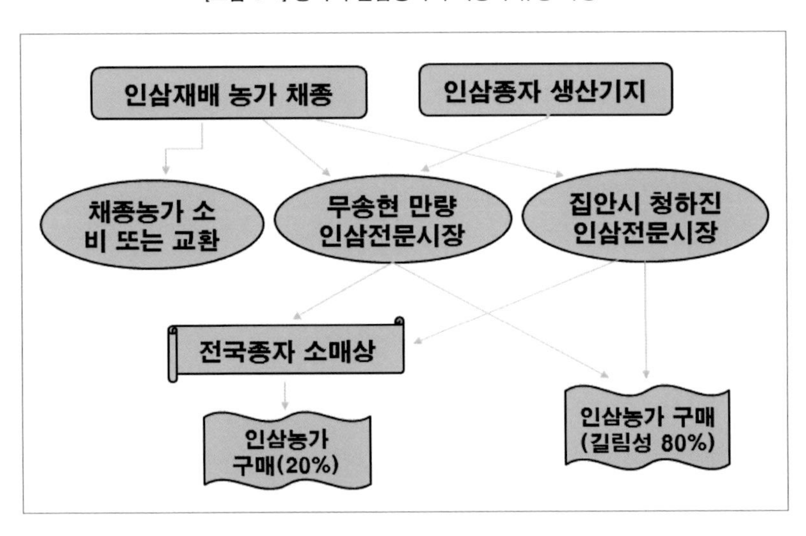

백산시 만량진인삼시장과 집안시 청하진인삼시장이 지린성의 대표적인 인삼 전문 시장으로 인삼 생산물과 종자의 판매뿐 아니라 가격정보, 재배기술 그리고 인삼 관련 회합 등이 이 시장을 중심으로 이루어지고 있는 것이다. 인삼종자 역시 이 두 시장을 통하여 인삼경작

자 또는 전국의 종자거래 상인들의 거래가 이루어진다. 종자 산출량의 약 80%가 지린성 내에서 이루어지고 약 20%는 타지로 유출되는 것으로 추정된다.

인삼 줄기와 잎은 광합성을 통해 뿌리 발달에 영향을 주지만, 열매는 오히려 영양분 소모를 통해 뿌리 수량 감소를 가져온다. 한약재와 건강기능식품으로 널리 이용되고 있는 것은 뿌리를 이용한 제품이고 잎이나 열매 껍질 등 다른 부산물은 버리거나 이용도가 매우 낮은 실정이었다.

인삼열매는 종자·종피·과육 및 과피로 구분된다. 5월 중순경에 개화해 열매가 맺히고 7월 중순에 열매가 성숙해 7월 하순경에 수확을 하기 때문에 인삼밭에서 빨갛게 익은 열매를 볼 수 있는 기간은 아주 짧은 편이다.

열매껍질의 색은 빨간색·주황색·살구색·노란색 등 다양하며 이들의 성분도 약간씩 차이가 나타나지만, 예로부터 인삼열매는 주름 개선, 피부 탄력을 유지하는 데 도움을 주는 것으로 알려져 있어 인삼 잎과 함께 차로 널리 이용돼 왔다.

농촌진흥청 연구 결과에 따르면 인삼열매 중 껍질(과육, 과피)에는 주요 성분인 사포닌이 뿌리보다 높게 함량된 것으로 나타났다. 특히 항당뇨와 간기능 개선 등에 효능이 있는 진세노사이드 Re 성분은 뿌리보다 2~6배 더 높은 것으로 나타났다는 것이다. 따라서 인삼열매 수확 후 종자는 파종용으로 사용하고 과육이나 껍질은 버리지 않고 가공하여 차나 음료, 화장품 등 기능성 제품 등으로 활용하는 연구가 활발하게 진행되고 있다.

한국 내에서 인삼종자는 유용하게 쓰이고 있다. 새싹 삼, 화장품,

음료수 제조의 원료로 쓰이고 있으나 그 소비량은 많지 않다. 인삼열매를 수확하면 농가에서는 과육을 제거하기 위해 일부러 일손을 들였지만 이제는 과육을 제거해 주는 상인이 있어 서비스를 받을 뿐 아니라 kg당 약간의 보상도 받을 수 있다. 인삼씨앗의 껍질이 화장품으로 사용되기 때문에 이를 수집해 팔 수 있기 때문이다.

필자의 인삼종자 생산량 추정과 수요량의 계측에서 보면 종자의 공급량은 부족하지 않은 듯 보였다. 그러나 중국의 상인들은 왜 한국 인삼종자를 밀반출해 간 것인가? 그 원인은 첫째, 종자의 가격 차이로 보인다. 2017년 국내의 인삼종자 가격은 kg당 50,000원인데 비하여 지린성의 경우는 kg당 81,000원으로 31,000원의 가격 차이가 있다.

둘째, 지린성 내의 인삼종자 수요량의 증가를 들 수 있다. 지린성 정부의 인삼회복공정에 따른 면적확대, 특히 밭 재배면적의 확대에 따른 종자수요의 증가로 볼 수 있다. 임지 재배면적의 억제 정책 시행으로 1,000ha에 한정하는 면적만 유지하는 반면 밭 재배면적을 권장하는 방향으로 기울었다. 특히 인삼의 대량생산을 위한 기업의 투자가 이루어질 때 밭에 인삼을 재배하려 했던 것이다.

셋째, 고려인삼에 대한 성가(聲價)라고 볼 수 있다. 한국에서는 밭 재배가 일반적인 반면 지린성에서는 벌채 후의 임지시설재배가 보편적이다. 예부터 고려인삼에 대한 기능성에 대하여는 익히 들어 왔고 조선족이 많은 지린성에서는 인삼에 대한 정보가 정확하였다. 따라서 한국 인삼씨앗이 중국 상인들에게 '돈벌이'를 위한 호재였을 개연성이 매우 높았던 것이다.

국내에서 인삼종자의 해외유출 문제가 보도되고 정부의 씨앗 밀반출 억제책이 시행됨에 따라 밀반출은 주춤했다. 그러나 인삼종자는 중국 동해안으로 가지 않고 중국의 남부해안으로 우회하여 반출됨으로써 종자의 변질로 인한 발아율에 문제가 생겼다는 것이다. 따라서 가격하락으로 이어졌을 뿐 아니라 중국세관도 종자밀반입에 부정적으로 감독을 강화하고 있다는 것이다.

3 인삼산업의 육성과 제품의 유통구조

3-1| 인삼산업의 발전적인 육성

중국 인삼의 성가(聲價)를 크게 높인 것은 1987년 제36회 세계발명박람회(布魯塞爾尤裏倳=뿌루사이얼유리카)에서 무송현의 '장백산 홍삼'이 인삼 역사상 처음으로 '유레키' 금상을 받으면서였다. 이는 중국 인삼이 세계적으로 인정받는 계기가 되었다. 또한 1988년에는 신개하(新開河: 集安市의 흐르는 강 이름을 제품명으로 사용) 인삼이 제16회 제네바 국제발명과 신기술박람회에서 금상을 수상하여 중국 인삼이 국제적 발돋움을 하는 데 크게 기여하였다.

이러한 국제적 행사로부터 인정을 받게 된 중국 인삼은 본격적인 재배산업으로 추진하기에 이르렀다. 지린성 정부는 인삼을 핵심 산업으로 육성하며 2005년 '인삼자원 종합개발 공작 추인조'(13개 관계 성·청)를 만들었고, 그 산하에 교수와 연구원으로 구성된 인삼전문가 "고문조(顧問組)"를 두고 사업을 발전시키기 시작하였다. 또한 해마다 장춘(長春)에서는 세계인삼박람회를 개최하여 중국의 인삼을 대대적으로 홍보하고 있다. 장춘을 통하는 고속도로 광고탑에는 "중국 인삼은 세계로 나아간다(中國人蔘走向世界)"는 대형 글자로 선전하고 있다.

지린성은 장백산인삼회복공정(長白山人蔘回復工程)을 통해 자체 브랜드로서 '창바이산 인삼(長白山 人蔘)'을 만들었고 2010년 이후 세계 92개국에 등록을 추진하였다. 창바이산 인삼이란 규정을 만들고 이에 적합해야 브랜드명을 사용할 수 있도록 하였다. 그뿐만 아니라 2012년 9월, 5년 근 이하의 인삼을 '신자원식품'으로 분류하고 중국 내 인삼소비의 촉진을 시도하고 있으나 아직은 식품으로서 슈퍼마켓이나 일반 시장에 인삼판매가 일반화되어 있지 않고 한약방에서 판매가 주를 이루었다.

지금까지 약용으로만 사용해 오던 인삼을 식용으로 이용하기에는 아직 가격이 높아 구입할 만한 소득이 안 되기 때문이다. 1인당 GDP가 2만 달러가 넘고 인삼 공급이 보다 원활하게 된다면 실질적인 인삼수요는 보다 많이 증가할 것으로 예측된다.

인삼재배에 있어서는 엄격한 종자관리와 '우수농산물관리제도(GAP)'를 도입해 품질 향상에 노력하고 있다. 한국을 벤치마킹하여 재배, 가공, 상품의 브랜드화를 강력하게 추진하고 1980년대 중반부터 무송(抚松縣)에서 수차례의 인삼축제를 열어 '인삼의 주산지'라는 인식을 부각시키고 있다. 무송현에 있는 '만량인삼시장(萬良人蔘市場)'은 1989년 개설되었으나 2005년 현재 위치 5.2ha에 이전 건립되었다. 2008년 수삼 교역동 0.87ha, 건삼교역구역 0.85ha, 정품(精品)교역구역 1.37ha, 생활구역과 행정구역 0.3ha를 완성하였다. 거래량은 약 4만 톤, 거래액은 20억 위안, 건삼교역은 1만 500톤, 거래액 31억 위안으로 추정하고 있다. 중국 인삼의 본향은 무송현(中國人蔘之鄕 撫松)이라고 선전하고 있었다. 무송현에는 2008년 세계최초 중국인삼박물관(中國人蔘博物館)을 개관하였다. 2,200㎡의 지상 2층 건물로 인삼의 역사, 품종, 종자번식, 신약개발, 다양한 인삼제품 등을 전시하고 있었다.

3-2 | 중국 인삼과 가공품의 유통

중국은 인삼 또는 추출물을 원료로 이용하는 210개의 제약회사가 있고 제품의 종류는 한국이 생산하고 있는 대부분의 건강식품, 보조식품, 화장품 등 100여 종 이상이 있는 것으로 파악되고 있다. 특히 인삼과 야생약초를 이용하여 암 치료약을 연구·개발하고 있다.

인삼류 및 가공 원료의 유통은 중국의 지린성 각지에 분포하고 있는 인삼교역시장이 큰 비중을 차지하고 있다. 지린성에는 백산시 푸송완량(抚松万良)시장, 지안(集安)시의 칭허(清河)시장, 통화시의 콰이다(通化快大)시장이 있다. 그중에서도 완량시장이 가장 크고 번성하고 있다. 지린성은 물론 랴오닝, 헤이룽장성 등 타지역에서 재배 및 가공된 인삼 중 상당수가 이들 시장에서 거래되고 있다.

아울러 중의약재의 경우 하북성 안궈(安国), 안휘성 하우저우(亳州) 등지에서도 인삼류 및 가공 원료가 다수 거래되고 있으며, 일부 제약기업의 경우 인삼을 직접 재배하거나 계약재배 형태 등을 통해 인삼 원료를 조달하기도 한다.

인삼류 및 인삼제품이 소비자들에게 판매되는 경로는 크게 세 가지로 구분해 볼 수 있다. 징동, 텐마오(Tmall) 등 인터넷 쇼핑몰은 소비자들이 인삼제품을 구입하는 가장 보편적인 경로로서 쇼핑몰에서는 원삼류뿐만 아니라 절편류, 액기스류, 인삼(홍삼)음료, 화장품, 비누 등 거의 모든 제품을 폭넓게 비교하고 선택할 수 있다. 두 번째는 의약품 판매 유통망으로서, 일반 약국이나 동인당(同仁堂), 지린대약방(吉林大药房) 등 약국 프랜차이즈에서도 원삼류, 인삼가공품 및 중의약 등을 구입할 수 있다. 인삼은 중국에서 약재라는 인식이 여전히 지배적이기 때문에 의약품 유통망은 인삼을 원료로 하는 중약재나 보건식품의 판매에 있어 검증된 유통망이라는 위상을 가지고 있다.

세 번째는 인삼제품 전문 매장으로서 지린성 등 동북지역 각지에 소재한 특산물 매장에서는 원삼류나 지역 소재 기업들의 인삼제품 등이 판매되고 있으며, 정관장에서는 전국 주요 도시에 전용 매장을 운영하고 있다.

인삼 또는 그 가공품은 [그림 6-5]와 같이 생산, 도매 단계, 소매 단계를 거쳐 소비자에 이르고 서양삼 및 고려인삼의 선호도가 이들 지역에서도 높고 호북성, 강소성, 안휘성 역시 활발한 것으로 알려지고 있다. 이들 지역이 소득이 높고 대부분 덥고 습한 지역이며 쉽게 지치고 원기를 충족하기 위한 건강식품과 제약의 원료로 크게 활용되고 있다는 것이다.

[그림 6-5] 중국 인삼의 생산 및 그 제품의 유통구조

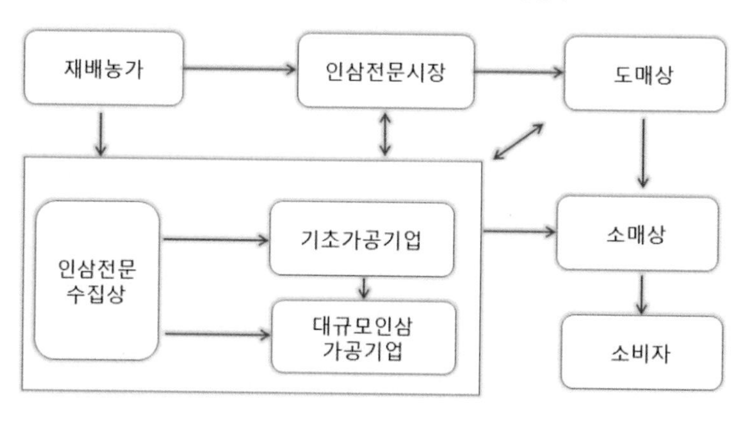

재배 농가들은 개인 재배도 있고 인삼전업합작사 또는 인삼기업재배 기지에 속하여 계약 재배하는 농가도 있다. 이 같은 생산 단계의

생산물은 인삼 전문 시장에서 매매되거나 인삼 전문 수집상에게 거래되어 기초가공업체 또는 대규모 인삼가공기업에 의하여 가공 과정을 거치게 된다. 인삼재배 농가가 산림지역에 위치하는 경우가 많아 수집 전문 상인에게 판매하는 경우가 많다. 수집상은 다시 기초가공 또는 대규모 기업에 판매하며 이때 약 5%의 마진을 받는 것으로 알려지고 있다. 기초가공은 주로 세척과 건조, 선별과 등급을 정하는 작업으로 단순 작업에 속한다고 할 수 있다.

3-3 | 중국 인삼과 한국 고려인삼의 국제경쟁

중국시장에서 한국 인삼이 명품으로 인정받고 있다 할지라도 홍콩시장 점유율 저하의 근본적인 원인은 가격경쟁력이다. 백화점과 약국 등의 소매점에서 판매하는 한국 인삼은 캔 포장 뿌리삼이 대부분이고 제품류는 찾아보기 어렵다. 캐나다나 미국에서 수입되고 있는 화기삼(花旗蔘)은 고려인삼과는 다른 종자로 열을 내리는 기능(清熱清火)이 있다고 알려져 있고 캐나다 및 미국계 업체의 대리상 또는 무역상을 통해 수입되고 있다. 주로 평상시 먹는 건강식품으로 선호되며, 간편하게 먹을 수 있는 다양한 제품으로 개발되어 수요가 늘고 있는 실정이다.

현재 캐나다와 미국산 화기삼 제품을 전문적으로 취급하며, 중국과 아시아 등지에서 합작 형태로 판매하고 있는 회사는 미국화기제약(美国花旗制药)으로 1832년 뉴저지에서 설립됐고 1997년에 중국 상하이에 자회사인 상해삼항의약생물과기유한공사(上海三港医药生物科技

有限公司)를 설립하여 화기삼의 홍보와 판매를 취급하고 있다.

내본 집단의 캐나다연합공사(乃本集团於加拿大之联营公司, CNT)는 세계 최대의 화기삼 공급업체로 전 세계 화기삼 생산량의 약 15%를 점유하고 있으며, 중국 화기삼 시장의 95%를 장악하고 있는 캐나다 합작 회사이다.

중국에서 인삼 및 인삼가공제품은 약재와 보건식품으로 분류되어 SFDA(State Food and Drug Administration, 국가식품약품관리감독국)의 관리 감독을 받고 있다. 따라서 인삼 혹은 인삼제품을 수입하고자 할 경우 반드시 사전에 SFDA의 허가 등록을 받아야 한다. 또한 중국은 다른 국가와 달리 보건식품에 대해 등록 제도를 시행하고 있어 이를 위해서는 비용과 시간이 과다하게 소요되는 것으로 알려지고 있다. 한 품목당 소요되는 비용은 20~30만 위안(약 3,600~5,400만 원) 정도이고 이를 심사하고 처리하는 기간도 2~3년이나 걸리고 있다. 뿌리삼류는 수입약재로 분류되어 「약품관리법」(2001)에 적용을 받으며 인삼가공제품은 보건식품으로 분류되어 「식품안전법」(2009)에 적용을 받는 것이다.

중국은 자국과의 경쟁을 의식해서 경계심을 늦추지 않고 한국을 벤치마킹하여 재배, 가공, 유통 분야에서 따라잡고 뛰어넘으려 하고 있다. 한국산 인삼을 원천적으로 봉쇄하려 하며 한국산 위조품의 성행으로 한국산의 성가(聲價)가 하락하고 있다. 한국산 인삼과 인삼제품의 인지도는 강세이지만 중국이 생산한 서양삼(花旗蔘)의 품질도 높아지고 수입되고 있는 서양삼의 품질 인지도가 높아지고 있는 추세이다.

4 인삼제품 생산의 발전

과거에 인삼은 다만 약용으로만 쓰이던 것이 식용(食用)으로 쓰이기 시작하면서 인삼제품류의 발전은 지속되고 있다. 이용되지 않고 있던 인삼의 잎, 줄기, 열매까지 전 식물체가 약용뿐 아니라 식용과 미용의 용도에 쓰이는 연구 대상이 되고 이미 개발된 제품들도 나와 있다. 특히 인삼열매(ginseng berry)에 대한 성분과 효능이 연구 결과 밝혀지면서 일반인들의 관심을 갖게 하고 있다. 여기에서는 인삼의 뿌리와 열매의 제품을 분류해 보며 열매의 성분과 기능성을 살펴보려는 것이다.

4-1 | 인삼열매의 성분과 기능성

인삼열매는 종자로서의 용도 외에도 가공용으로 식용과 화장품의 원료로 쓰이는 영역이 넓어지고 있다. 열매는 하루 안에 시들어 버리는 특성으로 자연 상태의 보관과 관리가 어려워 사용되지 못했다. 열매가 진세노사이드(사포닌) 함량의 탁월함이 확인되며 인삼류 건강식품시장에서 각광을 받게 된 것이다.

최근에는 인삼열매에 핵심 영양소인 사포닌(진세노사이드)이 우리가 먹어 왔던 인삼 뿌리보다 풍부하다는 연구 결과들이 보고되었다. 특히 화장품 및 제약, 식음료 등의 원료로 첨가될 경우 노화방지, 혈행개선, 피로회복 등 건강기능을 강화해 준다는 임상사례가 속속 밝혀지며 중소기업뿐 아니라, 대기업에서도 앞 다퉈 인삼열매 추출물 첨가 제품을 개발 또는 출시하는 등 시장점유를 위한 전국시대를 맞고 있다. 국내 굴지의 제약업체와 식음료 회사가 제품개발을 위한 원료를 다량 주문하고 제품 출시를 눈앞에 두고 있다.

한국 내의 아모레퍼시픽(화장품), 한국인삼열매공사(천년수작), 홍삼팜(파낙스베리액) 등은 이미 판매하고 있다. 한 대학의 연구기관이 실시한 인삼열매 순액 제품의 사포닌 함량 조사에 따르면 일반 인삼뿌리와 홍삼보다 적게는 몇 배에서 많게는 수십 배에 달한다. <표 6-4>는 인삼열매와 홍삼성분의 분석표이다. 실제로 항당뇨·면역력·DNA 촉진에 영향을 미치는 사포닌 Re는 135.16mg/g이 담겨 있는 것으로 확인됐고, 항당뇨·항동맥경화·간세포증식에 효과를 보이는 유효성분, 또 골수세포 단백질 및 지질합성촉진·진통에 효과를 나타내는 성분, 부신피질호르몬을 억제하는 성분 등도 인삼열매에 내포되어 있는 것으로 나타났다.

〈표 6-4〉 인삼열매와 홍삼성분의 분석표

단위: mg/g

사포닌	인삼열매	일반홍삼
Rd	31.05	0.18
Re	135.16	1.50
Rg1	9.99	1.60
Rg2	3.01	0.85
Rh1	2.22	0.12
Rh2	0.04	0.26

사료: blog.naver.com/ot1023

이 밖에 조(粗)사포닌이 237.83mg/g, Rg1(면역·항피로·학습기능 증진)이 9.99mg/g, Rg2(암세포 증식 억제·기억력 감퇴 개선·피부노화 예방)가 3.01mg/g, Rg3(암세포 전이 억제·간 보호·항암제 내성 억제)가 5.51mg/g이나 함유돼 있는 것으로 분석됐다는 것이다. 이외에도 인삼열매의 미네랄 함유량은 신비한 효능이 집약되어 있다고 할 만큼 여러 종류이다. 〈표 6-5〉는 인삼열매의 미네랄 함량을 보여 주고 있다. 각종 비타민과 마그네슘, 아연 등 미량원소의 보물창고이다.

〈표 6-5〉 인삼열매의 미네랄 함유량

단위: 100g 중

종류	함량	종류	함량
비타민 E	67.2(mg a-TE)	마그네슘	192(mg)
비타민 K	594(ug)	아연	9.7(mg)
리보플래빈(비타민 B2)	0.73(mg)	구리	5.8(mg)
판토텐산(비타민 B5)	28.8(mg)	망간	3.9(mg)
엽산(비타민 B9)	3000(ug)	칼륨	7,300(mg)

자료: 안덕균, 『21세기 신비의 불로초 인삼열매』, 시선, 2014.

4-2 | 한국

한국 「식품공전」에 의하면 인삼제품류란 인삼 또는 홍삼을 주원료로 하여 제조·가공한 제품을 말한다. 이 경우에 주원료로 인삼 또는 홍삼을 소량 사용한 것도 포함한다. 인삼제품류의 품목에는 농축인삼류, 인삼분말류, 인삼차류, 인삼음료, 인삼통·병조림류, 인삼과자류, 당침인삼, 인삼캡슐(정)류, 기타 인삼식품, 농축홍삼류, 홍삼분말류, 홍삼차류, 홍삼음료, 홍삼캡슐(정)류, 기타 홍삼식품 등이 있다

[그림 6-6]은 인삼의 뿌리와 인삼열매를 이용한 제품들을 용도별로 나누어 분류하여 본 것이다. 인삼의 뿌리는 약품류, 보건제품, 화장품, 건강식품, 식품원료 또는 부재료로 이용되며 열매는 뿌리만큼 다양하지는 않으나 기능성 음료수, 화장품, 새싹 삼 등으로 각종 제품이 개발되고 있다.

[그림 6-6] 인삼과 인삼종자의 제품의 분류

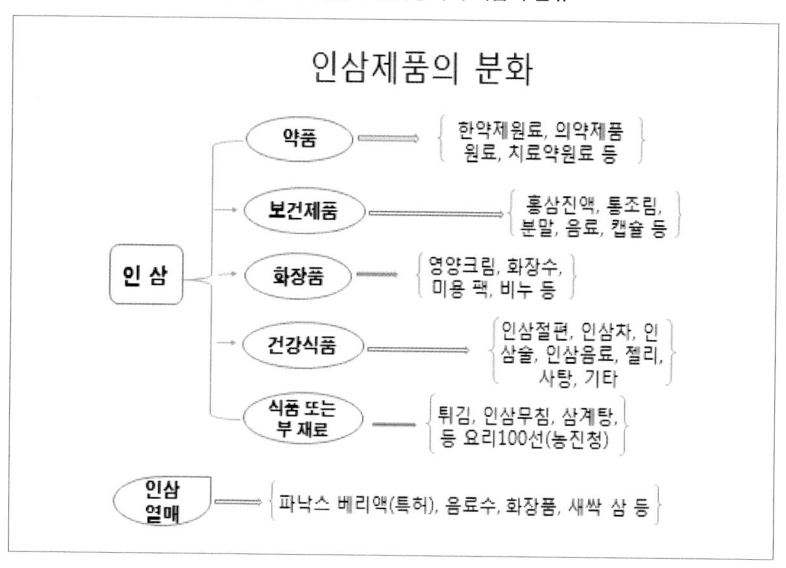

연간 주로 비빔밥 '새싹 삼'의 용도로 사용되는 씨앗은 연간 20~30톤으로 추정되고 있다. 특히 인삼열매는 당뇨나 비만예방, 노화방지 및 장수효과에 대한 연구가 미국·영국·일본·한국 등에서 활발하게 진행되고 있다. 현재 재배기간 중 한 번만 채취하고 있는 인삼열매는 늘어나는 수요에 부응하여 농가의 재배와 수확의지가 중요하게 되었고 인삼씨앗의 공동 거래가 증가하고 열매재배 농가도 늘어나는 추세에 있다.

4-3 | 중국

중국의 인삼제품은 한국과 다르지 않다. 장춘(長春), 집안(集安), 연길(延吉), 통화(通化) 등 지역의 시장을 돌아보면 제품의 종류, 포장 등에서 유사한 제품들이 한국을 벤치마킹하여 만든 것들이 눈에 띄었다. 인삼열매를 원료로 하는 제품은 출시되지 않고 있었다. 2012년 9월 이후 '식약동원(食葯同源)정책'에 따라 5년 근 이하의 인삼을 식품으로 이용할 수 있게 하여 인삼을 보건약품에서 식약품목으로 전환하는 과정에 있어 한국과 동일한 생산품목과 인삼을 원료로 한 건강상품들이 출시되고 있었다.

백산시 무송현에는 중국 최대 인삼전문시장이 있으며 송화강 발원지, 블루베리의 주산지, 지린성 임업기지, 풍부한 광천수, 전국 관광지 표준화 시범지구, 장백산 자원보고의 핵심 구역으로 만량진(萬良鎭)에 인삼전문시장이 위치한다. 지린성은 만량진 인삼전문시장을 세계의 인삼 집산지, 중국의 인삼 물류 집산지, 인삼연구의 발전 중심지, 가격 형성의 중심지, 인삼산업 정보와 무역 중심지로 선전하고 있으며 인삼박물관(2008)을 설립, 인삼의 역사, 재배과정, 가공과 제품 등을 전시하고 있었다(그림 6-7).

[그림 6-7] 무송현 인삼박물관의 인삼주제 약품, 식품, 음료, 화장품의 전시 품목

주요 인삼제품의 내용은 다음과 같은 것이었다. 인삼약품(녹용, 장골환 등), 인삼화장품(습윤제, 비누, 로션, 미백크림, 샴푸 등), 인삼보건품(엑기스, 파우더, 인삼정(환), 절편), 인삼음료(인삼주, 산삼+영지), 인삼식품(드링크제, 커피, 캔디, 차, 인삼싹기름, 유기홍삼, 인삼화차 등), 인삼약식과 음식(인삼+돼지등뼈, 인삼+버섯, 인삼+영지, 인삼+양고기 등)의 다양한 모조품들이 전시되고 있었다.

인삼을 재료 또는 부재료로 이용하여 다양한 식품과 요리가 개발되고 있는 것은 분명하였다. "식탁에서의 중국 인삼(餐卓上的 中葯 人參, 葉錦先 史翔)"에는 건강과 원기회복을 위한 요리, 영양죽 등 257종의 음식을 소개하고 있다. 그러나 중국 일반인들이 인삼을 식품 또는 식재료로 일상적으로 이용하기에는 그들의 소득이 아직 뒷받침하지 못하고 있는 실정이다.

4-4 | 한·중 인삼산업의 비교

다음 [그림 6-8]은 지린성의 연도별 인삼 생산량, 파종면적, 수량을 보여 주고 있다. 그림에서는 시각적인 차이를 줄이기 위해 로그(logarithm)를 취하여 한 면에 넣었다. 자료를 보면 면적은 2003년보다 2018년 두 배 증가했고 단위면적 수량은 2011년 13,113kg으로 정점에 이르렀다가 2018년 3,684kg으로 크게 감소한 것으로 나타난다. 생산량에서는 2011년 이후 감소세를 보이다가 2018년 36,103톤으로 크게 증가하였다. 이는 재배면적의 증가로 생산량이 늘어난 것이며 수량에 의한 증가가 아니다.

왜 이처럼 수량이 감소하였을까? 앞에서 논의된 바와 같이 성정부는 임지재배를 1,000ha로 제한하고 밭 재배를 권장하고 있다. 밭 재배는 2~3년까지는 잘 성장하지만 3~4년 근 이후부터 잎이 마르고 생육이 부진하다는 것이다. 상품성이 없는 인삼을 조기 수확하거나 파내는 경우가 빈번하기 때문이다. 한국에서는 밭 재배가 중심을 이루는 반면 지린성에서는 임지재배가 대세를 이룬다. 국내에서는 논 재배도 일반화되어 가고 있지만 지린성 정부는 산림벌채를 막기 위해 밭 재배가 권장되고 있다. 평지의 초년도 재배부터 2~3년은 작황이 좋으나 인삼생육 후기 3~4년 이후에 들어서는 잎이 마르고 생육이 부진하여 조기 수확하여야 하는 경우가 많다. 이것이 토양의 미네랄 부족인지 병충해 때문인지 또는 기후에 의한 피해인지 해결하여야 할 과제로 알려졌다.

[그림 6-8] 지린성의 연도별 인삼 파종면적, 생산량의 변화(2003~2018)

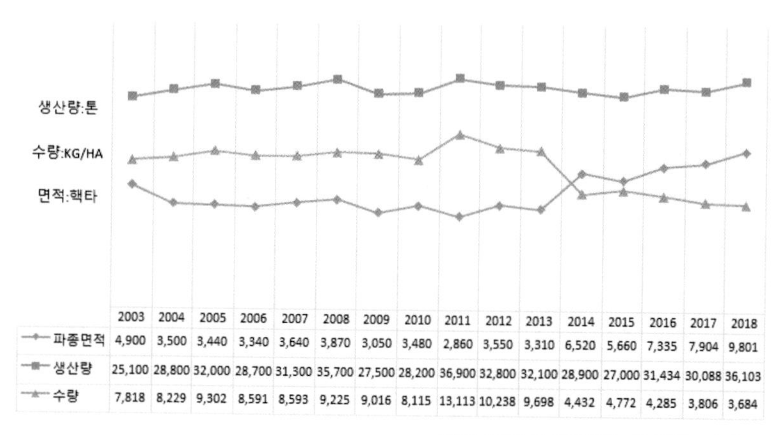

	2003	2004	2005	2006	2007	2008	2009	2010	2011	2012	2013	2014	2015	2016	2017	2018
파종면적	4,900	3,500	3,440	3,340	3,640	3,870	3,050	3,480	2,860	3,550	3,310	6,520	5,660	7,335	7,904	9,801
생산량	25,100	28,800	32,000	28,700	31,300	35,700	27,500	28,200	36,900	32,800	32,100	28,900	27,000	31,434	30,088	36,103
수량	7,818	8,229	9,302	8,591	8,593	9,225	9,016	8,115	13,113	10,238	9,698	4,432	4,772	4,285	3,806	3,684

자료: 『지린성 통계연감』 각 연도, Yánbiān

다음 〈표 6-6〉은 한국과 중국 지린성의 인삼산업에 있어 주요 항목에 대한 비교를 간추린 것이다. 지린성은 19.1만 ㎢로 한반도보다 좀 작은 면적이지만 남한보다는 9만 ㎢ 이상 넓은 면적을 가지고 있다. 인삼재배는 바이샨(白山), 통화(通化), 지린(吉林), 옌볜(延邊)등지에 집중되어 주산지를 이루고 장백산 고원지대를 중심으로 발전되어 있다. 한국은 제주도를 제외하면 인삼재배는 전국적으로 분포 재배되고 있다.

인삼연근의 상품화는 한·중이 크게 다르지 않다. 우리의 산양삼이나 지린성의 임하삼은 모두 10년 근 이상이 되어야 상품화되고 재배삼은 5~6년이 상품화되고 있다. 그러나 변조삼(邊條參: 3~4년 차에 산에 옮겨 심어 8년 차에 수확), 저잔삼(低殘參: 수출을 목적으로 농약 잔류량을 최소화한 것), 활성삼(活性參: 저온 건조기에서 동결 건조한 인삼), 보선삼(保鮮參: 수삼을 선도유지제로 비닐에 포장한 것)은 우리나라에는 없는 재배 또는 가공상품이라 할 수 있다.

재배기술은 어떤가? 고려인삼은 왕실과 외국에 공납하는 귀중한 물품이었다. 조공은 삼국시대에도 기록이 있고 특히 원나라의 인삼 조공 요구가 극심해지면서 산삼을 남획하는 바람에 산삼이 귀해지자 민가에서 산삼의 씨앗을 받아 산속에서 키우는 산양삼 재배가 시도되었을 것이라는 추론이다. 지방에는 조정으로 올려야 할 인삼 물량이 할당됐고, 이를 채우고자 산삼 자생지의 백성은 고통이 심했다.

고려시대 이후 인삼재배가 시작되었다는 결론은 설득력을 가진다. 인삼 재배에 대한 기록을 찾기 힘든 것은 예로부터 산삼만 삼으로 인정하고 재배삼인 가삼은 하등급으로 취급해 조공에서 제외했기 때문에 암암리에 재배한 것으로 추정된다. 최근에 중국이 인삼에 대한 대대적인 사업을 펼치는 것은 인삼의 공공성, 사업성취도, 해외무역 등 한국의 발전과 무관하지 않다. 산양삼(중국 임하삼)은 중국이 우리나라보다 앞선 것으로 보인다. 인삼종자를 수백만 평방미터 장백산지에 대대적으로 공중 살포하거나 산속에 거주하며 임하삼재배를 하는 농가가 많기 때문이다.

총생산량(2018)은 지린성 36,103톤, 한국은 23,265톤으로 중국이 약 1만 톤 이상 더 많이 생산하지만 판매수입에 있어서는 한국이 앞서고 있다. 이는 수출판매고를 보더라도 한국이 앞서고 수출하고 있는 대상 국가도 더 많다.

[표 6-6] 한·중 인삼산업 주요 항목 비교(2018)

구분	한국	중국(지린성)
주요 재배지역	금산, 풍기, 증평, 홍천 등	백산, 연변, 통화, 지린 등
재배면적(ha)	14,770(경작면적)	9,801(파종면적)
재배지 방식	산지, 밭, 논	산지, 임간(임지), 밭
연근(年根)	10년 이상, 4·6년 근	10년 이상, 4·6년 근
생산량(톤)	23,265	36,103
단위 수량(kg/10a)	584(2018)	368(5년 근)
수출액(천$)/중량(톤)	210,277/10,575(2019)	139,153/ns(2019)
수출국가	중국, 홍콩, 일본 등 91개국	일본, 홍콩, 대만 등 37개국
수입액(천 $)/중량(톤)	3,564/58(2019)	76,635/ns(2019)
수입국가	중국, 홍콩, 대만, 미국 등	한국, 캐나다, 북한, 홍콩 등
재배기술		
1. 밭 재배	1. 한국>중국(※ 밭재배 기술 미확립)	
2. 산양삼(임하삼)	2. 한국<중국	
3. 개갑	3. 한국>중국(지베르린 처리 50일 만에 개갑)	
4. 종묘삼재배	4. 한국>중국(기후의 특성상 1년 근은 종묘로 부적합)	
가공기술	한국>중국	
유통 분야	한국>중국	
인삼가격(kg) 1. 수삼	61,000(원수삼 大)	245위안
(2015.8) 2. 홍삼	99,000(홍백련 홍삼정과)	420위안
인삼종자가격(kg)	50,000원	450위안(청하진 2015)
인삼제품류	약품, 보건, 화장품, 건강식품, 식재료	약품, 보건, 화장품, 건강식품, 식재료
인삼열매제품류	건강음료, 화장품, 새싹 삼	ns

개갑이나 종묘삼 재배기술은 한국이 우세하다. 개갑을 위한 자동화시설은 우리가 먼저 개발하였고 종묘삼은 기후의 특성상 한국 종묘삼의 성장력을 앞서기 어렵다는 것이다. 지린성지역에서 1년 근을 이식하기에는 너무 어리다는 것이다.

인삼의 가공이나 유통은 한국을 벤치마킹하고 뛰어넘으려 한다. 인삼제품은 대부분 우리의 제품과 유사하거나 동일한 것이 많다. 문제는 우리의 인삼가공 전문가와 재배기술자들이 중국 현지에 초빙 고용되어 있다. 그들이 급료만 받고 있을 리 없다. 가공이나 재배기술은 가까운 장래에 평준화될 것이 분명하다.

KT&G가 100% 투자한 한국인삼공사가 상하이와 베이징에 법인을 만들고, 연길(延吉)에 가공공장을 설치했고 2015년까지 중국에 5개 지사와 100여 개 직영점을 설치하여 2010년 3,050만 달러 규모의 중국권 내 매출을 2015년까지는 1억5,000만 달러까지 확대하겠다는 계획을 밝힌 바 있다. 우리 인삼으로 생산한 6년 근 홍삼제품으로 '정관장(正官庄)'이란 프리미엄 브랜드를 구사한다는 것이다.

앞으로 핵심적인 문제는 중국 인삼의 질과 약효에 관한 것이다. 중국 인삼이 국내산에 비해 훨씬 질이 떨어지거나 효능·효과가 다르냐 하는 문제이다. 우리나라 고려인삼과 같은 품종의 인삼은 지린성에서 대단위로 재배되고 있고, 일부는 GAP 공법을 이용하고 중국도 이들 Panax ginseng만을 약용으로 규정하고 있다. 이 같은 상태에서 국내산 인삼과 중국산 고려인삼을 기능성 또는 효능 측면에서 차별할 수 있는가이다. 금산인삼, 강화인삼, 풍기인삼과 같이 산지의 차이만 있을 뿐 '지린(길림)'인삼이 아닌가 하는 것이다. 대량생산으로 재배되어 싼값에 판매되고 있는 화기삼(미국, 캐나다), 전칠삼(중국), 죽절삼(일본)은 그 효능이 고려인삼보다 떨어지지만 똑같은 인삼으로 판매되고 있어 우리나라 인삼산업이 어려움을 겪고 있다.

인삼열매의 제품류 생산은 새롭게 열리는 블루오션이다. 열매의 사포닌 함량은 뿌리에 비해 2~3배 이상 높고 진세노사이드 Re 성분은 뿌리보다 30배 이상 많을 뿐 아니라 엽산, 비타민 E군과 B군, 마그네슘, 아연, 구리 등 뿌리에 없는 유효성분이 내포되어 있다는 것이 발표되고 있다. 따라서 열매는 또 다른 가치를 지니게 되었고 한발 앞서 여러 제품을 만드는 것은 기술개발과 시장선점에 유리한 것이다.

한·중 FTA협약에서 인삼이 민감품목으로 양허품목에서 제외되었다 하더라도 한시적일 뿐이다. 일정 기간이 지나면 관세를 낮추고 최종에는 아주 허물게 되어 있다. 더욱 문제시되는 것은 인삼교역에 있어서 대부분 제품으로 분류되어 있을 뿐 신선제품이라 할지라도 품종을 표시하지 않는다. 국내의 인산산업을 보호하기 위한 지혜를 모으고 국제경쟁력을 강화해야 할 시점에 와 있다.

5 맺는말

중국 동북 3성을 중심으로 인삼재배의 현황, 인삼산업의 정책적인 사업추진, 인삼의 유통과 교역의 실태 등을 다루었다. 동북 3성이 인삼재배의 주산지이고 그중에서도 지린성이 압도적으로 우위를 차지하여 85%를 생산한다. 한국의 '고려인삼'을 따라잡기 위한 중국 인삼업계의 움직임이 빨라지고 제약회사의 인삼 시장 진출과 중국산 인삼제품의 고급화를 위한 브랜드 구축 전략도 확대되고 있다.

지린성은 자체 브랜드로서 '장백산 인삼(창바이산 인삼)'을 만들고 2010년 이후 세계 92개국에 등록 추진을 진행하고 있다. 장백산 인삼이란 규정을 만들고 이에 적합해야 브랜드명을 사용할 수 있도록 하였다.

중국의 인삼 재배방법은 산림을 벌목해 밭을 만들고 산에 재배하는 임지재배 방식, 일반 밭에 재배하는 방법 그리고 산의 숲속에 인삼씨앗을 뿌려서 10년 이상 재배하는 방식 세 가지이다. 산림파괴를 막기 위해 밭에서의 재배가 권장되고 산에는 인삼종자를 뿌려 산양삼을 재배 관리하는 방향으로 들어서고 있는 경향을 보였다. 인삼재배에 있어서는 종자관리와 '우수농산물관리제도(GAP)'를 도입해 품질 향상에 노력하고 있었다. 한국을 벤치마킹하여 재배, 가공, 상품의 브랜드화를 강력하게 추진하고 1980년대 중반부터 무송(撫松)에서 수차례의 인삼축제를 열어 '인삼의 주산지'라는 인식을 부각시키고 있다.

중국 제약사가 한국 인삼에 대적할 만한 중국판 '정관장' 만들기를 선언한 기업은 중국 샹쉐제약(香雪制藥)이다. 이 기업은 최근 완량창바이산인삼시장(萬良長白山人參市場)과 손을 잡고 본격적으로 인삼시장에 진출하였다. 샹쉐제약은 이 인삼시장과 협력을 통해 백두산(중국명 창바이산) 일대에서 재배되는 양질의 인삼을 확보하게 되었고 인삼시장에 5,000만 위안을 투자해 경영에도 참여하고 있다. 창바이산 인삼은 산에 인삼씨를 파종해 야생 상태로 재배하는 산양산삼이 주를 이룬다. 수령은 통산 15년 이상이다. 홍삼을 위주로 하는 5~6년산 노지 인삼이 주를 이루는 한국산 인삼과 차별화한다는 계획이다.

백두산 산양산삼은 숙성이 아닌 건조 인삼이어서 중국 전역에서 사계절 내내 복용하기 적합하다며 우리의 상식과 다른 견해를 근거로 자국산 인삼을 지원사격하고 있다. 이를 위해 한국의 전문 인력과도 손을 잡았고, 창바이산 인삼시장발전유한공사의 기술총감은 인삼업계의 베테랑 한국인으로 알려졌다. 정관장 등 한국 유명 인삼기업과 일해 온 전문가로 인삼기업의 경영과 관리, 선진 설비와 기술 도입, 브랜드 구축 등 다방면에서 도움을 줄 것으로 보인다.

그 외에도 중국 제약업체의 인삼시장 진출이 이어지고 있다. 이성(益盛)약업, 즈신(紫鑫)약업, 야타이그룹(亞泰集團), 광둥 캉메이(康美)약업 및 베이징 중국의약(中國醫藥) 등 제약 대기업은 백두산 일대 인삼재배 기업에 투자를 진행해 오고 있다.

중국 위생부는 2012년 「식품안전법」과 '신자원식품관리방법'에 의거 5년 근 이하 인공재배 인삼을 '신자원식품'으로 지정해 일반식품으로서의 제조를 전면 허용했다. 그동안 중국 인삼은 의약품 수준에 가까운 보건식품으로 분류돼 일반 사용이 까다로웠으나 법규 개정에 따라 중국 인삼의 수요 및 판매가 확대되고 있다. 아직은 인삼을 식품으로 여길 만큼 그들의 소득이 높지 않아 일반 식품시장에서 일상적으로 판매되고 있지는 않았다.

중국의 인삼경작, 가공, 기업 경영 기법은 우리나라에 뒤처져 있는 상황이다. 이 같은 문제점을 인식하고 중국 인삼업계는 한국의 인삼산업 벤치마킹과 인삼 재배 연구에 박차를 가하고 있다. 2010년 인삼산업 발전을 위한 정책을 발표했고, 백두산 일대 15개 현(縣)을 인삼주산지로 지정하였다. 지린성은 이를 통해 인삼산업 규모를 2010년의 100억 위안에서 2020년까지 1,000억 위안(약 17조 원) 규모로 확대할 계획으로 알려져 있다. 최근 중국에서 인삼 관련 시장이 급격히 성장하고 있어 1,000억 위안 달성 계획이 3년 이상 빨라질 것으로 기대하고 있다.

아직은 중국 인삼업계가 한국에 뒤지고 있더라도, 정부의 정책지원과 기업의 기술연구 개발이 이어지면 한국 인삼업계도 안심할 수 없는 상황이다. 우리나라 제조업과 IT산업의 사례에서 경험한 것과 같이 중국 인삼업계가 단시간에 한국을 쫓아올 가능성을 배제할 수 없는 상황이다. 실제로 중국 인삼업계는 한국 인삼산업을 학습과 연구의 대상은 물론 경쟁 대상으로 꼽고 추격에 속도를 내고 있다고 보아야 한다.

중국 인삼업계가 방대한 생산량을 기반으로 고급 브랜드 구축에 성공하면 중국 내수시장과 해외시장에서 한국 인삼업계의 입지는 좁아질 수밖에 없다. 현재 중국과 한국 인삼의 수출 지역은 유사하다. 한국산 인삼은 고가시장을, 중국산 시장은 저가시장을 장악하고 있지만, 중국 인삼업계는 고부가가치시장 진출을 서두르며 한국 추격을 이어 갈 전망이다.

중국의 인삼무역은 2019년 139,153천 달러를 수출했고 76,635천 달러를 수입하여 62,518천 달러의 흑자를 기록하고 있다. 2008년 이후 수출 증가추세는 괄목할 만큼 뚜렷한 추세를 보이며 수입은 2011년을 정점으로 감소세를 보임으로써 수지개선 또한 크게 증가세를 보였다. 수출은 2014년 157,960천 달러였으나 2019년 코로나 사태로 인삼무역에서는 신장 동력을 크게 펴지 못하였다. 중국의 인삼 수출은 일본 홍콩 대만에 집중되어 약 77%가 이들 지역에 출하되고 일부 이탈리아, 미국, 싱가포르 등 총 42국에 수출되고 있었다.

2019년 우리나라는 인삼과 그 가공품 약 10,575천 톤을 수출하여 210,277천 달러의 판매고를 올렸다. 중국 홍콩, 대만에 주로 수출되는 고려인삼제품은 수출액의 85%를 점유하며 집중현상을 보이고 그 중 홍삼과 홍삼분, 홍삼정, 홍삼정제품이 전체 수출액의 63%에 달하였다. 홍삼이 판매되는 국가는 세계 91개국에 달한다.

한국의 인삼과 그 가공제품의 국제경쟁력이 낮은 것은 가격이 다른 나라의 상품에 비하여 높기 때문이지 제품의 품질 때문이 아니다. 따라서 한국의 높은 품질을 모방하여 유사한 상품을 만들지 못하도록 제품의 특성을 살려야 하고 해외 각지의 소비자들이 자신의 입맛과 취향에 맞춰 쉽고 편하게 먹을 수 있도록 홍삼 캡슐·분말·차 등 다양한 제품을 개발하고 생산하는 것이 요구된다. 아무리 제품이 우수하다고 해도 가격이 비싸면 소비자는 일단 외면하게 된다. 따라서 가격을 합리화하는 방안도 연구되어야 한다. 세계 인삼의 주산지는 한국과 중국이며 또한 소비지역도 아시아지역과 중화권이 대부분을 차지한다. 이는 유럽과 북·남미 전 세계로 유통망을 넓힐 수 있는 영역이 크다는 것을 의미하기도 한다.

참고 문헌

01. 농림축산식품부, 『인삼통계자료집』, 2019.

02. 박기환·허성윤·LiJinghu, 「중국의 인삼산업 현황과 육성정책-중국 동북3성지역 중심」, 한국농촌경제연구원, 2014.

03. 서완수·박진환·이두원, 「중국 길림성 인삼종자의 수요추정과 유통과정」, 『북방농업연구』 제38권 2호, 북방농업연구소, 2015.

04. 안덕균, 『21세기 신비의 불로초 인삼열매』, 시선, 2014.

05. 윤용민, 「국내 인삼종자의 생산 유통실태의 조사」, 공주대학교대학원, 2015.

06. 윤용민, 「국내 인삼종자의 생산·유통실태의 조사」, 공주대학교대학원, 2015.

07. 임병옥, 「국내외 인삼산업 동향 전망」, 『식품기술』 제18-2권, 한국식품연구원, 2005.

08. 한국농수산식품유통공사 중국지역본부, 「중국의 홍삼 거래동향 및 수출 확대방안」, 2016.

09. 王軍, 『人蔘產業經濟研究』, 中國 農業出版社, 2011.

11. 崔惠華, 「中國市場에서의 韓國人蔘의 國際競爭力分析」, 충남대학교대학원, 2004.

12. 葉錦先 史翔, 『餐卓上的 中葯 人参』, 金盾出版社, 2014.

13. 李长浩·孙亚峰·郭阁斌, 「吉林人参 产业 发展探讨」, 當代生態農業, 2011.

14. 『吉林省 統計年報』, 中國統計出版社, 2019.

15. 『遼寧省 統計年鑑』, 中國統計出版社, 2019.

16. 『黑龍江省 統計年鑑』, 中國統計出版社, 2019.

17. 『中國統計年鑑』, 中國統計出版社, 2020.

18. www.kita.net

19. www.kati.net

중국의 발전과 농업문제

중국의 농업과 개발 관련 주요 용어 해설

조선왕조의 퇴조, 일본의 지배, 한반도 전쟁과 냉전시대를 거치면서 중국과의 관계는 1897년 청나라와 단절된 후 1세기 가까이 단절 상태에 있었다. 1992년 8월 한·중 국교 정상화는 양국에 커다란 변화를 불러왔다. 특히 중국과의 무역에서는 우리나라 총 무역의 약 24%를 차지할 정도로 크게 발전하였다.

중국의 개방정책은 G2의 경제 대국으로 발전하도록 성장시켰으나 오늘날 미·중의 무역전쟁은 전 세계에 영향력이 파급되고 있다. 무역뿐 아니라 통신. 금융, 기술, 인권 등 광범위한 영역에서 다툼이 벌어지고 있다.

아래의 용어들은 대부분 중국의 개혁개방 전후 그리고 개발정책의 성장 과정에서 생긴 것이다. 주로 중국의 농업과 발전 계획 단계에서 생성된 용어들을 정리하였다.

1 향진기업(鄕鎭企業)

농촌의 말단 행정조직(鄕, 鎭, 村: 한국의 읍, 면, 리에 해당)이 경영하는 기업·농민이 공동 또는 단독으로 운영하는 비국유기업을 말한다. 한마디로 중국 각 지역의 특색에 맞게 농민들이 공동으로 설립한 소규모 농촌기업이다. 이들 기업은 농산물 가공, 공업, 운수업, 숙박, 음식 서비스업 등 농촌의 비농업부문의 발전에 획기적인 영향을 미쳤다.

중국 당국은 '농업에 종사하지 않더라도 농촌을 떠나지 않으며, 공장에 취업하더라도 도시로 이주하지 않는다'는 전략 아래 농촌의 잉여 노동을 경공업생산에 투입하는 방식을 택했던 것이고 이러한 전략의 핵심적인 실천 방안의 중심에 농촌기업인 '향진기업'이 있었다.

1978~1996년을 향진기업의 황금기라 부르며, 지령경제로부터 시장경제로의 전환을 이루는 데 결정적 역할을 수행했다. 1980년대 후반에는 농산물 가격이 정체되었고 이것이 농가 소득의 정체를 가져왔다. 그리고 호적제도 때문에 기본적으로 농민들이 자유롭게 도시로 이동할 수가 없었다. 중국 지도부는 당시 '향진기업'을 통해 농촌의 남아도는 노동력 문제를 해결하고, 동시에 도시와 농촌 간의 불균형 성장 문제도 해결하려고 하였다.

지방 정부는 지역 내 향진기업의 발전을 위해 다양한 지원책을 내놓았다. 기업 설립의 결정에서부터 자금의 마련 공장용지의 제공, 생산설비의 도입, 경영진과 기술자의 초빙, 원자재의 입수와 제품의 판로 확보까지 기업 설립에 있어서 필요한 모든 것을 지원하였다. 그 결과 1978년 중국농촌에 약 152만 개의 향진기업이 설립됐던 것이 2002년에는 향진기업의 수가 약 2,100만 개, 2012년에 3,111.4만 개로 고용인은 16,407.1만 명, 매출액 607,153.6억 위안으로 농업생산의 60% 이상을 차지할 정도로 성장하였다. 향진기업이 성공할 수 있었던 요인은 값싼 노동력을 이용해 도시보다 훨씬 저렴한 제품을 내놓았고 경쟁력을 가지고 높은 소득을 올릴 수 있었다.

향진기업은 소유, 기업 지배구조가 특이해서 여타의 기업 형태와는 구분된다. 농촌의 인민공사에 뿌리를 둔 대부분의 향진기업들은 집체적인 소유 형태(공유기업)를 갖고 있었다. 하지만 1995~1996년 이후 향진기업은 대부분 사유화되며 급격한 변화를 맞았다. 결과적으로 2000년대에 들어서면 향진기업은 대부분 사적 소유구조를 지니게 되었다.

[그림 A-1] 향진기업의 업종별 분야와 구성

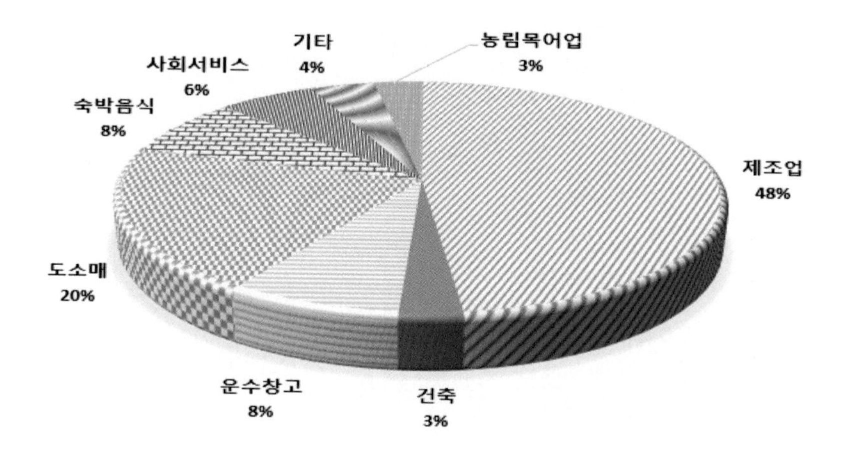

자료: 『중국농업통계자료』(2016)

2 남수북조(南水北調)

중국 남쪽의 상대적으로 풍부한 수자원을 물이 부족한 북 지역에 공급하는 사업을 가리킨다. 장강(長江: 양쯔강)의 3개 지점에서 인공수로를 만들어 베이징과 톈진 등 대도시와 물 부족 현상을 겪고 있는 북부 황하 유역과 서북지역에 물을 보내는 것을 골자로 한다. <표 A-1>은 남수북조 장기 계획을 보여 준다.

동선(東線)은 장수(江蘇)성 양저우(楊州)시 장두(江都)에서 출발, 경항(京杭)운하를 이용하며 산둥성의 지난(濟南), 웨이하이(威海), 옌타이(煙台)와 톈진(天津)까지 연결된다. 중선(中線)은 후베이성(湖北省)의 양쯔강 중류 인근 단장커우(丹江口)저수지와 베이징시 남부의 호수 퇀청후(團城湖)를 잇는 인공수로이다. 황회하(黃淮河)지역의 톈진, 지난, 칭다오, 쉬저우 등 25개 도시와 그 이상의 중소도시를 포함하고 있다.

서선(西線)은 장강 상류의 물을 끌어 황하 상류에 보내는 것으로 황하와 장강 사이는 파언객납(巴顔喀拉)산맥이 가로막고 있다. 쓰촨성의 장강 상류의 아농강(雅礱江), 통천하(通川河), 대도하(大渡河)에 인수선을 만들고 장서(長須) 부근에 댐을 만들어 자체 흐름으로 황하지류에 바로 유입시킨다. 센터 댐의 높이는 175m로, 선로 전체가 터널이고 길이는 131㎞이다. 대도하 상류에는 족목족하사아과 부근에 양수

펌프센터를 세워 황하지류 계곡에 이르도록 한다. 센터 댐의 높이는 296m, 선로 길이는 30㎞이고 그중 터널 길이가 28.5㎞이다. 이 공정이 끝나면 칭하이(青海), 간쑤(甘肅), 닝샤(寧夏), 산시(陝西), 내몽고 등의 서북지구와 화북 북부 일부 지역의 가뭄과 물 부족을 덜게 하는 전략적 공정이다.

이 사업은 마오쩌둥(毛澤東) 전 국가주석이 1952년 처음 제시하였고 사업 타당성 검토에 착수했지만 당시 중국의 기술력과 자본력으로 무리라는 결론이 나왔다. 그로부터 50년 후인 2002년, 국가주석인 장쩌민(江澤民)이 사업을 실행에 옮기기 시작했다. 2013년 동선1기, 2014년 12월 중선 제1기 공사가 마무리되어 베이징, 톈진 지역 등 여러 곳에 물 공급이 시작되었다.

〈표 A-1〉 남수북조의 제원

구분	동선(東線)	중선(中線)	서선(西線)
건설기간 단계별 공사기간	2002~2030 1단계: 2002~2013 2, 3단계: ~2030	2003~2030 1단계: 2003~2014 2단계: 2015~2030	2016~2050 1, 2단계: 2016~2030 3단계: 2031~2050
총수로 연장 구간비용(추정) 조수량	1,467㎞ 1,548억 위안 148억 ㎥	1,462㎞ 2,000억 위안 130억 ㎥	490㎞ 3,000억 위안 170억 ㎥
이주인원 조수방식 조수채널	72,000명 양수 대운하	40만 명 자연낙수 관계수로	11,800 명 양수+자연낙수 관계수로, 터널

자료: 1. www.nsbd.gov.cn
2. 중국남수북조 공정 소개

[그림 A-2] 남수북조의 지리적 위치

출처: www.nsbd.gov.cn

3 일대일로(一帶一路)

2014년 11월 북경에서 개최된 아시아태평양경제협력체(APEC) 정상 회의에서 시진핑 주석이 제창한 경제권 구상이다. 중국과 중앙아시아, 유럽을 연결하는 육상 실크로드 경제벨트의 '일대(一帶)'와 아세안 국가들과의 해상 협력을 기초로 동남아에서 출발해 서남아를 거쳐 유럽-아프리카까지 이어지는 21세기 해양기반의 실크로드를 의미하는 '일로(一路)'를 합친 의미로 사용하고 있다(그림 A-3. 참조).

신중국 건설 100주년인 2049년까지 아시아와 유럽 경제권을 육로와 해로로 연결하는 것을 목표로 설정하고 있다. 자금 조달은 아시아인프라투자은행(AIIB), 신개발은행(NDB BRICS), 실크로드기금(Silk Road Fund) 등을 통해 조달된다. 중국은 개발도상국에 대한 경제 원조를 통해 위안화의 국제 준비 통화화(通貨化)를 목표로, 자국을 중심으로 한 세계 경제권을 구축하려는 것이다. 일대일로 연선(沿線)국가는 중국 포함 총 65개국으로, 전 세계 GDP의 30.9%, 전체 인구의 61.9%를 차지(중국 국가정보센터의 2016년 추정치 기준)하며 중국과 일대일로 연선 국가 간 무역액이 전체 중국 대외무역에서 차지하는 비중은 2016년 기준 25.7% 정도이다.

동남아지역, 중앙아시아와 아프리카 지역의 항만개발과 개선, 고속도로, 철도건설, 발전소, 송유관 등의 사회간접자본을 확충하여 통상을 원활하게 하는 글로벌 물류 전략이다. 하지만 전체 공사의 대부분을 중국 기업들이 독식하는 등 중국 일변도로 추진되고, 인프라 구축 국가가 과도한 부채로 재정 위기에 내몰리는 등 많은 문제가 불거졌다. 빚 부담을 못 견딘 스리랑카는 함반토타(Hambantota)항 운영권을 99년간 중국에 넘기기도 했다. 파키스탄, 말레이시아, 미얀마 등 참여국가에서도 개도국을 빚의 함정에 빠뜨리는 일대일로를 비판하는 쪽으로 선회하였다.

[그림 A-3] 중국의 육상과 해상의 경제 벨트 개척 계획도

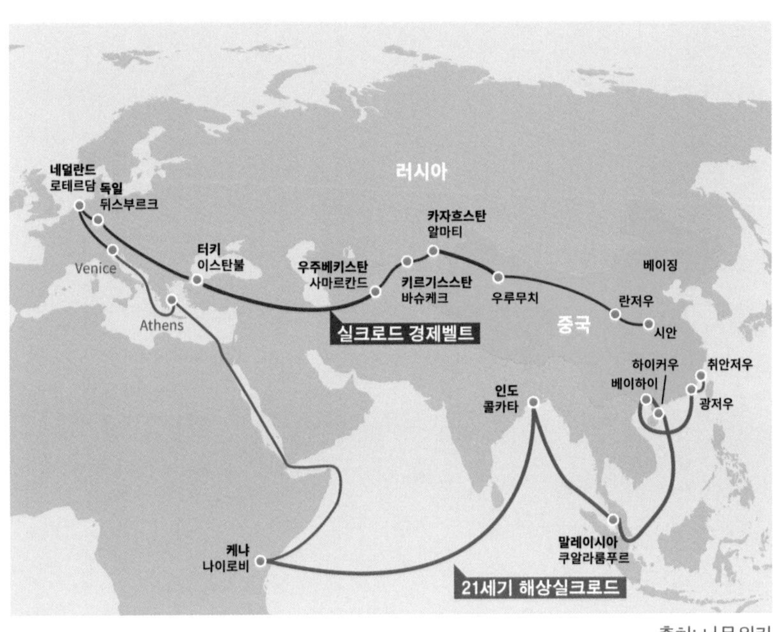

출처: 나무위키

4 중국제조(中國製造) 2025

국무원은 2015년 5월 2025년까지 10대 제조업 부분에 있어 선진강국에 진입하는 것을 목표로 하는 '중국제조 2025'를 발표하였다. 향후 30년간 3단계로 나누어 산업 구조를 고도화한다는 것이다.

- **1단계**(2015~2025년): 2020년까지 제조업의 IT 경쟁력을 크게 개선하고 핵심 경쟁력을 보유, 2025년까지는 노동생산성을 크게 제고시키고 IT와 제조업 융합을 통해 새로운 도약을 도모하는 한편, 주요 업종의 에너지 소모율 및 오염 배출량을 글로벌 선진 수준으로 감축시킨다. 2025년까지 중국의 제조업 수준을 독일, 일본 단계로 높인다. 2012년 제조업종합지수를 참고하여 총 3그룹으로 분류하였다. 제1그룹에는 미국, 제2그룹에는 독일과 일본, 제3그룹에는 영국, 프랑스, 한국, 중국을 포함시킨다.
- **2단계**(2025~2035년): 중국 제조업 수준을 글로벌 제조 강국의 중간 수준까지 제고시키고, 중국의 우위 산업에서는 글로벌시장을 견인할 수 있도록 경쟁력을 보유(세계 제조업 제2그룹 대열 중 선두에 위치)토록 한다.

- **3단계**(2035~2045년): 주요 산업에서 선진적인 경쟁력을 갖춰 세계 시장을 혁신적으로 선도(세계 제조업 제1그룹으로 진입)하게 한다.

10대 산업에는 차세대 정보기술, 고정밀 수치제어 및 로봇, 항공우주장비, 해양장비 및 첨단기술 선박, 선진 궤도교통설비, 에너지절약 및 신에너지, 자동차, 전력설비, 농업기계장비, 신소재, 바이오의약 및 고성능 의료기기 등이 포함되어 있다.

여러 부문 중 농업기계장비에 대한 설명을 부연하면 대형 트랙터, 복합 작업기, 대형 수확기 등 첨단 농업기계 장비 및 핵심 부품의 발전을 추진한다는 것이다. 농업기계장비에 대한 정보수집, 의사결정, 정밀작업역량을 강화하고 농업생산성 증대를 위한 정책을 마련한다. 특히 곡물을 비롯한 일반식량, 섬유, 유지 등 경제작물의 파종·재배·수확·운반·저장 등 주요 생산과정에서 쓰이는 농업기계장비를 개발·발전시킨다는 것이다.

5 당 서기(黨 書記)와 성장(省長)

모든 행정구역에는 서기와 성장(혹은 市長), 2명의 지도자가 있다. 누가 더 상위인가? 공식적으로 서기는 당(黨) 조직의 최고지도자이고 성장은 행정조직의 최고책임자이다. 일반적으로 서기는 성위(省委)서기 혹은 시위(市委)서기라고 부른다. 이는 '중국공산당 ○○성(시)위원회 서기'의 약칭이다. 그러나 중국은 공산당이 모든 권력을 독점하고 있어 실질적으로 당 조직을 맡고 있는 서기가 역내 주요 사안을 최종 결정하며 성장(혹은 市長)은 보통 부서기직을 겸임하고 있어 서기 밑의 2인자이다.

서기가 성 인민대표 주임(도의회 의장)직을 겸임하는 경우가 많아 사실상 성장, 부성장 등 주요 책임자의 인사권을 장악하고 있는 것이다. 현재 31개 성시 중 대부분 성시 인민대표 주임을 서기가 겸임하고 있다. 중국의 정치구조는 공식적으로 전인대(全人大, 전국인민대표대회)가 헌법상 최고 권력기관이지만 실질적으로는 중국공산당이 중국 정치를 지배하며 권력을 독점하고 있는 것이다.

중국공산당은 중국 정치권력의 근원으로 국가의 정치 원칙, 정치 방향 및 중대 사안을 결정하고 당원을 모든 정부기관에 배치하여 정부를 통제 및 감독하고 있다. 공산당 전국대표대회(당 대회)는 공산당의 최고 의결기구로 약 7,799만 명이며 공산당원 중에서 선출된 3,000명이 대표로 구성되고 있다. 중국공산당 중앙위원회는 당 대회 휴회기간에 공산당 업무를 진행하는 기구로 371명(후보 167명 포함)의 위원으로 구성되었으며 1년에 한 번 회의를 개최하고 있다.

정치국 상무위원회는 공산당 권력의 정점으로 상무위원 9명은 중국공산당 최고정책결정기구이며 그중 당 총서기(현재 習近平)가 당을 대표하는 중국공산당 권력의 최고 정점이다.

전인대는 헌법상 한국의 국회에 해당되나 실제 권력은 미약하다. 전인대에 상정되는 주요 의안은 대부분 중국공산당 중앙위원회 회의에서 먼저 사전 결정된 사항들이기 때문이다. 국무원(國務院)은 내각에 해당하는 최고의 국가행정기관이다.

중국의 정치체제는 야당을 허용치 않는다. 다당제를 허용하지 않지만 공산당을 제외한 기타 당(중국에서는 통칭하여 민주당파라고 부름)으로 정협(政協)이 있다. 형식적인 기구로 야당 선명성이 거의 없으며 정협위원들은 대부분 제일선에서 물러나 퇴직한 정부 관료, 학자 등이다. 정부의 정책을 비판하는 언론도 존재하지 않는다. 선거가 없으며 요직은 모두 중앙당으로부터 임명된다. 중국은 역대 수천 년 동안 황제가 지배하여 왔고 오늘날에도 서방의 민주주의 세계와는 다른 일당체제의 정치구조는 지속되고 있는 것이다.

6 서부대개발(西部大開發)

1978년 개혁개방 이후 중국의 동부 연해 지역 중심의 경제 발전으로 뒤처진 내륙 서부지역을 경제성장 궤도로 끌어올리기 위한 개발정책을 가리킨다. 정책 내용은 2000년 전국인민대표대회에서 정식 결정된 4개의 주요 프로젝트가 핵심이다.

1) 서전동송(西電東送): 서부지역의 풍부한 전기를 동부지역으로 보냄.
2) 남수북조(南水北調): 장강 유역의 수자원을 북부로 보냄.
3) 서기동수(西氣東輸): 서부지역의 천연가스를 동부지역으로 보냄.
4) 칭짱철도(青藏鐵道): 칭하이성의 시닝(西寧)과 시짱(티베트)의 라싸(拉薩)를 연결하는 철도건설 사업을 포함하고 있음.

중국 서부에는 간쑤, 구이저우, 닝샤, 칭하이, 산시(陝西), 쓰촨, 시짱, 신장자치구, 윈난 및 충칭시의 10성과 시가 포함된다. 이들 지역은 전국 3분의 2의 국토 면적을 차지하나 인구는 약 22.8%로 상대적으로 낮으며, 풍부한 광물자원이나 수력을 포함한 에너지 자원, 개척을 기다리는 토지 자원, 소수민족의 다양한 문화를 가지는 관광 자원이 존재한다. 대개발의 범주에는 네이멍구(몽골족)와 광시(장족) 자치구를 포함하고 있다.

이 개발 사업을 추진하기 위해 각종 우대 정책을 실시하여, 서부 성·구·시(省·區·市)에는 동부 연해(沿海)성시와 동등한 권한이 주어져 3,000만 달러 이내의 외자 프로젝트면 단독으로 허가할 수 있다. 이외에도 과학기술 진흥, 변경 무역, 연해지방의 도시가 서부지구의 도시와 국내 자매도시 등 자금 등의 원조도 시행하고 있다.

7 중앙1호 문건(中央1號 文件)

중앙1호 문건은 원래 중국공산당 중앙위원회에서 매년 첫 문서로 내놓는 문건이다. 그해의 가장 중요한 중국의 사안을 첫 문건으로 매년 1월 말에서 2월 초순에 발표되고 있다. 국무원은 1982~1986년 연속 5년간 삼농(농촌, 농업, 농민)문제를 주제로 한 중앙1호 문건을 발표한 바 있다. 그 후 2004년부터 2021년까지 18년간 연속 삼농문제를 주제로 한 중앙1호 문건을 발표함으로써 '삼농(三農)'의 문제가 중국 특색의 사회주의 현대화 시기에 얼마만큼 중요한 위치를 차지하는지를 보여 주고 있다.

왜 이리 농업문제에 특별히 집착하는가? 삼농문제는 중국만의 문제가 아니다. 산업화를 거치면서 어느 나라에나 있을 수 있을 수 있는 것이지만 중국에는 특별히 다르다.

중화인민공화국 설립 이전 마오쩌둥의 공산당은 농촌을 근거지로 삼아 혁명전쟁을 했고, 도시는 매국노, 매판자본가, 부패관료의 거주지이고 부패와 타락의 온상으로 간주했다. 반면 농촌은 전쟁을 수행하는 혁명기지이고 사회주의 '신중국'의 희망이고 근거지라고 홍보해 왔다. 이러한 중국이 개혁개방 이후 경제의 발전으로 도농격차가 벌어지며 중국의 삼농문제가 아킬레스건이 된 것이다. 중앙1호 문건은 현재 삼농 문제 중시의 대명사가 되어 있다.

8 선부론(先富論), 남순강화(南巡講話), 흑묘백묘(黑猫白猫), 도광양회(韜光養晦)

모두 덩샤오핑(鄧小平, 1904~1997)과 연관된 단어들이다. 그는 일명 '부도옹(키 152cm로 不倒翁, 오뚝이)' 혹은 '작은 거인'이라고 불리기도 했다. 쓰촨성(泗川省) 출신으로 프랑스와 러시아에 유학, 서구의 문물을 체험하였다. 마오쩌둥이 중국통일을 이루고 공산체제를 확립했다면 덩샤오핑은 1978년 이후 중국의 개혁개방을 이끌고 경제 발전의 기초를 쌓은 인물이다.

공산당의 제1인자인 당 총서기나 국가 원수인 국가주석 자리에 앉지는 않았지만, 중국의 중앙고문위원회 주임 겸 당 중앙군사위원회 주석으로서, 1978~1992년 중국의 최고 실권자였다. 인민공사의 체제 하에서 대약진운동의 실패와 문화혁명의 격동기를 겪으며 그는 실각과 복권의 파동을 겪었다. 덩샤오핑도 반마오주자파(反毛走資派: 마오쩌둥에게 반기를 든 자본주의 추종자)의 수괴라는 비판을 받고 실각하여 당직에서 은퇴했었으나 1977년 7월 복직되었다.

1978년 12월 이후 그의 정책은 공산주의 틀 안에서 외국 자본에 경제를 개방하였다. 농업, 공업, 과학기술, 국방의 근대화로 대표되는 개혁과 개방 정책을 추진했다. 기업가와 농민의 이윤 보장, 지방 분권적 경제 운영, 엘리트 양성, 외국인 투자 허용 등으로 중국 경제가 크게 성장하는 단초를 마련하였다.

그는 개인숭배를 멀리하고 자신에 관련된 동상이나 포스터를 절대로 제작하지 못하게 하였고 동상(銅像)과 선전화는 그의 사후에야 나올 수 있었다. 그는 저우언라이(周恩來)처럼 화장하라고 유언하였으며, 실제로 그의 유해는 홍콩 앞바다에 뿌려졌다.

선부론은 '능력 있는 사람부터 먼저 부자가 된 후 낙오된 사람을 도우라'는 것이다. 교통과 무역을 감안한 중국 동해안의 경진기(京津冀: 베이징, 톈진, 허베이성), 장강(長江)델타지역, 주강(珠江)델타지역을 중심으로 집중개발하고 산업단지를 조성하였다. 예상보다 좋은 결과를 얻었지만, 연해와 내륙, 지역 간, 도시와 농촌 간의 소득격차는 심화되었다. 서부대개발계획은 이를 해소하려는 노력의 일환이었다.

남순강화는 덩샤오핑이 87세일 때 1992년 1월 18일부터 2월 22일까지 우한(武漢), 선전(深圳), 주하이(珠海), 상하이(上海) 등을 시찰하고 중요한 담화를 발표한 일이다. 강연의 주 내용은 "자본주의에도 계획이 있고 사회주의에도 시장이 있다"는 것으로 이념 논쟁을 정면 반박한 것이었다. 그가 제창한 개혁개방정책이 10년을 맞이한 1989년에는 톈안먼 사건이 벌어졌으며, 1991년에는 소비에트연방이 붕괴했다. 이로 인해 중국 내부에는 개혁개방정책을 둘러싼 논란이 심화됐다. 몇몇 보수주의적인 그룹들은 '싱쯔싱서(姓資姓社: 자본주의냐 사회주의냐)' 논쟁을 일으키기도 했다. 톈안먼 사건으로 일시 중단됐던 개혁개방정책은 다시 추진됐고, 사영기업 육성, 400여 가지의 규제완화 등 경제개방에 속도가 붙었다.

1979년 미국 방문 후 돌아온 덩샤오핑은 "흑묘백묘 조노서 취시호묘(黑猫白猫 抓老鼠 就是好猫)", 즉 "검은 고양이든 흰 고양이든 쥐만 잘 잡으면 된다"란 말을 남겼다. 이는 공산주의냐 자본주의냐의 문제가 아니라 인민들의 당면한 문제인 생활 수준의 향상을 이끌어 낼 수 있는 것이면 그것이 제일이라는 의미의 말이었다. 아울러 중국의 정치이념인 사회주의는 고수하되 경제정책은 개방정책을 도입함으로써 경제 발전을 도모했다.

도광양회는 '칼을 칼집에 넣어 검광(劍光)이 밖으로 새 나가지 않게 하고 그믐밤 같은 어둠 속에서 실력을 기른다'는 뜻이다. 톈안먼 사건을 강제 유혈 진압했다는 이유로 미국, 유럽을 비롯한 국제사회로부터 단교 위협을 포함한 외교적 제재를 받는 등 고립의 위기에 놓여 있었다. 덩샤오핑은 이때 중국이 위기에서 빠져나오기 위한 '20자 방침'이란 것을 강조하였다. 그 방침이란 "첫째 냉정하게 관찰할 것(冷靜觀察), 둘째 서두르지 말 것(穩住刻步), 셋째 침착하게 대응할 것(沈着應付), 넷째 어둠 속에서 조용히 실력을 기를 것(韜光養晦), 다섯째 꼭 해야 할 일이 있는 경우에만 나서서 할 것(有所作爲)"이라는 지시였다.

9 제사해운동(除四害運動)

대약진운동 때 마오쩌둥이 1958년에 들고나온 위생운동으로 모기, 파리, 들쥐, 그리고 참새를 멸종시켜야 한다는 필요성을 역설했다. 그중 참새 죽이기 운동(消滅麻雀運動)은 대약진운동의 첫 번째 단계로서 1958~1962년 장려된 정책이다. 참새가 곡식 낟알을 먹고 인민에게서 그들의 노동의 결실을 도둑질하기 때문이라는 것이었다. 이 정책의 결과, 중국 참새의 감소로 생태학적 균형이 무너졌고, 농산물 생산에 불필요한 해충이 창궐하였다.

인민들은 새를 뿌리 뽑는 데 동원되었고, 새가 땅에 내려앉지 못하고 계속 하늘을 날다가 지쳐 죽게 만들기 위해 냄비와 프라이팬, 북을 두드리며 스트레스를 가했다. 참새 둥지가 허물어졌고, 알은 깨졌고, 새끼 새들은 살해당했다. 어른 새들은 하늘을 날던 도중에 총에 맞고 떨어졌다. 이런 조직적 새잡이의 결과 중국의 새들은 멸종 직전까지 내몰렸다. 학교, 작업반, 정부기관마다 죽인 새의 부피에 따라 비물질적인 상과 표창이 주어졌다.

1960년 4월이 되어서야 중국공산당 지도부는 참새가 곡식만 먹는 것이 아니라 대량의 해충도 잡아먹는다는 것을 깨달았다. '제사해운동'의 결과 쌀 생산량은 늘어나기는커녕 급락했다. 그러자 마오는 '네 가지 해충'에서 참새를 슬쩍 빼고 대신 바퀴벌레를 집어넣었다. 그러나 때는 이미 너무 늦었다. 천적인 참새가 없어지자 메뚜기 개체 수가 급격하고 폭발적으로 증가했고, 이 메뚜기 떼가 중국 전역을 뒤덮으며 살충용 독극물 오남용으로 난장판이 된 중국 생태계를 초토화시켰다. 생태학적 불균형은 3년 대기근을 촉발시켰고, 수천만 명을 굶어 죽게 하였다.

10 멜라민(melamine)파동

2008년 중국에서 일어난 유제품의 멜라민 오염사건이다. 멜라민은 질량 중 질소를 많이 함유하고 있어 질량 백분율은 66.6%이다. 대부분의 질소 함유 식품의 질량 백분율이 2.8%에서 5.5%인 것을 감안하면 압도적인 수치이다. 이 물질을 이용해 동물 사료와 음식물에 악용했던 사건이다. 순 단백질의 함량을 숨기기 위해 불법적으로 낙농가 또는 우유 집유(集乳)업자들이 질소의 함량이 높은 멜라민을 우유에 첨가했던 것이다.

2006년 중국에서 미국으로 수출할 가축 사료의 원료인 밀 글루텐 등 조단백 함량이 높은 사료 원료의 단백질 양을 과장하여 부풀리는 데 이용하였다가 사료를 전국적으로 회수하는 조치가 이루어졌다. 또한 2004년과 2007년 미국과 캐나다에서는 멜라민이 함유된 사료를 섭취한 개와 고양이 5천여 마리에서 급성신부전이 발생한 사례가 보고되기도 하였다.

2008년 9월 중국에서 멜라민이 다량 검출된 분유를 섭취한 유아에게서 심각한 부작용이 나타나는 사건이 발생하였다. 멜라민이 다량 함유된 분유를 섭취한 유아들의 피해가 특히 심각하였다. 유아 4명이 신장 결석으로 사망하였고, 53,000여 명의 소아 환자가 발생했다.

멜라민은 분유와 유제품에서뿐 아니라 중국산 제과류와 커피크림 등에서도 발견되었던 것이다. 이 사건으로 중국산 식품에 대한 신뢰가 큰 타격을 입었고 최소 11개국이 중국제품 수입을 전면 중단하였다.

11 농민공(農民工)과 호구제도(戶口制度)

개혁개방 후 낙후한 농촌을 떠나 동해 연안의 개발지역의 발전된 도시로 일자리를 찾아 이주를 한 사람들이다. 2019년 『중국주호조사연감』에 따르면 도시로 이주한 출가 농민공은 2018년 말 2억 8,836만 명에 달했다. 이 중 1980년대 태어난 농민공이 전체 50.5%로 젊은 세대가 대부분이며 2018년 평균 연령은 39.7세로 집계되었다. 평균 월수입은 3,721위안(약 67만 원) 정도이다. 이들은 중국의 산업 발전을 위해 필요한 노동력을 제공하는 계층으로 볼 수 있다.

여기서 중국의 호적제도를 짚어 볼 필요가 있다. 도시 인구를 제한하기 위한 도농 분리정책이 본격적으로 실시된 것은 1958년 1월 9일 중국공산당이 「호구등기조례」를 공포하면서부터이다. 1966년 이후 정치색이 짙은 문화혁명의 시작으로 농민의 도시 유입은 더욱 엄격하게 통제되었다. 일자리는 국영기업에만 있었기 때문에 개혁개방 이전 큰 인구 이동은 일어나지 않았다. 개혁개방에 따른 불균형적인 지역 발전으로 인해 내륙 사람들이 해안 지역에 일자리를 찾아 이동했던 것이다.

1992년 도시에서 식량배급표를 없애는 조치를 한 이후 농민공의 도시 이주가 본격화되었다. 농민공들은 가구법상으로 농민신분이지만 실제로는 도시 노동자다. 이들은 보통 쓰촨(四川), 후난(湖南), 허난(河南), 안후이(安徽), 장쑤(江蘇)성 출신이 많았다. 대다수 농민공들은 베이징, 상하이, 선전(深圳) 등 동해안으로 도시로 이주를 했으나 최근에는 서부 개발정책으로 새 기회가 생기는 내륙으로 가는 경우도 많아졌다.

이들은 도시에서 하급 노동자로 혹은 노점상으로 일하고 있으며, 호적 제약 때문에 보통 도시 노동자 임금의 반도 안 되는 부당한 대우를 받는 일이 잦아 이로 인해 시위를 벌이는 경우가 발생했다. 중국 정부는 이러한 문제를 해소하기 위해 임시 거주증 수속 절차 간소화 및 유효기간 연장 폐지 등 행정적 장벽, 그리고 직업훈련 도입과 자녀 공립학교 입학 허용 같은 정책을 실시하였다.

중국에서의 빈곤문제는 농촌에서의 의식주문제 외에도 삶의 질에 있어서 도시지역과 비교되지 못한다. 중국 정부가 지방에 중·소도시를 건설하고 이 지역에 사회간접자본을 투자하며 지방 산업을 육성하여 잉여 농업노동력을 흡수하려는 노력은 아직도 진행형이다. 또한 도시 내에서는 중산층과 주로 농민공들로 일컫는 일용직 노동자들의 빈부격차가 심한 것이다. 이들의 빈곤이 문제인 것이다.

실제로 농민공문제에서 가장 심각한 것이 그들의 열악한 노동환경과 대우에 관한 것이다. 인터넷상에서 떠도는 이야기로 “닭보다 먼저 일어나고, 고양이보다 늦게 자며, 당나귀처럼 힘들게 일하고, 돼지처럼 안 좋은 것을 먹는다”는 것이다. 농민공들은 직업 선택 면에서 호적제도로 인하여 도시 주민이 기피하는 직종을 제외하고는 국유기업의 정식 직공이 될 수 없다. 이런 취업 경쟁 기회의 불평등은 경제적 불평등으로 직결된다.

12 중국의 소수민족

역사 속에 등장하는 소수민족은 140여 종족에 달하나 수천 년 동안 동화과정에서 지금까지 남아 있는 민족은 한족(漢族) 외에 55개 소수민족이 있다. 2019년 중국 전체 인구는 홍콩과 마카오를 제외하고 약 14억 5만 명으로 한족은 전 인구의 약 91.5% 정도이며 나머지 8.5%가 소수민족이다.

100만 명 이상의 소수민족은 아래 〈표 A-2〉에서 보이는 바와 같다. 중국은 다민족으로 이루어진 다양한 색깔의 생활 형태와 그들의 전통이 살아 있는 다민족 국가라고 할 수 있다. 소수민족의 거주 분포는 전 국토의 64%를 차지할 정도로 넓게 분포된다. 대부분 서북부, 서남부, 동북지역에 살고 있으며 5개 소수민족 자치구(內蒙古, 寧夏, 廣西, 新疆, 西藏)와 그 외에 30개 자치주(州), 116개 자치현(縣)에 거주하고 있다. 북한의 회령(會寧)시와 남양(南陽)시의 중국 쪽은 연변 조선족 자치주이며 혜산(惠山)시 북쪽 압록강 건너는 장백 조선족 자치현(自治縣)이다.

소수민족의 거주 지역은 자연풍광이 아름다운 곳이 많으며 자원이 풍부하다. 중국은 소수민족에게 자치권을 부여하고 한족과 동화(同化)되는 시책을 펴 오고 있다. 오늘날의 소수민족 자치구는 한족의 이주 정책으로 서장(티베트)지역을 제외하고 대부분의 지역에서 한족이 절반 이상을 넘어섰다. 네이멍구 자치구의 경우 2019년 인구는 2,540만 명이다. 한족이 1,905만 명으로 75% 이상이고 몽골족은 약 18.2%이며 나머지는 회족, 만주족, 조선족 등이다. 많은 한족의 이주는 정책뿐 아니라 이 지역에 지하자원의 개발과 농축산업의 사업계획(예: 희토류, 씨감자 등)과 무관하지 않다.

한족이 소수민족과 결혼하면 자녀는 한족이나 소수민족 중 택일할 수 있다.

〈표 A-2〉 100만 명 이상 민족의 인구 구성

순위	한자	한글표기	병음	인구	추정년도
1	漢族	한족	hàn zú	1,230,117,207	2008
2	壯族	좡족	zhuàng zú	16,178,811	2005
3	滿族	만주족	mǎn zú	10,682,263	2005
4	回族	후이족	huí zú	10,586,087	2010
5	苗族	먀오족	miáo zú	9,426,007	2010
6	維吾爾族	위구르족	wéi wúěr zú	10,069,346	2010
7	土家族	토가족	tǔ jiā zú	8,353,912	2010
8	彝族	이족	yí zú	8,714,393	2010
9	蒙古族	몽골족	měng gǔ zú	5,813,947	2005
10	藏族	티베트족	zàng zú	5,416,021	2005
11	布依族	부이족	bù yī zú	2,971,460	2005
12	侗族	둥족	dòng Zú	2,960,293	2005
13	瑤族	야오족	yáo zú	2,637,421	2005
14	**朝鮮族**	**한민족**	**chāo xiān zú**	**1,923,842**	**2005**
15	白族	바이족	bái zú	1,858,063	2005
16	哈尼族	하니족	hā ní zú	1,439,673	2005
17	哈薩克族	카자흐족	hā sà kè zú	1,250,458	2005
18	黎族	리족	lí zú	1,247,814	2005
19	傣族	다이족	dǎi zú	1,158,989	2005

자료: Wikipedia

참고 문헌

01. 南亮進·牧野文夫·朴貞東, 『중국경제입문』, 생능출판사, 2010.

02. 『中國統計年鑑』, 中國統計出版社, 2020.

03. 『中國農業統計資料 1949-2019』, 中國農業出版社, 2020

04. www.namu.wiki

05. www.nsbd.gov.cn

06. ko.wikipedia.org

07. www.google.com

08. www.insupark.cafe24.com

09. www.kiep.go.kr